대학 일반수학

김경호 지음

敎友社

머리말

오늘날의 복잡한 현상은 학문의 계열을 초월하여 관련된 현상을 규명하고 설명하기 위해서는 수학적 표현 또는 사고를 이용하지 않고서는 불가능하다고 할 수 있겠다. 따라서 대학교육에 있어서 수학적 사고와 표현능력은 인문, 사회, 이공계열을 망라하여 매우 중요하다. 입시 도구로서의 수학이 아니라 실용학문을 효과적으로 배우고 응용하기 위해서는 복잡한 수학문제의 풀이보다는 기본적인 수학적 지식과 초보적인 연역법적 사고력이 중요하다.

이런 맥락에서 본 교재는 대학교육의 모든 계열의 학생들이 쉽게 접근하여 수학에 대한 친근감을 가지도록 만들어졌으며 1학기 교재에 적합하도록 구성하였다. 학생들의 이해를 돕기 위하여 가능한 한 많은 예제를 수록하였고 각 절마다 다양한 연습문제를 실었다. 또 수학 그 자체를 위한 엄밀성을 강조하는 명제의 증명보다는 구체적인 문제풀이에 주안점을 두고 내용을 엮었으며 보다 쉽게 그리고 많은 내용을 소개하고자 힘썼다. 끝으로 이 책의 출판을 맡아주신 도서출판 교우사 여러분께 감사를 드린다.

2006년 8월
저자

차 례

제 1 장 함 수 ··· 1

1.1 함수의 정의 ··· 1

제 2 장 행 렬 ··· 23

2.1 행렬 ··· 23

2.2 행렬의 연산 ··· 25

2.3 전치행렬과 특수행렬 ··· 27

2.4 행렬의 곱 ··· 30

2.5 역행렬과 연립 1차 방정식 ··· 33

2.6 Gauss 소거법 ··· 42

제 3 장 행렬식 ··· 53

3.1 기본개념 ··· 53

3.2 행렬식 ··· 56

3.3 행렬식의 성질 ··· 58

3.4 여인자 전개 ··· 66

3.5 Cramer의 법칙 ··· 76

제 4 장 함수의 극한과 연속 ··· 83

4.1 함수의 극한 ··· 83

4.2 함수의 연속 ··· 101

제 5 장 미분법 ··· 105

5.1 미분법 ··· 105

제 6 장 적분법 ········ 135

6.1 부정적분과 기본공식 ········ 135
6.2 치환적분법 ········ 142
6.3 부분적분법 ········ 144
6.4 삼각함수의 적분법 ········ 146

제 7 장 정적분 ········ 159

7.1 정적분의 정의 ········ 159
7.2 정적분의 성질 ········ 167
7.3 정적분의 계산 ········ 168
7.4 이상적분 ········ 174
7.5 정적분의 응용 ········ 177

제 8 장 복소수 ········ 197

8.1 복소수 ········ 197
8.2 켤레 복소수의 성질 ········ 199
8.3 복소수의 기하학적 표시 ········ 202
8.4 복소수의 극형식 ········ 202
8.5 복소수의 합과 차 ········ 205
8.6 복소수의 곱과 몫 ········ 206
8.7 드 무아브르 정리와 복소수의 n곱근 ········ 209
8.8 지수 함수 ········ 216
8.9 3각 함수 ········ 218
8.10 로그 · 일반멱 ········ 221

제 9 장 벡 터 ········ 227

9.1 벡터의 정의와 연산 ········ 227
9.2 벡터의 내적 및 외적 ········ 235
9.3 스칼라 삼중적 ········ 240

부 록 ········ 245
찾아보기 ········ 275

제 1 장

함　　수

1.1 함수의 정의

〈정의 1.1〉

공집합이 아닌 두 집합 X와 Y에서 일정한 규칙에 의하여 집합 X의 각 원소에 집합 Y의 원소를 하나씩 대응시킬 때, 이 대응관계를 집합 X에서 집합 Y로의 함수라 하고

$$f : X \longrightarrow Y$$

로 나타낸다.

$f : X \longrightarrow Y$일 때 집합 X를 함수 f의 정의역, Y를 f의 공역이라고 한다. $x \in X$일 때 x에 대응하는 Y의 원소를 x의 상이라 하고 $f(x)$로 나타낸다. X에 있는 모든 원소의 상의 집합

$$\{f(x) \mid x \in X\}$$

는 Y의 부분집합으로 함수 f의 치역이라 하고 $f(x)$로 나타낸다. 정의역 X의 원소

x를 독립변수, 치역의 원소 y를 종속변수라 하고 이들의 대응관계를 $y=f(x)$로 나타낸다.

【예제 1】 다음에서 X에서 Y로의 함수인 것은?

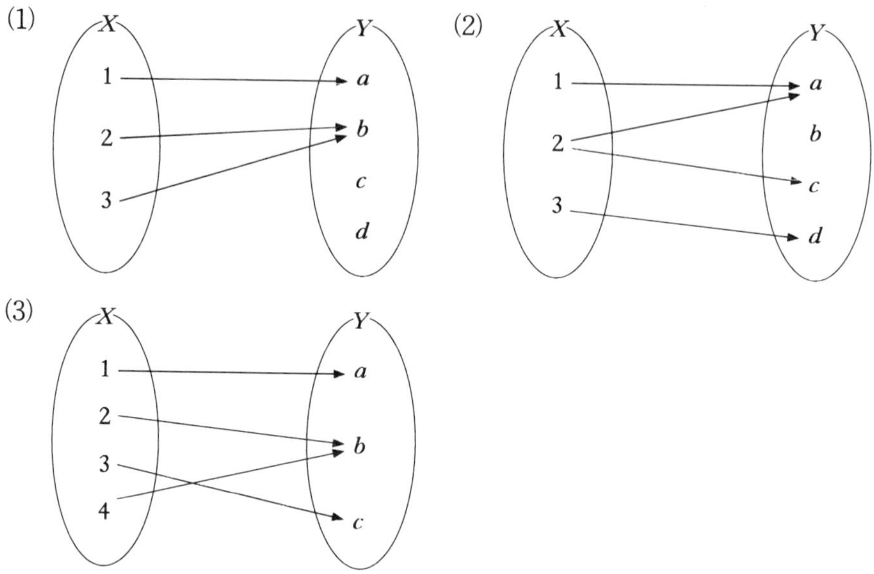

[그림 1.1]

풀이 (1), (3) X의 각 원소에 Y의 원소가 하나씩 대응되므로 X에서 Y로의 함수이다.
(2) X의 원소 2에 Y의 원소 두 개 a와 c가 대응되므로 X에서 Y로의 함수가 아니다.
■

【예제 2】 함수 $f(x)=x^2-3x+2$에 대하여
(1) $x=2$에서의 함수값 $f(2)$를 구하여라.
(2) 함수 f의 치역 R을 구하여라.

풀이 (1) $f(2)=2^2-3\cdot 2+2=0$

(2) $f(x)=x^2-3x+2=\left(-\frac{3}{2}\right)^2-\frac{1}{4}$ 이므로 구하는 치역은 $R=\left\{y\,|\,y \geq -\frac{1}{4},\ y\in R\right\}$ 이다.
■

【예제 3】 다음과 같이 정의되는 함수의 정의역 D와 치역 R을 구하여라.

(1) $f(x)=\dfrac{1}{x}$ (2) $g(x)=\dfrac{1}{\sqrt{x^2-1}}$

풀이 (1) $x=0$에서 함수값은 정의되지 않는다. 따라서 함수의 정의역 $D=\{x \mid x \neq 0, x \in R\}$이고, 치역 $R=\{y \mid y \neq 0, y \in R\}$이다.

(2) 함수 g는 제곱근 안의 x^2-1의 값이 양수인 실수 x에 대하여 정의되므로 $D=\{x \in R \mid x^2-1>0\}=\{x \in R \mid x>1$ 또는 $x<-1\}$이고, 치역 $R=\{y \mid y>0\}$이다. ■

【예제 4】 가우스 함수 $f(x)=[x]$(단, $[x]$는 x를 넘지 않는 최대 정수)에서 $f(2, 5)$, $f(-0, 5)$를 구하여라.

풀이 $f(2, 5)=[2, 5]=2$, $f(0, 5)=[-0, 5]=-1$.

동일한 정의역 D에서 정의되는 두 함수 f와 g가 모든 $x \in D$에 대하여 $f(x)=g(x)$일 때, 두 함수 f와 g는 같다고 하며 $f=g$로 나타낸다. 두 함수 f, g가 주어졌을 때, 실수 $x \in D$에 대하여 $f(x)+g(x)$를 대응시키는 함수를 $f+g$로 나타낸다. 같은 방법으로, $cf(c \in R)$, $f-g$, fg, $\dfrac{f}{g}$로 다음과 같이 정의되는 함수이다.

(1) $(cf)(x)=cf(x)$ (2) $(f+g)(x)=f(x)+g(x)$

(3) $(f-g)(x)=f(x)-g(x)$ (4) $(fg)(x)=f(x)g(x)$

(5) $\left(\dfrac{f}{g}\right)(x)=\dfrac{f(x)}{g(x)}$ (단, $g(x) \neq 0$) ■

<정의 1.2>

함수 $f: X \longrightarrow Y$에 대하여

(1) $x_1 \neq x_2$일 때, $f(x_1) \neq f(x_2)$이면, f를 일대일 함수 또는 또는 단사함수라 한다.

(2) f의 치역과 공역이 같을 때, f를 위로의 함수 또는 전사함수라 한다.

(3) 만약 (1)과 (2)가 동시에 성립하면 f를 일대일 대응 또는 전단사 함수라 한다.

【예제 5】 다음에서 f는 전사함수도, 단사함수도 아니고, g는 전사함수이지만 단사함수는 아니며 h는 단사함수이지만 전사함수가 아니다.

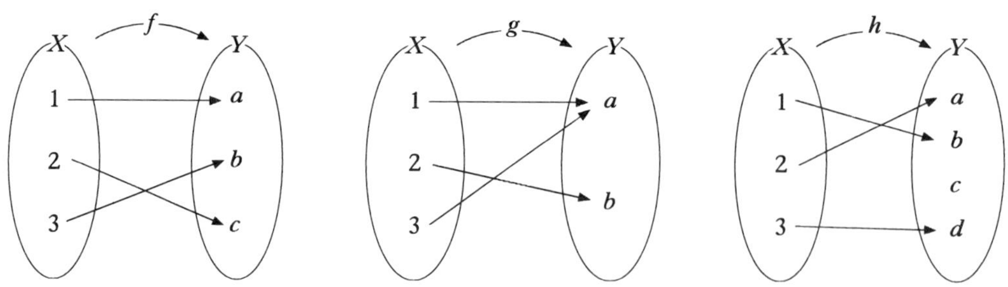

[그림 1.2]

【예제 6】 다음에서 $f: X \longrightarrow Y$는 전사함수인 동시에 단사함수이므로 전단사 함수이다.

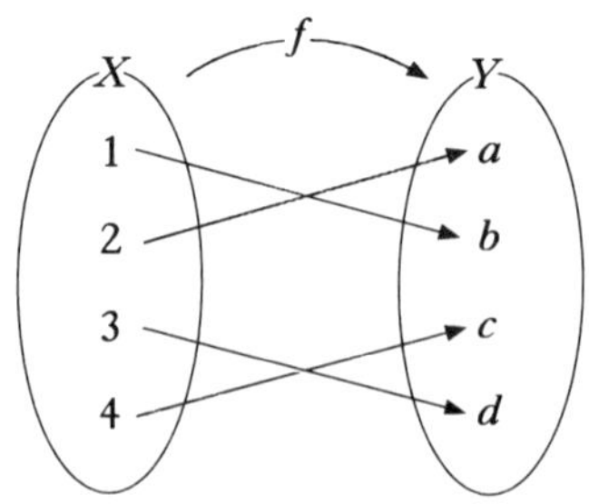

[그림 1.3]

【예제 7】 다음에서 단사함수인 것은?

(1) $f(x)=2x+1$ (2) $g(x)=x^2$

(3) $h(x)=x^3$

풀이 (1) $x_1 \neq x_2$이면

$$f(x_1)=2x_1+1,\ f(x_2)=2x_2+1$$

이므로 $f(x_1) \neq f(x_2)$이다. 따라서 $f(x)$는 단사함수이다.

(2) $g(x)=x^2$에서 $-x_1=x_1\,(x_1>0)$일 때

$$g(-x_1)=(-x_1)^2=x_1^2=g(x_1)$$

이므로 $g(-x_1)=g(x_1)$. 따라서 $g(x)$는 단사함수가 아니다.

(3) $x_1 \neq x_2$이면

$$h(x_1)=x_1^3,\ h(x_2)=x_2^3$$

이므로 $h(x_1) \neq h(x_2)$. 따라서 $h(x)$는 단사함수이다. ■

〈정의 1.3〉

함수 $f: X \longrightarrow Y$가 전단사 함수이면 임의의 $y \in Y$에 대하여 $f(x)=y$가 되는 원소 x가 유일하게 하나 존재한다. 이때 y에 x를 대응시키는 함수를 g라 하면 g는 Y에서 X로의 함수가 될 때, 즉 $g: Y \longrightarrow X$; $g(y)=x$이다. 이 새로운 함수 g를 f의 역함수라 하고 f^{-1}로 표시한다.

【예제 8】

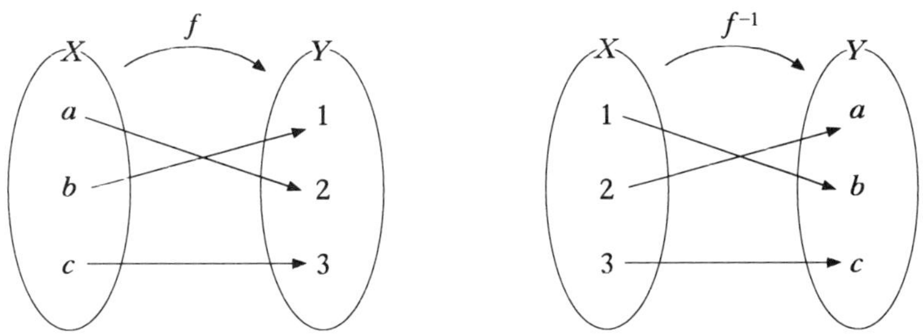

[그림 1.4]

【예제 9】 $y=2x+1$의 역함수를 구하여라.

풀이 $y=2x+1$에서 x와 y를 교환하면

$$x=2y+1$$

이제 y에 관하여 정돈하면

$$y=\frac{1}{2}(x-1)$$ ■

[참고] 어떤 함수 $f(x)$와 그의 역함수 $f^{-1}(x)$ 사이에는

$$y=f^{-1}(x) \Longleftrightarrow x=f(y)$$

의 관계가 있으며, 이들 두 함수의 그래프는 $y=x$에 관하여 대칭이다.

〈정의 1.4〉

두 함수 $f: X \longrightarrow Y$와 $g: Y \longrightarrow Z$에 대하여 f에 의하여 각 원소 $x \in X$에 원소 $f(x) \in Y$가 대응되고, g에 의하여 각 원소 $f(x) \in Y$에 원소 $g(f(x)) \in Z$가 대응될 때, 함수 f와 g에 의하여 X의 각 원소 x에 Z의 원소 $g(f(x))$가 꼭 하나씩 대응된다. 이 대응관계 $z=g(f(x))$를 f와 g에 의한 X에서 Z로의 합성함수라 하고

$$g \circ f: X \longrightarrow Z, \ z=g(f(x))$$

로 나타낸다.

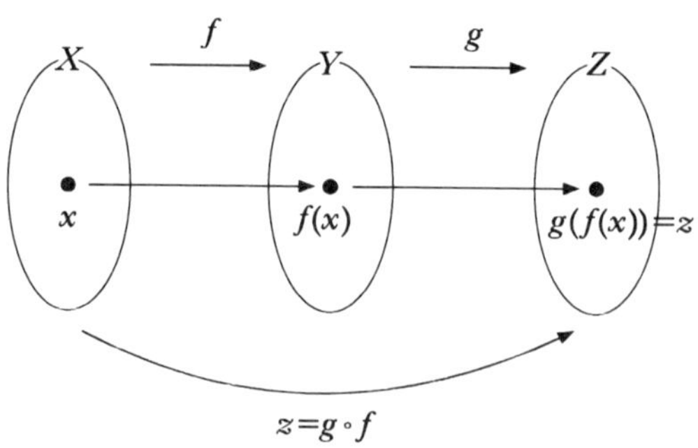

[그림 1.5]

【예제 10】 두 함수 f, g가 $f(x)=x^2$, $g(x)=3x+1$일 때, 합성함수 $g \circ f$와 $f \circ g$를 각각 구하여라.

풀이 (1) $(g \circ f)(x)=g(f(x))=g(x^2)=3x^2+1$

(2) $(f \circ g)(x)=f(g(x))=f(3x+1)=(3x+1)^2=9x^2+6x+1$ ■

【예제 11】 $u=x^2-1$, $y=2u+3$일 때, y를 x에 관한 함수로 나타내어라.

풀이 $y=2(x^2-1)+3=2x^2+1$ ■

〈정의 1.5〉

x에 관한 y의 함수가

$$x=f(t),\ y=g(t)$$

꼴로 표시될 때, 이 식을 t에 관한 매개(변수)함수, t를 매개변수라 한다.

[참고] 매개방정식 $x=3\cos\theta,\ y=\sin\theta(0\le\theta\le 2\pi)$에서 매개변수 θ를 소거하면 원의 방정식 $x^2+y^2=9$를 얻는다. 곡선의 방정식이 매개방정식으로 주어진 경우 매개변수를 소거하면 그 곡선의 직교방정식을 얻는다.

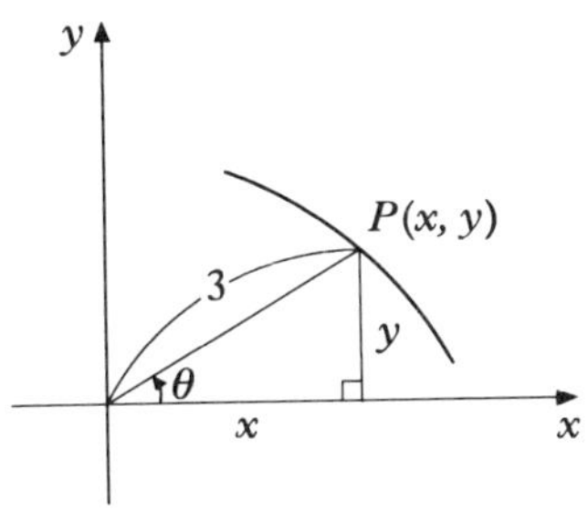

[그림 1.6]

【예제 12】 곡선의 매개방정식 $x=3\cos\theta,\ y=\sin\theta(0\le\theta\le 2\pi)$를 직교방정식으로 나타내어라.

풀이 $\cos\theta=\dfrac{x}{3}$, $\sin\theta=y$이고, $\sin^2\theta+\cos^2\theta=1$이므로 구하는 직교방정식은

$$\frac{x^2}{9}+y^2=1$$

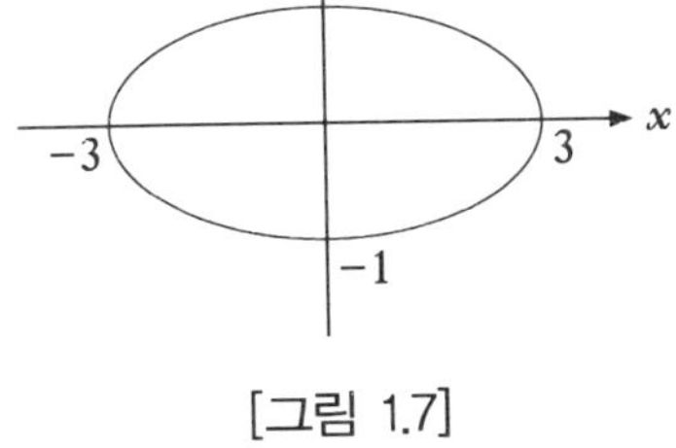

[그림 1.7]

〈정의 1.6〉

함수 $f(x)=\log_a x(a>0,\ a\neq 1)$를 밑이 a인 x의 로그함수라 한다. 이때 $f(x)$의 정의역은 $\{x|x>0\}$, 치역은 $\{y|y\in R\}$이고, 이 그래프는

(ⅰ) x축과 (1, 0)에서 만나고,

(ⅱ) y축$(x=0)$을 점근선으로 가지며

(ⅲ) $a>1$이면 $f(x)$는 증가함수이고, $0<a<1$이면 $f(x)$는 감소함수이다.

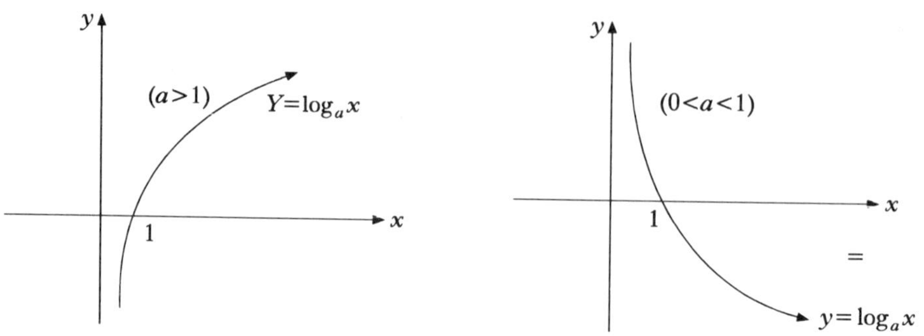

[그림 1.8]

[참고] 밑 a가 $e(e=2.71828\cdots)$인 log를 자연로그라 하고 $\ln x$로 나타낸다.

【예제 13】 $y=\ln(x-3)+1$의 그래프를 그려라.

풀이 $y=\ln(x-3)$의 그래프는 $y=\ln x$의 그래프를 x축 방향으로 3만큼, y축 방향으로 1만큼 평행이동한 것이다.

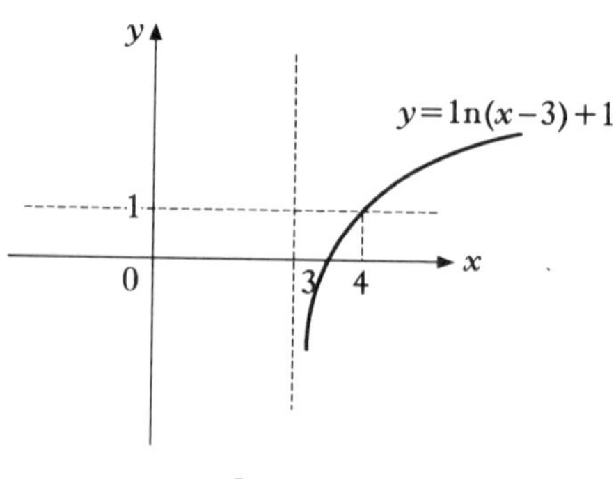

[그림 1.9] ■

〈정의 1.7〉

함수 $y=\log_a x(a>0,\ a\neq 1)$의 역함수는 $x=a^y$로부터 $y=a^x$이다. 이때, y를 밑이 a인 x의 지수함수라 한다.

함수 $y=a^x$의 정의역은 $\{x|x\in R\}$, 치역은 $\{y|y>0\}$이고, 이것의 그래프는 곡선 $y=\log_a x$를 직선 $y=x$에 관하여 대칭이동시킨 것이므로

(i) y축과 (0, 1)에서 만나고

(ii) x축($y=0$)을 점근선으로 가지며

(iii) $a>1$이면 y는 증가함수이고, $0<a<1$이면 y는 감소함수이다.

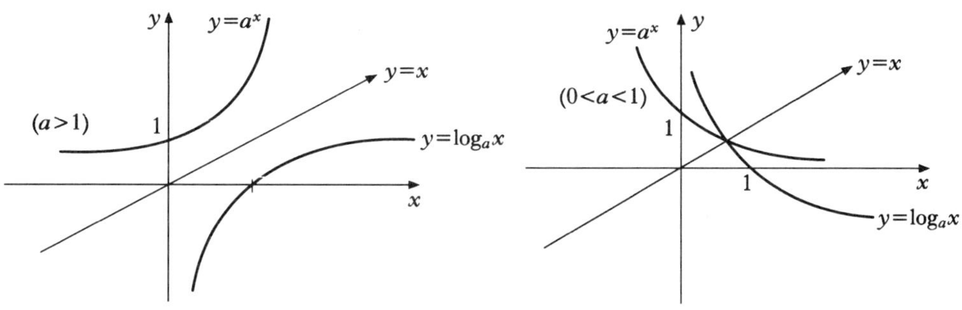

[그림 1.10]

【예제 14】 $y=3^x$와 $y=\left(\dfrac{1}{3}\right)^x$의 그래프를 그려라.

풀이

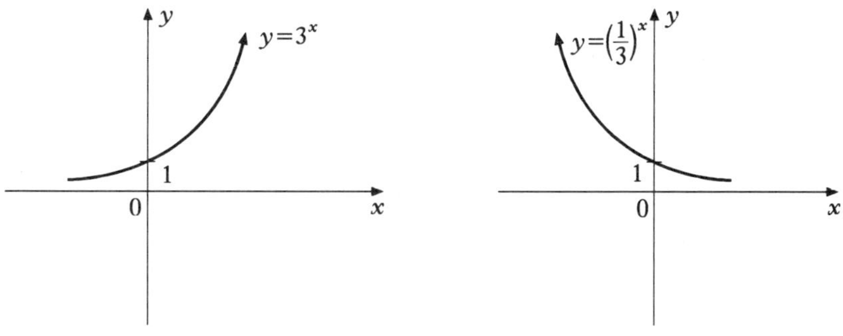

[그림 1.11] ■

〈정의 1.8〉

원에서 반지름의 길이와 호의 길이에 대응하는 중심각의 크기를 1라디안이라 한다. 따라서 1라디안은

$$1\text{라디안}=\frac{180^\circ}{\pi},\ 1^\circ=\frac{\pi}{180}\text{라디안}$$

이다. [그림 1.12]

【예제 15】 다음 각의 크기를 육십분법으로 나타내어진 것을 호도법으로, 호도법으로 나타내어진 것을 육십분법으로 고쳐라.

(1) 30° (2) $\frac{\pi}{4}$

풀이 (1) $30^\circ=\frac{\pi}{180}\times 30=\frac{\pi}{6}$ (2) $\frac{\pi}{4}=\frac{180^\circ}{\pi}\times\frac{\pi}{4}=45^\circ$ ■

〈정의 1.9〉

각 XOP 크기는 반직선 OP가 고정되어 있는 반직선 OX의 위치에서 점 O를 중심으로 회전하여 $\overrightarrow{OP}$의 위치까지 회전한 양으로 정의한다. 이때 $\overrightarrow{OX}$를 시초선, $\overrightarrow{OP}$를 동경이라 하고, O를 $\angle XOP$의 꼭지점이라 한다. 일반으로, α°를 나타내는 동경을 OP라 할 때, $\overrightarrow{OP}$를 동경으로 하는 각은 무수히 많고, 이 각들은 $360^\circ\times n+\alpha^\circ$($n$은 정수)로 나타낼 수 있다. 이 식으로 나타낼 수 있는 각을 통틀어 동경 OP가 나타내는 일반각이라 한다.

동경 OP가 점 O를 중심으로 회전하는 방법에는 두 가지가 있다. 시계바늘이 도는 방향을 음의 방향이라 하고 시계바늘이 도는 반대방향을 양의 방향이라 한다. 각의 크기는 동경이 양의 방향으로 회전했을 때는 양의 값, 음의 방향으로 회전했을 때는 음의 값을 갖는다.

【예제 16】 다음 각을 나타내는 동경을 그려라.

(1) 40° (2) 240°

(3) −50° (4) −150°

풀이

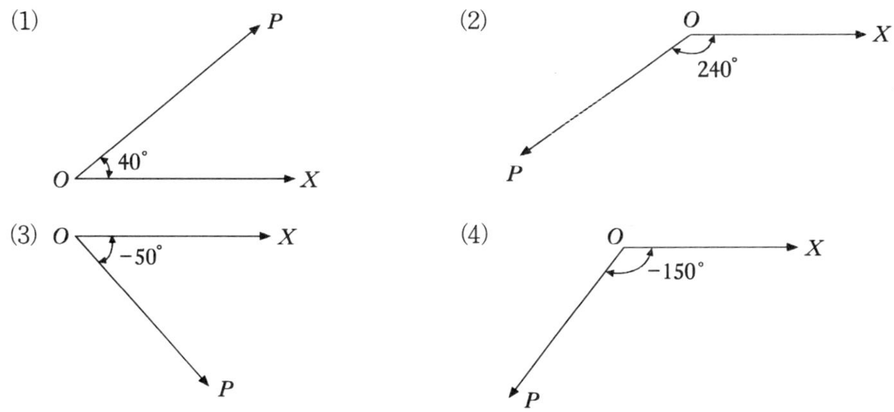

[그림 1.13] ■

〈정의 1.10〉 (삼각비)

$\angle C=90°$인 직각삼각형 ABC에서 $\angle A$, $\angle B$, $\angle C$의 대변의 길이를 각각 a, b, c라고 하면 $\sin A$, $\sin B$, $\sin C$는 다음과 같이 정의되는 삼각비의 값이다.

$$\sin A=\frac{a}{c}$$

$$\sin B=\frac{b}{c}$$

$$\sin C=\frac{a}{b}$$

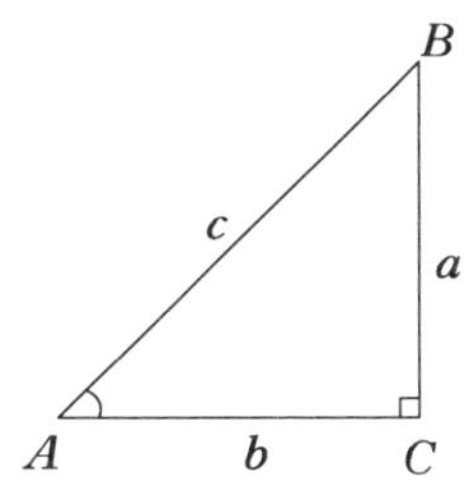

[그림 1.14]

【예제 17】 아래 그림과 같은 직각삼각형 ABC에서 $\sin B$, $\cos B$, $\tan B$를 구하여라.

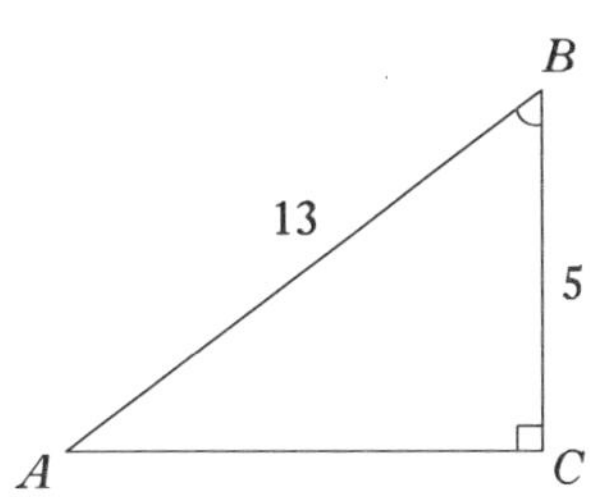

[그림 1.15]

풀이 피타고라스의 정리에 의하여 $AC = \sqrt{13^2 - 5^2} = 12$이다. 따라서

$$\sin B = \frac{12}{13},\ \cos B = \frac{5}{13},\ \tan B = \frac{12}{5}$$ ■

특수각의 삼각비의 값은 다음과 같다.

A / 삼각비	30°	45°	60°
$\sin A$	$\frac{1}{2}$	$\frac{\sqrt{2}}{2}$	$\frac{\sqrt{3}}{2}$
$\cos A$	$\frac{\sqrt{3}}{2}$	$\frac{\sqrt{2}}{2}$	$\frac{1}{2}$
$\tan A$	$\frac{\sqrt{3}}{3}$	1	$\sqrt{3}$

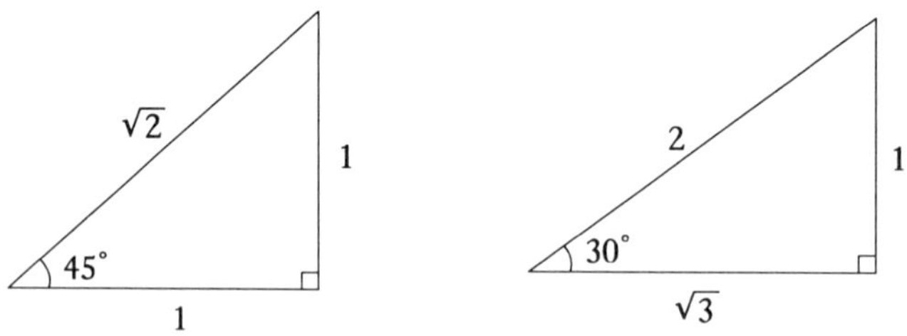

[그림 1.16]

삼각비의 값을 일반각으로 확장하여 다음과 같이 삼각함수를 정의한다.

〈정의 1.11〉 (삼각함수)

$$\sin\theta = \frac{y}{r},\ \cos\theta = \frac{x}{r},\ \tan\theta = \frac{y}{x}$$

$$\csc\theta = \frac{r}{y},\ \sec\theta = \frac{r}{x},\ \cot\theta = \frac{x}{y}$$

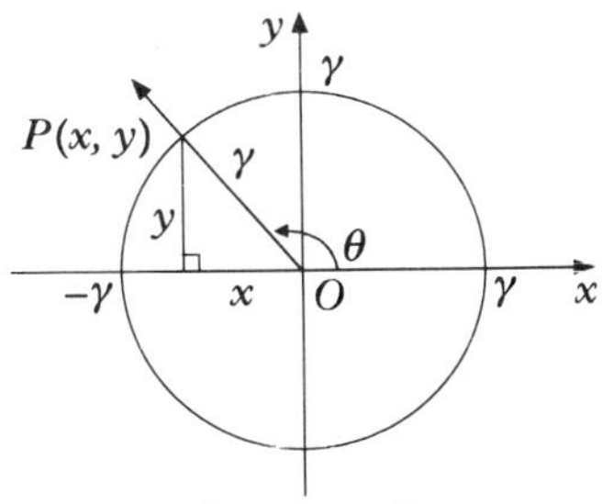

[그림 1.17]

【예제 18】 원점과 점 $P(-4,\ 3)$을 지나는 동경 OP가 나타내는 각을 θ라고 할 때, 삼각함수의 값을 구하여라.

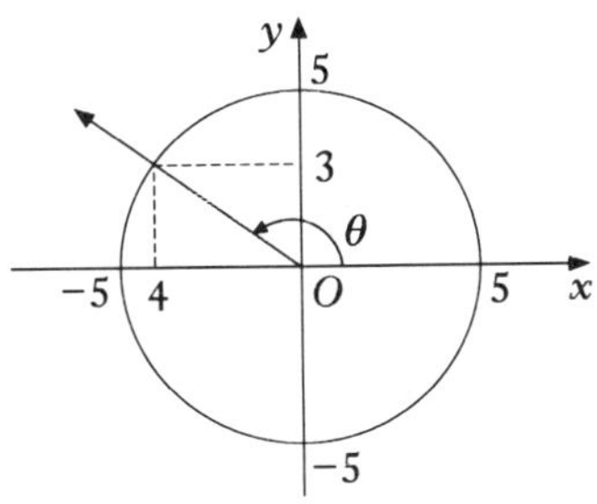

[그림 1.18]

풀이 $\sin\theta=\frac{3}{5}$, $\cos\theta=-\frac{4}{5}$, $\tan\theta=-\frac{3}{4}$

$\csc\theta=\frac{5}{3}$, $\sec\theta=-\frac{5}{4}$, $\cot\theta=-\frac{4}{3}$ ■

삼각함수의 정의에 따라 다음과 같은 관계가 성립한다.

정리 1.12

(1) $\tan\theta=\dfrac{\sin\theta}{\cos\theta}$, $\cot\theta=\dfrac{\cos\theta}{\sin\theta}$

(2) $\csc\theta=\dfrac{1}{\sin\theta}$, $\sec\theta=\dfrac{1}{\cos\theta}$, $\cot\theta=\dfrac{1}{\tan\theta}$

(3) $\sin^2\theta+\cos^2\theta=1$

(4) $1+\tan^2\theta=\sec^2\theta$, $1+\cot^2\theta=\csc^2\theta$

【예제 19】 θ가 제2사분면 각이고 $\sin\theta=\frac{3}{5}$일 때 $\cos\theta$, $\tan\theta$의 값을 구하여라.

풀이 $\sin^2\theta+\cos^2\theta=1$로부터

$$\cos^2\theta=1-\sin^2\theta=1-\frac{9}{25}=\frac{16}{25}$$

이때 θ가 제2사분면의 각이므로 $\cos\theta<0$, 따라서

$$\cos\theta=-\frac{4}{5},\ \tan\theta=\frac{\sin\theta}{\cos\theta}=\frac{4}{5}\times\left(-\frac{5}{4}\right)=-1$$ ■

정리 1.13

(1) $\sin\theta(2n\pi+\theta)=\sin\theta$

$\cos\theta(2n\pi+\theta)=\cos\theta$ (단, n은 정수)

$\tan\theta(2n\pi+\theta)=\tan\theta$

(2) $\sin(-\theta)=\sin\theta$

$\cos(-\theta)=\cos\theta$

$\tan(-\theta)=-\tan\theta$

(3) $\sin(\pi+\theta)=-\sin\theta,\ \sin(\pi-\theta)=\sin\theta$

$\cos(\pi+\theta)=-\cos\theta,\ \cos(\pi-\theta)=\sin\theta$

$\tan(\pi+\theta)=\tan\theta,\ \tan(\pi-\theta)=-\tan\theta$

(4) $\sin\left(\frac{\pi}{2}-\theta\right)=\cos\theta,\ \sin\left(\frac{\pi}{2}+\theta\right)=\cos\theta$

$\cos\left(\frac{\pi}{2}-\theta\right)=\sin\theta,\ \cos\left(\frac{\pi}{2}+\theta\right)=-\sin\theta$

$\tan\left(\frac{\pi}{2}-\theta\right)=\cot\theta,\ \tan\left(\frac{\pi}{2}+\theta\right)=-\cot\theta$

【예제 20】 $\sin 780^\circ$, $\tan\frac{9}{4}\pi$의 값을 구하여라.

풀이 $\sin 780° = \sin(2\times 360° + 60°) = \sin 60° = \frac{\sqrt{3}}{2}$

$\tan \frac{9}{4}\pi = \tan\left(2\pi + \frac{\pi}{4}\right) = \tan \frac{\pi}{4} = 1$ ■

【예제 21】 $\sin \frac{5\pi}{4}$, $\tan 120°$의 값을 구하여라.

풀이 $\sin \frac{5\pi}{4} = \sin\left(\pi + \frac{\pi}{4}\right) = -\sin \frac{\pi}{4} = \frac{\sqrt{2}}{2}$

$$\begin{aligned}\tan 120° &= \tan(90° + 30°)\\ &= -\cot 30° = -\sqrt{3}\end{aligned}$$ ■

【예제 22】 $\tan(\pi-\theta)\cdot\sin\left(\frac{5}{2}\pi+\theta\right)$를 간단히 하여라.

풀이 $\tan(\pi-\theta) = -\tan\theta$이고

$$\begin{aligned}\sin\left(\frac{5}{2}\pi+\theta\right) &= \sin\left(2\pi+\frac{\pi}{2}+\theta\right)\\ &= \sin\left(\frac{\pi}{2}+\theta\right)\\ &= \cos\theta\end{aligned}$$

이므로

$$\begin{aligned}\tan(\pi-\theta)\cdot\sin\left(\frac{5}{2}\pi+\theta\right) &= \tan\theta\cos\theta\\ &= -\sin\theta\end{aligned}$$ ■

〈정의 1.14〉

함수 $y=f(x)$에서

(1) $f(-x)=f(x)$이면 $y=f(x)$는 우함수

(2) $f(-x)=-f(-x)$이면 $y=f(x)$는 기함수

(3) $f(x+p)=f(x)$가 성립하는 양의 상수 p가 존재하면 $y=f(x)$는 주기함수라 하고, 최소인 양수 p를 함수의 주기라 한다.

sine 함수와 cosine 함수의 그래프는 다음과 같다.

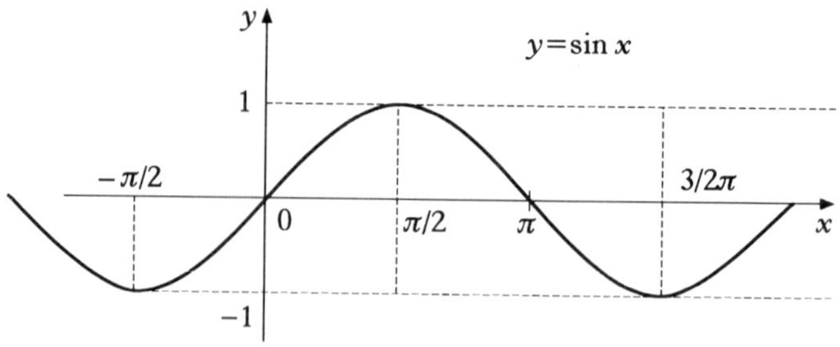

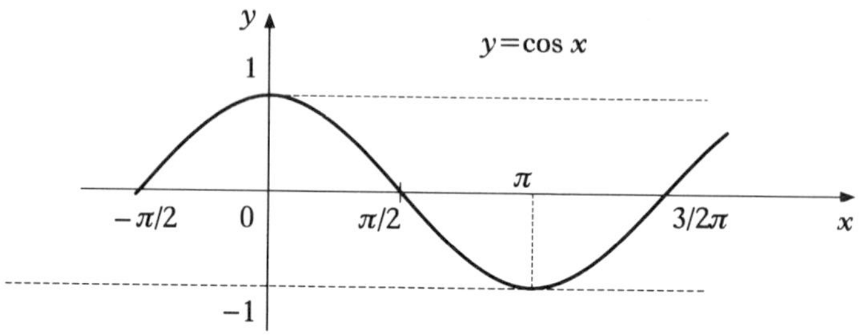

[그림 1.19]

> **⟨함수 $y=\sin\theta$, $y=\cos\theta$의 성질⟩**
>
> (1) 정의역은 실수 전체의 집합이고, 치역은 $\{y \mid -1 \le y \le 1\}$이다.
>
> (2) $y=\sin\theta$는 기함수, 즉 원점대칭 그래프이고 $y=\cos\theta$는 우함수, 즉 y축 대칭 그래프이다.
>
> (3) 2π를 주기로 하는 함수이다.

【예제 23】 다음 함수의 치역과 주기를 구하여라.

(1) $y=2\cos x$　　　　(2) $y=\cos 2x$

풀이 (1) 치역 : $-1 \le \cos x \le 1$이므로 $\{y \mid -2 \le y \le 2\}$

주기 : $2\cos x = 2\cos(x+\pi)$이므로 주기는 2π

(2) 치역 : $-1 \le \cos 2x \le 1$이므로 $\{y \mid -1 \le y \le 1\}$

주기 : $\cos 2x = \cos(2x+2\pi) = \cos 2(x+\pi)$이므로 주기는 π ■

Tangent의 그래프는 다음과 같다.

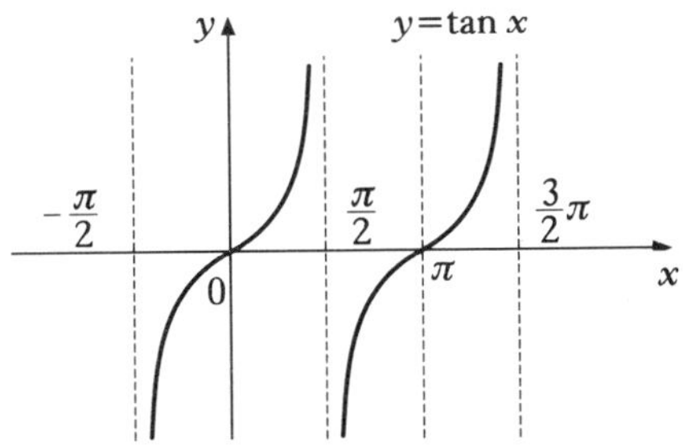

[그림 1.20]

⟨$y=\tan x$의 성질⟩

(1) 정의역은 $n\pi+\frac{\pi}{2}$(n은 정수)를 제외한 실수 전체의 집합이고, 치역은 실수 전체의 집합이다.

(2) 기함수 즉, 그래프는 원점에 대하여 대칭이다.

(3) π를 주기로 하는 주기함수이다.

(4) 그래프의 점근선은 직선 $\theta=n\pi+\frac{\pi}{2}$($n$은 정수)이다.

【예제 24】 다음 함수의 주기를 구하여라.

(1) $y=2\tan x$ (2) $y=\tan 2x$

풀이 (1) 주기 : $2\tan x=2\tan(x+\pi)$이므로 주기는 π

(2) $\tan 2x=\tan 2(x+\pi)$이므로 주기는 $\frac{\pi}{2}$ ■

⟨정의 1.15⟩

$y=f(x)$에서 $f(x)$가 x에 관한 유리식일 때, 함수 $y=f(x)$를 유리함수라 한다. 특히, $y=f(x)$에서 $f(x)$를 기약분수로 고쳤을 때 분모가 상수가 아니면 분수함수라 한다.

【예제 25】 $y=3x^2+1$, $y=\frac{1}{x}$, $y=\frac{3x-1}{x+1}$은 모두 유리함수이고, 정의역은 각각, 모

든 실수, $x \neq 0$인 실수, $x \neq -1$인 실수이다. 이때, $y=\frac{1}{x}$, $y=\frac{3x-1}{x+1}$은 분수함수이다. 분수함수 $y=\frac{k}{x}(k \neq 0)$의 그래프는 k값에 따라 다음과 같은 모양의 쌍곡선이다.

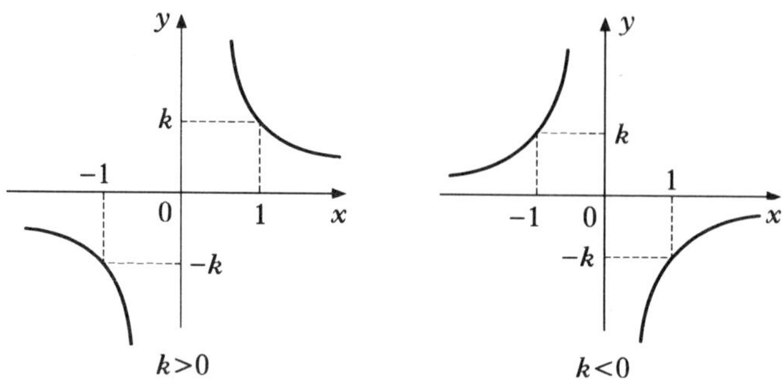

[그림 1.21]

> **〈함수 $y=\frac{k}{x}(k \neq 0)$의 그래프〉**
>
> (1) 정의역과 치역은 모두 0을 제외한 실수 전체의 집합
>
> (2) $k>0$이면 그래프는 1, 3 사분면에 있고
> $k<0$이면 그래프는 2, 4 사분면에 있다.
>
> (3) 원점에 대하여 대칭이다.
>
> (4) 점근선은 x축, y축이다.

> **〈그래프의 평행이동〉**
>
> 함수 $y=f(x)$에 대하여
>
> $$y=f(x-p)+q$$
>
> 의 그래프는 $y=f(x)$의 그래프를 x축으로 p, y축으로 q만큼 평행이동한 것이다.

【예제 26】 함수 $y=\frac{2x+1}{x+1}$의 그래프를 그려라.

풀이 주어진 함수를 변형하면

$$y = \frac{2x+1}{x+1} = -\frac{1}{x+1} + 2$$

가 된다. 따라서, 구하는 함수의 그래프는

$$y = -\frac{1}{x}$$

의 그래프를 x축의 방향으로 -1, y축의 방향으로 2만큼 이동한 그래프이고, 점근선은 두 직선 $x=-1$, $y=2$가 된다.

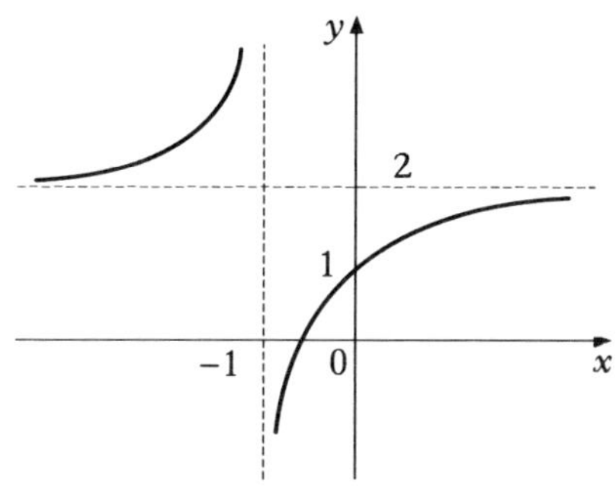

[그림 1.22] ■

〈정의 1.16〉

함수 $y=f(x)$에서 $f(x)$가 x에 대한 무리식일 때, 함수 $y=f(x)$를 무리함수라 한다.

〈무리함수 $y=\sqrt{ax}$ 의 그래프〉

$y=\sqrt{ax}$, $(a \neq 0)$에서

(1) $a>0$이면 정의역이 $\{x \mid x \geq 0\}$, 치역은 $\{y \mid y \geq 0\}$

(2) $a<0$이면 정의역이 $\{x \mid x \leq 0\}$, 치역은 $\{y \mid y \geq 0\}$

$y=-\sqrt{ax}$, $(a \neq 0)$에서

(3) $a>0$이면 정의역이 $\{x \mid x \geq 0\}$, 치역은 $\{y \mid y \leq 0\}$

(4) $a<0$이면 정의역이 $\{x \mid x \leq 0\}$, 치역은 $\{y \mid y \leq 0\}$

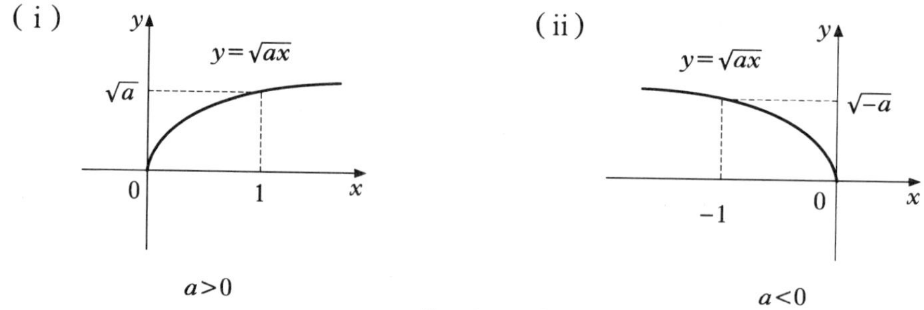

[그림 1.23]

【예제 27】 함수 $y=\sqrt{2x-6}+1$의 그래프를 그려라.

풀이 주어진 식을 변형하면 $y=\sqrt{2(x-3)}+1$이므로 이 함수의 그래프는 함수 $y=\sqrt{2x}$의 그래프를 x축 방향으로 3, y축 방향으로 1만큼 평행이동한 그래프이다.

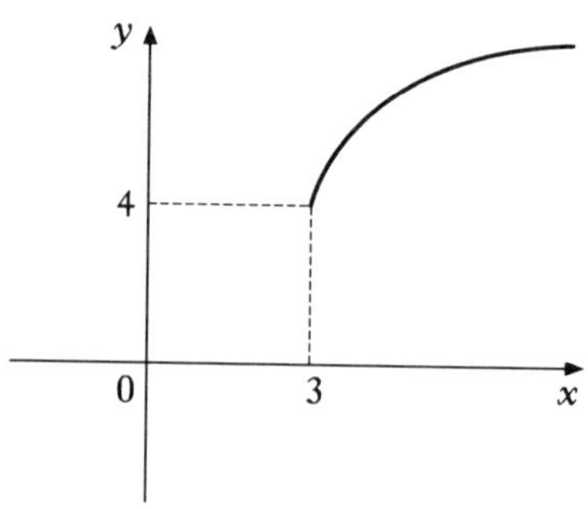

[그림 1.24]

■

연습문제(1.1)

1. 다음 함수의 정의역과 치역을 구하여라.

(1) $f(x)=2x+1$ (2) $g(x)=x^2+1$

2. 다음 함수에서 일대일 대응인 것을 찾아라.

(1) $f(x)=-3x+1$ (2) $g(x)=|x|$

3. 다음 함수의 치역을 구하여라.

(1) $y=\sqrt{2x-4}+1$ (2) $y=-\sqrt{8-2x}+3$

4. $y=\dfrac{ax-2}{x+b}$의 점근선이 $x=-1$, $y=2$일 때, a, b의 값을 구하여라.

5. 다음 식을 간단히 하여라.

(1) $\sin\left(\dfrac{3}{2}\pi+\theta\right)$ (2) $\cos\left(\dfrac{2}{3}\pi+\theta\right)$

(3) $\tan\left(\dfrac{3}{2}\pi+\theta\right)$ (4) $\sin\left(\dfrac{3}{2}\pi-\theta\right)$

6. 다음 함수의 그래프의 주기를 구하여라.

(1) $y=-\sin\left(x-\dfrac{\pi}{6}\right)$ (2) $y=\cos\dfrac{\pi}{2}+1$

(3) $y=\tan\left(2x+\dfrac{\pi}{3}\right)$

7. 다음 지수 방정식을 풀어라.

(1) $2\cdot 7^{x}=98$ (2) $3^{2x}-10\cdot 3^{x}+9=0$

8. 다음 로그방정식을 풀어라.

(1) $\log 3^{3x}=2$ (2) $\log_5(x+1)=2\log_5 7$

(3) $\log_{10}x+\log_{10}(x-3)=1$ (4) $(\log_2 x)^2=\log_2 x^3+10$

제 2 장

행　　렬

2.1 행 렬

<정의 2.1>

mn개의 수를 직사각형의 꼴로 배열하되 가로줄이 m개, 세로줄이 n개가 되도록 배열한 것을 $m\times n$행렬 또는 간단히 행렬이라 하고 다음과 같이 표시한다.

$$\begin{pmatrix} a_{11} & a_{12} & \cdots & a_{1n} \\ a_{21} & a_{22} & \cdots & a_{2n} \\ \vdots & \vdots & & \vdots \\ a_{m1} & a_{m2} & \cdots & a_{mn} \end{pmatrix}$$

이 행렬을 간단히 (a_{ij})로도 표시하며, 보통 대문자 A, B, C, … 등을 써서 나타낸다. 즉

$$A=(a_{ij})_{m\times n}\ (i=1,\ 2,\ \cdots,\ m\ ;\ j=1,\ 2,\ \cdots,\ n)$$

행렬을 이루고 있는 각 수를 그 행렬의 원소 또는 성분이라고 하고, 가로줄을 행, 세로줄을 열이라 한다.

성분 a_{ij}에서 i는 행을 나타내고, j는 열을 나타낸다. 따라서 a_{ij}는 제i행, 제j열의 위치에 있는 수이다. 이것을 (i, j)성분이라 한다. 그리고 $n\times n$행렬은 n^2개의 수가 정사각형의 꼴로 배열되어 있으므로 이를 n차의 정방행렬이라 한다. 예를 들어

$$\begin{pmatrix} 2 & 1 \\ 3 & 2 \end{pmatrix}, \quad \begin{pmatrix} 1 & 2 & 3 \\ 4 & 5 & 6 \\ 7 & 8 & 9 \end{pmatrix}$$

는 순서대로 각각 2차, 3차의 정방행렬이다. 모든 성분이 0인 $m\times n$ 행렬

$$\begin{pmatrix} 0 & 0 & \cdots & 0 \\ 0 & 0 & \cdots & 0 \\ \vdots & \vdots & & \vdots \\ 0 & 0 & \cdots & 0 \end{pmatrix}$$

을 $m\times n$인 영행렬이라 하고 간단히 O로 표시한다.

n차의 정방행렬

$$A=\begin{pmatrix} a_{11} & a_{12} & \cdots & a_{1n} \\ a_{21} & a_{22} & \cdots & a_{2n} \\ \vdots & \vdots & & \vdots \\ a_{n1} & a_{n2} & \cdots & a_{nn} \end{pmatrix}$$

에서 대각선상에 배열된 성분 $a_{11}, a_{22}, \cdots, a_{nn}$을 A의 대각성분이라 한다.

또 정방행렬의 대각성분에 0이 아닌 원소가 존재하고 대각성분 이외의 원소는 모두 0인 정방행렬을 대각행렬이라 한다.

〈정의 2.2〉 (행렬의 상등)

두 행렬 A, B의 크기가 같고 대응하는 성분이 모두 같을 때 A와 B는 같다고 하고 $A=B$로 쓴다. 즉 $m\times n$ 행렬 $A=(a_{ij})_{m\times n}$와 $r\times s$ 행렬 $B=(b_{ij})_{r\times s}$에서 $m=r$, $n=s$, $a_{ij}=b_{ij}(i=1, 2, \cdots, m\,;\, j=1, 2, \cdots, n)$일 때에 한하여 A와 B는 상등이다.

【예제 1】 두 행렬 $A=\begin{pmatrix} a+b & 2a+b \\ b+c & b+2c \end{pmatrix}$, $B=\begin{pmatrix} 3 & 4 \\ 5 & 8 \end{pmatrix}$에 대하여 $A=B$일 때 a, b, c를 구하여라.

풀이 $a+b=3$, $2a+b=4$, $b+c=5$, $b+2c=8$이다. 이 식들을 연립으로 풀면

$$a=1,\ b=2,\ c=3$$

이다. ■

2.2 행렬의 연산

〈정의 2.3〉 (행렬의 덧셈)

행렬 A, B가 모두 $m\times n$행렬이라 하자.

A와 B의 대응하는 성분의 합을 대응하는 성분으로 하는 $m\times n$행렬 C를 A와 B의 합이라 하고

$$C=A+B$$

로 표시한다. 즉, $A=(a_{ij})_{m\times n}$, $B=(b_{ij})_{m\times n}$

$1\le i\le m$, $1\le j\le n$일 때

$$C=A+B=(c_{ij})_{m\times n}\quad (\text{단 } c_{ij}=a_{ij}+b_{ij})$$

【예제 2】 $A=\begin{pmatrix} -4 & 6 & 3 \\ 0 & 1 & 2 \end{pmatrix}$, $B=\begin{pmatrix} 5 & -1 & 0 \\ 3 & 1 & 0 \end{pmatrix}$일 때 $A+B$를 구하여라.

풀이 정의에 의하여

$$A+B=\begin{pmatrix} -4 & 6 & 3 \\ 0 & 1 & 2 \end{pmatrix}+\begin{pmatrix} 5 & -1 & 0 \\ 3 & 1 & 0 \end{pmatrix}=\begin{pmatrix} 1 & 5 & 3 \\ 3 & 2 & 2 \end{pmatrix}$$

이다. ■

정리 2.4 (가법의 성질)
$m\times n$행렬 A, B, C에 대하여
(1) $A+B=B+A$
(2) $(A+B)+C=A+(B+C)$
(3) $A+O=A$

〈정의 2.5〉 (행렬의 상수배)

실수 k와 행렬 A가 주어졌을 때 A의 각 성분에 k배한 것을 성분으로 하는 행렬을 행렬 A의 k배라 하고 kA로 쓴다.

즉 $A=(a_{ij})_{m\times n}$일 때 $kA=(ka_{ij})_{m\times n}$이다.

특히 $(-1)A=-A$로 표시한다. 나아가서 일반 대수 연산과 같이 $A+(-1)B$ 또는 $A+(-B)$를 $A-B$로 쓰고 같은 크기의 행렬에 대한 뺄셈으로 정의한다.

【예제 3】 행렬 $A=\begin{pmatrix}3 & 4 & 5\\ 6 & 7 & 8\end{pmatrix}$에 대하여 $\frac{2}{3}A$를 구하여라.

풀이 정의에 의하여

$$\frac{2}{3}A=\frac{2}{3}\begin{pmatrix}3 & 4 & 5\\ 6 & 7 & 8\end{pmatrix}=\begin{pmatrix}\frac{2}{3}\times 3 & \frac{2}{3}\times 4 & \frac{2}{3}\times 5\\ \frac{2}{3}\times 6 & \frac{2}{3}\times 7 & \frac{2}{3}\times 8\end{pmatrix}=\begin{pmatrix}2 & \frac{8}{3} & \frac{10}{3}\\ 4 & \frac{14}{3} & \frac{16}{3}\end{pmatrix}$$

이다. ■

정리 2.6 (행렬의 상수배의 성질)
$m\times n$행렬 A, B와 영행렬 O에 대하여
(1) $a(A+B)=aA+aB$
(2) $(a+b)A=aA+bA$
(3) $a(kA)=(ak)A$

(4) $1A=A,\ 0A=O$

(5) $A-A=O$ (단, a, b, k는 상수)

2.3 전치행렬과 특수행렬

〈정의 2.7〉

$m\times n$행렬의 행과 열을 교환함으로써 얻어진 $n\times m$행렬을 A^T라고 쓰고, 이를 A의 전치행렬이라고 한다. 즉

$$A^T=\begin{pmatrix} a_{11} & a_{21} & \cdots & a_{m1} \\ a_{12} & a_{22} & \cdots & a_{m2} \\ \vdots & \vdots & & \vdots \\ a_{1n} & a_{2n} & \cdots & a_{mn} \end{pmatrix}$$

이다.

【예제 4】 두 행렬

$$A=\begin{pmatrix} 5 & -8 & 1 \\ 4 & 0 & 0 \end{pmatrix},\quad B=\begin{pmatrix} 3 & 4 \\ 5 & 1 \\ 0 & 7 \end{pmatrix}$$

에 대하여 A^T와 B^T를 구하여라.

풀이 정의에 의하여

$$A^T=\begin{pmatrix} 5 & 4 \\ -8 & 0 \\ 1 & 0 \end{pmatrix},\quad B^T=\begin{pmatrix} 3 & 5 & 0 \\ 4 & 1 & 7 \end{pmatrix}$$

이다. ■

〈정의 2.8〉

$m\times n$인 정방행렬 A가 그 전치행렬과 같을 때, 즉

$$A^T=A,\ a_{ji}=a_{ij},\ 1\le i,\ j\le n$$

일때, A를 대칭행렬이라 한다. $m\times n$인 정방행렬 A가

$$A^T=-A,\ a_{ji}=-a_{ij},\ 1\le i,\ j\le n$$

일때, A를 왜대칭행렬이라 한다.

【예제 5】 두 행렬

$$A=\begin{pmatrix}-3 & 1 & 5\\ 1 & 0 & -2\\ 5 & -2 & 4\end{pmatrix},\ B=\begin{pmatrix}0 & -4 & 1\\ 4 & 0 & -5\\ -1 & 5 & 0\end{pmatrix}$$

는 각각 무슨 행렬인가?

풀이 A는 대칭행렬이고 B는 왜대칭행렬이다.

이제 우리는 정방행렬 A를 가법과 상수배의 성질에 의하여, 다음과 같이 표시할 수 있다.

$$\begin{aligned}A&=\frac{1}{2}\times 2A=\frac{1}{2}(A+A)\\ &=\frac{1}{2}(A+A^T-A^T+A)\\ &=\frac{1}{2}\times(A+A^T)+\frac{1}{2}(A-A^T)\end{aligned}$$

여기서 $\frac{1}{2}(A+A^T)=S,\ \frac{1}{2}(A-A^T)=S^*$라 두면

$$A=S+S^*$$

와 같이 표시되며, S는 대칭행렬, S^*는 왜대칭행렬임을 안다. ■

【예제 6】 $A=\begin{pmatrix}1&2&3\\4&5&6\\7&8&9\end{pmatrix}$에 대하여, 대칭행렬 S와 왜대칭행렬 S^*를 구하여라.

풀이 A의 전치행렬은

$$A^T=\begin{pmatrix}1&4&7\\2&5&8\\3&6&9\end{pmatrix}$$

이므로, 대칭행렬은

$$S=\frac{1}{2}(A+A^T)=\frac{1}{2}\left[\begin{pmatrix}1&2&3\\4&5&6\\7&8&9\end{pmatrix}+\begin{pmatrix}1&4&7\\2&5&8\\3&6&9\end{pmatrix}\right]$$

$$=\begin{pmatrix}1&3&5\\3&5&7\\5&7&9\end{pmatrix}$$

이고, 왜대칭행렬은

$$S^*=\frac{1}{2}(A-A^T)=\begin{pmatrix}0&-1&-2\\1&0&1\\2&1&0\end{pmatrix}$$

이다. ■

〈정의 2.9〉

$m\times n$인 정방행렬의 주대각선의 상부(또는 하부)에 있는 원소가 모두 0인 행렬을 삼각행렬이라 한다.

또한, 정방행렬 A의 주대각선의 상부와 하부에 있는 원소가 모두 0인 행렬, 즉 모든 $i\neq j$에 대하여

$$a_{ij}=0$$

인 행렬을 대각행렬이라 한다.

【예제 7】 두 행렬 T_1, T_2에 대하여,

$$T_1=\begin{pmatrix} 1 & 0 & 0 \\ -2 & 3 & 0 \\ 5 & 1 & 4 \end{pmatrix}$$

은 상삼각행렬이고,

$$T_2=\begin{pmatrix} 1 & 5 & 2 \\ 0 & 4 & 3 \\ 0 & 0 & 1 \end{pmatrix}$$

은 하삼각행렬이다.

〈정의 2.10〉

대각행렬에서 주대각선의 원소가 모두 같을 때, 즉

$$a_{ij}=\begin{cases} k, & i=j \\ 0, & i \neq j \end{cases} \qquad (i,\ j=1,\ 2,\ \cdots,\ n,\ k\text{는 상수})$$

일 때 $A=(a_{ij})$를 스칼라행렬이라 한다.

【예제 8】 $A=\begin{pmatrix} 2 & 0 & 0 \\ 0 & 1 & 0 \\ 0 & 0 & 5 \end{pmatrix}$는 대각행렬이고, $B=\begin{pmatrix} 2 & 0 & 0 \\ 0 & 2 & 0 \\ 0 & 0 & 2 \end{pmatrix}$는 스칼라 행렬이다.

2.4 행렬의 곱

두 행렬 A, B가 있어서 곱 AB를 생각하려면, 행렬 A의 열의 개수와 행렬 B의 행의 개수가 같을때만, 곱 AB가 정의된다.

〈정의 2.11〉

$m\times l$행렬 A와 $l\times n$행렬 B에 대하여

$$c_{ij}=\sum_{k=1}^{l} a_{ik}b_{kj}$$

라 두면 $m\times n$행렬 $(c_{ij})_{m\times n}$ 행렬을 A와 B의 곱이라 하고 AB로 쓴다.

【예제 9】 두 행렬

$$A=\begin{pmatrix} 3 & 2 & -1 \\ 0 & 4 & 6 \end{pmatrix},\ B=\begin{pmatrix} 1 & 0 & 2 \\ 5 & 3 & 1 \\ 6 & 4 & 2 \end{pmatrix}$$

에 대하여 AB를 구하여라.

풀이 $AB=\begin{pmatrix} 3 & 2 & -1 \\ 0 & 4 & 6 \end{pmatrix}\begin{pmatrix} 1 & 0 & 2 \\ 5 & 3 & 1 \\ 6 & 4 & 2 \end{pmatrix}$

$$=\begin{pmatrix} 3\times1+2\times5+(-1)\times6 & 3\times0+2\times3+(-1)\times4 & 3\times2+2\times1+(-1)\times2 \\ 0\times1+4\times5+6\times6 & 0\times0+4\times3+6\times4 & 0\times2+4\times1+6\times2 \end{pmatrix}$$

$$=\begin{pmatrix} 7 & 2 & 6 \\ 56 & 36 & 16 \end{pmatrix}$$ ■

정리 2.12 행렬의 곱이 정의되는 행렬 A, B, C에 대하여

(1) $(kA)B=k(AB)=A(kB)$

(2) $A(BC)=(AB)C$

(3) $(A+B)C=AC+BC$

이 성립한다. 여기서 k는 임의의 상수이다.

【예제 10】 $\begin{pmatrix} 1 & 0 \\ 0 & 0 \end{pmatrix}\begin{pmatrix} 0 & 1 \\ 1 & 0 \end{pmatrix}=\begin{pmatrix} 0 & 1 \\ 0 & 0 \end{pmatrix}$이지만 $\begin{pmatrix} 0 & 1 \\ 1 & 0 \end{pmatrix}\begin{pmatrix} 1 & 0 \\ 0 & 0 \end{pmatrix}=\begin{pmatrix} 0 & 0 \\ 1 & 0 \end{pmatrix}$이다.

따라서 AB와 BA는 정의되지만 $AB\neq BA$이 된다.

연습문제(2.1)

1. 다음 등식이 성립하도록 x와 y의 값을 구하여라.

(1) $\begin{pmatrix} x+2y \\ x-y \end{pmatrix}=\begin{pmatrix} 5 \\ 2 \end{pmatrix}$　　(2) $\begin{pmatrix} 2x & x+y \\ x-y & 2 \end{pmatrix}=\begin{pmatrix} 2 & 4 \\ -2 & 20 \end{pmatrix}$

2. $A=\begin{pmatrix} 1 & 2 \\ 1 & -3 \end{pmatrix}$이고 $B=\begin{pmatrix} 0 & 1 \\ -1 & 2 \end{pmatrix}$일때, 다음 등식을 만족하는 행렬 X를 구하여라.

(1) $3X+2A=2X+3B$　　(2) $\frac{1}{2}(X-4A)=2(X+B)$

3. 다음 행렬의 곱을 구하여라.

(1) $(1 \ \ 2)\begin{pmatrix} 3 & -1 \\ -2 & 3 \end{pmatrix}$　　(2) $\begin{pmatrix} 1 & 1 \\ 0 & 1 \end{pmatrix}\begin{pmatrix} 1 & 0 \\ -1 & 1 \end{pmatrix}$

4. 두 행렬 A와 B에 대하여 다음이 성립할 때 행렬 A^2+B^2을 구하여라.

$$A+B=\begin{pmatrix} 2 & 1 \\ 0 & 3 \end{pmatrix}, \quad AB+BA=\begin{pmatrix} 3 & 1 \\ 2 & -1 \end{pmatrix}$$

5. 다음을 만족시키는 두 행렬 A와 B에 대하여 A^2-B^2을 구하여라.

$$A-B=\begin{pmatrix} 1 & 2 \\ 4 & 0 \end{pmatrix}, \quad A+B=\begin{pmatrix} 3 & 4 \\ 0 & 2 \end{pmatrix}$$

2.5 역행렬과 연립 1차 방정식

수의 곱셈에 대한 항등원은 1이다. 행렬의 곱셈에서 이와 같은 역할을 하는 행렬이 있다.

〈정의 2.13〉 (단위행렬)

행렬 A가 n차의 정방행렬이고 $a_{ij}=1(i=j)$, $a_{ij}=0(i\neq j)$일 때 행렬 A를 n차의 단위행렬이라 하고 I_n으로 쓴다. 즉,

$$I_n=\begin{pmatrix}1 & 0 & \cdots & 0\\ 0 & 1 & \cdots & 0\\ \vdots & \vdots & & \\ 0 & 0 & \cdots & 1\end{pmatrix}$$

이다. 이것은

$$\delta_{ij}=\begin{cases}1, & i=j \text{ 일때}\\ 0, & i\neq j \text{ 일때}\end{cases}$$

로 정의되는(Kronecker의 delta로 불리는) 기호 δ_{ij}를 이용하면

$$I_n=(\delta_{ij})$$

이다.

【예제 11】 A가 3차 정방행렬일 때 $A=AI_3=I_3A$임을 보여라.

풀이 $A=\begin{pmatrix}a_{11} & a_{12} & a_{13}\\ a_{21} & a_{22} & a_{23}\\ a_{31} & a_{32} & a_{33}\end{pmatrix}$라 하자. 그러면 행렬의 곱셈정리에 의해서 다음이 성립한다.

$$AI_3=\begin{pmatrix}a_{11} & a_{12} & a_{13}\\ a_{21} & a_{22} & a_{23}\\ a_{31} & a_{32} & a_{33}\end{pmatrix}\begin{pmatrix}1 & 0 & 0\\ 0 & 1 & 0\\ 0 & 0 & 1\end{pmatrix}=\begin{pmatrix}a_{11} & a_{12} & a_{13}\\ a_{21} & a_{22} & a_{23}\\ a_{31} & a_{32} & a_{33}\end{pmatrix}.$$

같은 방법으로 $I_3A=A$임을 알 수 있다. ■

a가 0이 아닌 실수일 때, $ax=xa=1$이 되는 수 $x=\frac{1}{a}$을 a의 역수 (곱셈에 대한 역원)라 한다. 수에서와 같이 정사각형 행렬에서도 비슷한 성질이 성립한다.

〈정의 2.14〉

(1) n차 정방행렬 A에 대하여, 정방행렬 B가 존재하여

$$AB=BA=I_n$$

일 때, A를 정칙행렬이라 하고, B를 A의 역행렬이라 부르며, $B=A^{-1}$로 쓴다.

(2) A가 정칙행렬이 아닐 때, 이를 비정칙행렬이라 한다.

【예제 12】 행렬 $A=\begin{pmatrix}6 & 7\\5 & 6\end{pmatrix}$의 역행렬은 $A^{-1}=\begin{pmatrix}6 & -7\\-5 & 6\end{pmatrix}$임을 보여라.

풀이 $\begin{pmatrix}6 & 7\\5 & 6\end{pmatrix}\begin{pmatrix}6 & -7\\-5 & 6\end{pmatrix}=\begin{pmatrix}1 & 0\\0 & 1\end{pmatrix}$이고,

$$\begin{pmatrix}6 & -7\\-5 & 6\end{pmatrix}\begin{pmatrix}6 & 7\\5 & 6\end{pmatrix}=\begin{pmatrix}1 & 0\\0 & 1\end{pmatrix}$$

이므로 $A=\begin{pmatrix}6 & 7\\5 & 6\end{pmatrix}$의 역행렬은 $\begin{pmatrix}6 & -7\\-5 & 6\end{pmatrix}$이다. ■

【예제 13】 행렬 $A=\begin{pmatrix}1 & 2\\3 & 4\end{pmatrix}$의 역행렬을 구하여라.

풀이 $A^{-1}=\begin{pmatrix}a & b\\c & d\end{pmatrix}$라 하자. 그러면

$$AA^{-1}=\begin{pmatrix}1 & 2\\3 & 4\end{pmatrix}\begin{pmatrix}a & b\\c & d\end{pmatrix}=\begin{pmatrix}1 & 0\\0 & 1\end{pmatrix}=I_2$$

에서

$$\begin{pmatrix} a+2c & b+2d \\ 3a+4c & 3b+4d \end{pmatrix} + \begin{pmatrix} 1 & 0 \\ 0 & 1 \end{pmatrix}$$

이다. 따라서 연립방정식

$$\begin{cases} a \quad +2c=1 \\ 3a+4c=0 \end{cases} \text{과} \begin{cases} b \quad +2d=0 \\ 3b+4d=1 \end{cases}$$

을 풀면 $a=-2$, $b=1$,

$$c=\frac{3}{2}, \quad d=-\frac{1}{2}$$

을 얻는다. 따라서 A의 역행렬은

$$\begin{pmatrix} -2 & 1 \\ 2\frac{3}{2} & -\frac{1}{2} \end{pmatrix}$$

이다. ■

【예제 14】 다음 행렬이 비정칙행렬임을 보여라.

$$A=\begin{pmatrix} 1 & 2 \\ -2 & -4 \end{pmatrix}$$

풀이 정방행렬로서 $AB=BA=I$가 되는 행렬 B가 존재하지 않음을 보이면 충분하다. 만약 $AB=BA=I$를 만족하는 B가 존재한다고 가정하고

$$B=\begin{pmatrix} a & b \\ c & d \end{pmatrix}$$

라 두자. 그러면

$$AB=\begin{pmatrix} 1 & 2 \\ -2 & -4 \end{pmatrix}\begin{pmatrix} a & b \\ c & d \end{pmatrix}=\begin{pmatrix} 1 & 0 \\ 0 & 1 \end{pmatrix}=I$$

에서

$$\begin{pmatrix} a+2c & b+2b \\ -2a-4c & -2b-4d \end{pmatrix}=\begin{pmatrix} 1 & 0 \\ 0 & 1 \end{pmatrix}$$

을 얻는다. 두 행렬의 대응하는 원소가 같아야 하므로 일차연립방정식

$$\begin{cases} a+2c=1 & (1) \\ b+2b=0 & (2) \\ -2a-4c=0 & (3) \\ -2b-4d=1 & (4) \end{cases}$$

을 얻는다. (1)에 -2를 곱한 결과 $-2a-4c=-2$와 (3)을 비교하면,

$$-2=-2a-4c=0$$

을 얻어 모순이 된다. 따라서 $AB=I$가 되는 B가 존재할 수 없다. ■

위의 세 예제를 요약하면 일반적으로 다음과 같은 정리가 성립한다.

정리 2.15 행렬 $A=\begin{pmatrix} a & b \\ c & d \end{pmatrix}$에서 A^{-1}은 다음과 같다.

(1) $ad-bc\neq 0$이면

$$A^{-1}=\frac{1}{ad-bc}\begin{pmatrix} d & -b \\ -c & a \end{pmatrix}$$

(2) $ad-bc=0$이면 A의 역행렬은 없다.

증명 행렬 $A=\begin{pmatrix} a & b \\ c & d \end{pmatrix}$의 역행렬을 $A^{-1}=\begin{pmatrix} x & u \\ y & v \end{pmatrix}$라고 하면 다음이 성립한다.

$$\begin{pmatrix} a & b \\ c & d \end{pmatrix}\begin{pmatrix} x & u \\ y & v \end{pmatrix}=\begin{pmatrix} 1 & 0 \\ 0 & 1 \end{pmatrix}$$

즉,

$$\begin{pmatrix} ax+by & au+bv \\ cx+dy & cu+dv \end{pmatrix}=\begin{pmatrix} 1 & 0 \\ 0 & 1 \end{pmatrix}$$

따라서 다음 두 연립방정식을 얻는다.

$$\begin{cases} ax+by=1 \\ cx+dy=0 \end{cases} \qquad \cdots\cdots①$$

$$\begin{cases} au+bv=0 \\ cu+dv=1 \end{cases} \qquad \cdots\cdots②$$

①에서 $(ad-bc)x=d$, $(ad-bc)y=-c$ ……③

②에서 $(ad-bc)u=-b$, $(ad-bc)v=a$ ……④

(1) $ad-bc\neq 0$일 때

③과 ④를 x, y, u, v에 대하여 풀면

$$x=\frac{d}{ad-bc},\ y=\frac{-c}{ad-bc},$$
$$u=\frac{-b}{ad-bc},\ v=\frac{a}{ad-bc}.$$

따라서 구하는 역행렬 A^{-1}는 다음과 같다.

$$A^{-1}=\begin{pmatrix}\dfrac{d}{ad-bc} & \dfrac{-b}{ad-bc}\\ \dfrac{-c}{ad-bc} & \dfrac{a}{ad-bc}\end{pmatrix}=\frac{1}{ad-bc}\begin{pmatrix}d & -b\\ -c & a\end{pmatrix}.$$

(2) $ad-bc=0$일 때

③과 ④에서 $a=b=c=d=0$이다. 그런데 이것은 $ax+by=1$, $cu+dv=1$에 모순이므로 A의 역행렬은 존재하지 않는다. □

【예제 15】 다음 행렬의 역행렬이 존재하는지 조사하고, 존재하면 그것을 구하여라.

(1) $\begin{pmatrix}4 & 1\\ 3 & 1\end{pmatrix}$ (2) $\begin{pmatrix}2 & 6\\ 1 & 3\end{pmatrix}$

풀이 (1) $4\cdot 1-1\cdot 3=1\neq 0$이므로 역행렬이 존재한다.

$$\begin{pmatrix}4 & 1\\ 3 & 1\end{pmatrix}^{-1}=\frac{1}{1}\begin{pmatrix}1 & -1\\ -3 & 4\end{pmatrix}=\begin{pmatrix}1 & -1\\ -3 & 4\end{pmatrix}.$$

(2) $2\cdot 3-6\cdot 1=0$이므로 역행렬이 존재하지 않는다. ■

정리 2.16 정방행렬 A와 B의 역행렬을 각각 A^{-1}, B^{-1}라고 하면 다음이 성립한다.

(1) $(A^{-1})^{-1}=A$,

(2) $(AB)^{-1}=B^{-1}A^{-1}$.

증명 n차 정사각행렬 A의 역행렬 A^{-1}가 존재할 때

$$AA^{-1}=A^{-1}A=I$$

이므로 A^{-1}의 역행렬은 A이다. 즉, 다음이 성립한다.

$$(A^{-1})^{-1}=A$$

또한 n차 정사각형행렬 A와 B의 역행렬 A^{-1}와 B^{-1}가 존재할 때 곱셈에 대한 결합법칙에 의하여

$$\begin{aligned}(AB)(B^{-1}A^{-1})&=A(BB^{-1})A^{-1}\\&=AIA^{-1}\\&=AA^{-1}=I\\(B^{-1}A^{-1})(AB)&=B^{-1}(A^{-1}A)B\\&=B^{-1}IB\\&=B^{-1}B=I\end{aligned}$$

이므로 AB의 역행렬은 $B^{-1}A^{-1}$이다. 즉, 다음이 성립한다.

$$(AB)^{-1}=B^{-1}A^{-1}$$ □

【예제 16】 두 행렬 $A=\begin{pmatrix}1 & 3\\0 & 1\end{pmatrix}$과 $B=\begin{pmatrix}0 & 1\\-1 & 4\end{pmatrix}$의 역행렬은 각각

$$A^{-1}=\begin{pmatrix}1 & -3\\0 & 1\end{pmatrix},\ B^{-1}=\begin{pmatrix}4 & -1\\1 & 0\end{pmatrix}$$

이다. $(AB)^{-1}$를 구하여라.

풀이 정리 2.16에 의하여

$$(AB)^{-1}=B^{-1}A^{-1}=\begin{pmatrix}4 & -1\\1 & 0\end{pmatrix}\begin{pmatrix}1 & -3\\0 & 1\end{pmatrix}=\begin{pmatrix}4 & -13\\1 & -3\end{pmatrix}$$ ■

역행렬을 이용한 연립일차방정식의 풀이

일반적으로 x와 y에 대한 연립일차방정식

$$\begin{cases} ax+by=u \\ cx+dy=v \end{cases}$$

를 행렬을 이용하여 나타내면 다음과 같다.

$$\begin{pmatrix} a & b \\ c & d \end{pmatrix}\begin{pmatrix} x \\ y \end{pmatrix}=\begin{pmatrix} u \\ v \end{pmatrix}.$$

【예제 17】 연립방정식 $\begin{cases} 2x+3y=6 \\ x-2y=5 \end{cases}$ 를 행렬을 이용하여 나타내면

$$\begin{pmatrix} 2 & 3 \\ 1 & -2 \end{pmatrix}\begin{pmatrix} x \\ y \end{pmatrix}=\begin{pmatrix} 6 \\ 5 \end{pmatrix}$$

또는

$$\begin{pmatrix} 1 & -2 \\ 2 & 3 \end{pmatrix}\begin{pmatrix} x \\ y \end{pmatrix}=\begin{pmatrix} 5 \\ 6 \end{pmatrix}.$$

【예제 18】 역행렬을 이용하여 x와 y에 대한 연립일차방정식

$$\begin{cases} ax+by=u \\ cx+dy=v \end{cases} \qquad \cdots\cdots①$$

를 풀어라.

풀이 $A=\begin{pmatrix} a & b \\ c & d \end{pmatrix}$, $X=\begin{pmatrix} x \\ y \end{pmatrix}$, $B=\begin{pmatrix} u \\ v \end{pmatrix}$라고 하면 ①은 다음과 같이 나타낼 수 있다.

$$AX=B \qquad \cdots\cdots②$$

(1) $ad-bc\neq 0$일 때

A의 역행렬 A^{-1}가 존재하므로 ②의 양변의 왼쪽에 A^{-1}를 곱하면

$$A^{-1}AX=A^{-1}B \Leftrightarrow X=A^{-1}B$$

따라서 연립방정식 ①의 해는 다음과 같다.

$$\begin{pmatrix} x \\ y \end{pmatrix} = \begin{pmatrix} a & b \\ c & d \end{pmatrix}^{-1} \begin{pmatrix} u \\ v \end{pmatrix}$$
$$= \frac{1}{ad-bc} \begin{pmatrix} d & -b \\ -c & a \end{pmatrix} \begin{pmatrix} u \\ v \end{pmatrix}$$

(2) $ad-bc=0$일 때

A의 역행렬이 존재하지 않으며, 연립방정식 ①의 해는 다음과 같다.

(i) $\frac{a}{c} = \frac{b}{d} = \frac{u}{v}$이면 해는 무수히 많다.

(ii) $\frac{a}{c} = \frac{b}{d} \neq \frac{u}{v}$이면 해가 없다. ■

【예제 19】 역행렬을 이용하여 다음 연립일차방정식을 풀어라.

(1) $\begin{cases} 3x+5y=4 \\ 2x+3y=3 \end{cases}$ (2) $\begin{cases} 4x-4y=3 \\ x-\ y=2 \end{cases}$

풀이 (1) 주어진 연립일차방정식을 행렬로 나타내면

$$\begin{pmatrix} 3 & 5 \\ 2 & 3 \end{pmatrix} \begin{pmatrix} x \\ y \end{pmatrix} = \begin{pmatrix} 4 \\ 3 \end{pmatrix} \qquad \cdots\cdots ①$$

①의 양변의 왼쪽에 A^{-1}를 곱하면

$$\begin{pmatrix} x \\ y \end{pmatrix} = \begin{pmatrix} -3 & 5 \\ 2 & -3 \end{pmatrix} \begin{pmatrix} 4 \\ 3 \end{pmatrix} = \begin{pmatrix} 3 \\ -1 \end{pmatrix}$$

따라서 구하는 해는 $x=3,\ y=-1$.

(2) 주어진 연립일차방정식을 행렬로 나타내면

$$\begin{pmatrix} 4 & -4 \\ 1 & -1 \end{pmatrix} \begin{pmatrix} x \\ y \end{pmatrix} = \begin{pmatrix} 3 \\ 2 \end{pmatrix}$$

$A = \begin{pmatrix} 4 & -4 \\ 1 & -1 \end{pmatrix}$에서 $4 \cdot (-1) - (-4) \cdot 1 = 0$이므로 A의 역행렬은 존재하지 않는다.

한편 $\frac{4}{1} = \frac{-4}{-1} \neq \frac{3}{2}$이므로 구하는 해는 없다. ■

[참고] 계산의 간편성을 위하여 본 교재에서는 2원일차연립방정식만을 다루었다. 그러나 일반적으로 본 절의 이론은 n원 일차연립방정식에 대하여도 성립함을 밝혀 둔다.

연습문제(2.2)

1. 다음 행렬의 역행렬이 존재하는지를 조사하고 존재한다면 그것을 구하여라.

(1) $\begin{pmatrix} 3 & 4 \\ 5 & 7 \end{pmatrix}$ (2) $\begin{pmatrix} 3 & 6 \\ 2 & 4 \end{pmatrix}$

(3) $\begin{pmatrix} 1 & 0 \\ 0 & 1 \end{pmatrix}$

2. 행렬 $A=\begin{pmatrix} 2 & 3 \\ 5 & 7 \end{pmatrix}$에 대하여 다음을 구하여라.

(1) $(2A)^{-1}$ (2) $\dfrac{1}{2}A^{-1}$

(3) $(A^2)^{-1}$ (4) $(A^{-1})^2$

3. 역행렬을 이용하여 다음 연립일차방정식을 풀어라.

(1) $\begin{cases} 5x+2y=6 \\ 3x+\ \ y=2 \end{cases}$ (2) $\begin{cases} 2x+3y=8 \\ \ \ x+\ \ y=3 \end{cases}$

(3) $\begin{cases} 3x+2y=\ \ 6 \\ 6x+4y=12 \end{cases}$ (4) $\begin{cases} \ \ x+\ \ y=5 \\ 2x+2y=6 \end{cases}$

4. 두 행렬 $A=\begin{pmatrix} -1 & 2 \\ -1 & 1 \end{pmatrix}$, $B=\begin{pmatrix} 1 & -2 \\ 2 & -5 \end{pmatrix}$에 대하여 $A^{-1}XA=B$를 만족시키는 행렬 X를 구하여라.

5. 두 행렬 $A=\begin{pmatrix} 2 & 0 \\ 3 & 1 \end{pmatrix}$와 $B=\begin{pmatrix} -1 & 2 \\ -2 & 1 \end{pmatrix}$에 대하여

$$A^{-1}B^{-1}=\begin{pmatrix} -1 & 1 \\ 5 & -4 \end{pmatrix}$$

일 때, $a+b$의 값을 구하여라.

6. 연립일차방정식 $\begin{pmatrix} a-4 & -5 \\ 2 & a+3 \end{pmatrix}\begin{pmatrix} x \\ y \end{pmatrix}=\begin{pmatrix} 0 \\ 0 \end{pmatrix}$이 $x=0$, $y=0$ 이외의 근을 가질 때 a의 값을 구하여라.

2.6 Gauss 소거법

n개의 미지수를 갖는 m개의 선형연립방정식(또는 1차연립방정식)

$$\begin{cases} a_{11}x_1 + a_{12}x_2 + \cdots + a_{1n}x_n = b_1 \\ a_{21}x_1 + a_{22}x_2 + \cdots + a_{2n}x_n = b_2 \\ \qquad\qquad\vdots \\ a_{m1}x_1 + a_{m2}x_2 + \cdots + a_{mn}x_n = b_m \end{cases} \tag{3.1}$$

에서

$$A = \begin{pmatrix} a_{11} & a_{12} & \cdots & a_{1n} \\ a_{21} & a_{22} & \cdots & a_{2n} \\ \vdots & \vdots & \ddots & \vdots \\ a_{m1} & a_{m2} & \cdots & a_{mn} \end{pmatrix},\ X = \begin{pmatrix} x_1 \\ x_2 \\ \vdots \\ x_n \end{pmatrix},\ B = \begin{pmatrix} b_1 \\ b_2 \\ \vdots \\ b_m \end{pmatrix}$$

이라 두면, (3.1)은 행렬연산을 이용하여

$$AX = B$$

로 쓸 수 있으며, 행렬 A를 (3.1)의 계수행렬이라 부른다. A에 B를 첨가하여 만든 행렬

$$A = \begin{pmatrix} a_{11} & a_{12} & \cdots & a_{1n} & \vdots & b_1 \\ a_{21} & a_{22} & \cdots & a_{2n} & \vdots & b_2 \\ \vdots & & & & \vdots & \\ a_{m1} & a_{m2} & \cdots & a_{mn} & \vdots & b_m \end{pmatrix}$$

을 (3.1)의 확대행렬이라 부른다.

$B=O$인 경우 (3.1)을 제차 연립방정식,

$B \neq O$인 경우 비제차 연립방정식이라 한다.

【예제 20】 다음 선형 연립방정식의 계수행렬과 확대행렬을 구하고, 행렬 연산을 이용하여 표현하여라.

$$\begin{cases} x - 3y + z = 3 \\ -3x - 2y = 7 \\ 5x + 2y - 3z = 9 \end{cases}$$

풀이 $A=\begin{pmatrix} 1 & -3 & 1 \\ -3 & 2 & 0 \\ 5 & 2 & -3 \end{pmatrix},\ X=\begin{pmatrix} x \\ y \\ z \end{pmatrix},\ \ =\begin{pmatrix} 3 \\ 7 \\ 9 \end{pmatrix}$

라 두면, A는 주어진 선형연립방정식의 계수행렬이며, 또 주어진 방정식은 $AX=B$로 표현된다. 또 확대행렬은

$$A=\begin{pmatrix} 1 & -3 & 1 & \vdots & 3 \\ -3 & 2 & 0 & \vdots & 7 \\ 5 & 2 & -3 & \vdots & 9 \end{pmatrix}$$

이다. ■

【예제 21】 다음 선형연립방정식을 풀고 각 단계별로 대응하는 확대행렬을 구하여라.

(1) $\begin{cases} x - 3y + z = -2 \\ 2x + 3y - 5z = -7 \\ x + y - z = 0 \end{cases} \qquad \begin{pmatrix} 1 & -3 & 1 & \vdots & -2 \\ 2 & 3 & -5 & \vdots & -7 \\ 1 & 1 & -1 & \vdots & 0 \end{pmatrix}$

풀이 첫째 식에 -2를 곱하여 둘째 식에 더하고, 첫째 식에 -1을 곱하여 셋째 식에 더한다.

(2) $\begin{cases} x - 3y + z = -2 \\ 9y - 7z = -3 \\ 4y - 2z = 2 \end{cases} \qquad \begin{pmatrix} 1 & -3 & 1 & \vdots & -2 \\ 0 & 9 & -7 & \vdots & -3 \\ 0 & 4 & -2 & \vdots & 2 \end{pmatrix}$

둘째 식에 $\dfrac{1}{3}$을 곱하여 첫째 식에 더하고, 둘째 식에 $-\dfrac{4}{9}$를 곱하여 셋째 식에 더한다.

(3) $\begin{cases} x - \dfrac{4}{3}z = -3 \\ 9y - 7z = -3 \\ \dfrac{10}{9}z = \dfrac{10}{3} \end{cases} \qquad \begin{pmatrix} 1 & 0 & -\dfrac{4}{3} & \vdots & -3 \\ 0 & 9 & -7 & \vdots & -3 \\ 0 & 0 & \dfrac{10}{9} & \vdots & \dfrac{10}{3} \end{pmatrix}$

셋째 식에 $\dfrac{9}{10}$를 곱한다.

(4) $\begin{cases} x - \dfrac{4}{3}z = -3 \\ 9y - 7z = -3 \\ z = 3 \end{cases} \qquad \begin{pmatrix} 1 & 0 & -\dfrac{4}{3} & \vdots & -3 \\ 0 & 9 & -7 & \vdots & -3 \\ 0 & 0 & 1 & \vdots & 3 \end{pmatrix}$

셋째 식에 $\frac{4}{3}$를 곱하여 첫째 식에 더하고, 셋째 식에 7을 곱하여 둘째 식에 더한다.

(5) $\begin{cases} x = 1 \\ 9y = 18 \\ z = 3 \end{cases}$ $\left(\begin{array}{ccc:c} 1 & 0 & 0 & 1 \\ 0 & 9 & 0 & 18 \\ 0 & 0 & 1 & 3 \end{array}\right)$

둘째 식에 $\frac{1}{9}$을 곱한다.

(6) $\begin{cases} x = 1 \\ y = 2 \\ z = 3 \end{cases}$ $\left(\begin{array}{ccc:c} 1 & 0 & 0 & 1 \\ 0 & 1 & 0 & 2 \\ 0 & 0 & 1 & 3 \end{array}\right)$ ■

[참고] 예제 21에서 좌변은 동치인 연립방정식을, 우변은 대응하는 확대행렬을 나타내며, 연립방정식에서 변수를 소거해 갈 때, 미지수 x, y, z가 필요한 것이 아니고, 필요한 것은 그것들의 계수임에 주의하자.

〈정의 2.17〉

예제 21에서 (1), (2), (3), (4), (5) 및 (6)은 모두 동일한 해를 갖는 연립방정식들을 표현하며 이들을 서로 동치라 부른다.

[참고] 예제 21에서 좌변은 동치인 연립방정식을, 우변은 대응하는 확대행렬을 나타내며, 연립방정식에서 변수를 소거해 갈 때, 미지수 x, y, z가 필요한 것이 아니고, 필요한 것은 그것들의 계수임에 주의하자.

〈정의 2.18〉

연립방정식의 기본연산이란 다음의 (i), (ii), (iii)을 의미한다.

(i) 어느 방정식의 양변에 0 아닌 수를 곱한다.

(ii) 한 방정식에 0 아닌 수를 곱하여 다른 방정식에 더한다.

(iii) 두 방정식을 교환한다.

〈정의 2.19〉

행렬의 기본연산이란 다음을 의미한다.

(E_1) 한 행에 0 아닌 수를 곱한다.

(E_2) 한 행에 0 아닌 수를 곱하여 다른 행에 더한다.

(E_3) 두 행을 교환한다.

〈정의 2.20〉

예제 21에서 우변처럼 주어진 연립방정식의 확대행렬을 구하고, 그 확대행렬에 기본행 연산을 행하여 주어진 연립방정식의 해를 구하는 방법을 Gauss소거법이라 한다.

[참고] 표현을 간단하게 하기 위하여

$3R_2$	:"둘째 행에 3을 곱한다"
$(-1)R_1+R_2$	:"첫째 행에 -1을 곱하여 둘째행에 더한다"
$R_2 \leftrightarrow R_3$	:"둘째 행과 셋째 행을 교환한다"
$\dfrac{R_1+R_4}{-R_3+R_1}$	:"연산 R_1+R_4와 $-R_3+R_1$을 동시에 행한다"

을 의미한다.

【예제 22】 다음 연립방정식을 Gauss소거법으로 풀어라.

$$\begin{cases} x \qquad\; +3z = 3 \\ 2x+4y+\;z=-1 \\ \;x+3y+\;z= \;8 \end{cases}$$

풀이 R_1, R_2, R_3는 각각 첫째 행, 둘째 행, 셋째 행을 나타내기로 한다.

$$\begin{pmatrix} 1 & 0 & 3 & : & 3 \\ 2 & 4 & 1 & : & -1 \\ 1 & 3 & 1 & : & 8 \end{pmatrix} \xrightarrow{(-2)R_1+R_2} \begin{pmatrix} 1 & 0 & 3 & : & 3 \\ 0 & 4 & -5 & : & -7 \\ 1 & 3 & 1 & : & 8 \end{pmatrix}$$

$$\xrightarrow{(-1)R_1+R_3}\begin{pmatrix}1 & 0 & 3 & : & 3\\ 0 & 4 & -5 & : & -7\\ 1 & 3 & -2 & : & 5\end{pmatrix}$$

$$\xrightarrow{(-1)R_3+R_2}\begin{pmatrix}1 & 0 & 3 & : & 3\\ 0 & 1 & -3 & : & -12\\ 1 & 3 & -2 & : & 5\end{pmatrix}$$

$$\xrightarrow{(-3)R_2+R_3}\begin{pmatrix}1 & 0 & 3 & : & 3\\ 0 & 1 & -3 & : & -12\\ 0 & 0 & 7 & : & 41\end{pmatrix}$$

$$\xrightarrow{\frac{1}{7}R_3}\begin{pmatrix}1 & 0 & 3 & : & 3\\ 0 & 1 & -3 & : & -12\\ 0 & 0 & 1 & : & \frac{41}{7}\end{pmatrix}$$

$$\xrightarrow[3R_3+R_2]{(-3)R_3+R_1}\begin{pmatrix}1 & 0 & 0 & \cdots & -\frac{102}{7}\\ 0 & 1 & 0 & \cdots & \frac{39}{7}\\ 0 & 0 & 1 & \cdots & \frac{41}{7}\end{pmatrix}$$

이므로 첫째 행에서 $x=-\frac{102}{7}$, 둘째 행에서 $y=\frac{39}{7}$, 셋째 행에서 $z=\frac{41}{7}$이다. ■

【예제 23】 다음 연립방정식을 Gauss소거법으로 풀어라.

$$\begin{cases} x+2y+3z=14\\ 2x-3y+2z=2\\ 3x+y-z=2\end{cases}$$

풀이 $\begin{pmatrix}1 & 2 & 3 & : & 14\\ 2 & -3 & 2 & : & 2\\ 3 & 1 & -1 & : & 2\end{pmatrix}\xrightarrow[-3R_1+R_3]{-2R_1+R_2}\begin{pmatrix}1 & 2 & 3 & : & 14\\ 0 & -7 & -4 & : & -26\\ 0 & -5 & -10 & : & -40\end{pmatrix}$

$$\xrightarrow{-\frac{1}{5}R_3}\begin{pmatrix}1 & 2 & 3 & : & 14\\ 0 & -7 & -4 & : & -26\\ 0 & 1 & 2 & : & 8\end{pmatrix}$$

$$\xrightarrow{7R_3+R_2}\begin{pmatrix}1 & 2 & 3 & : & 14\\ 0 & 0 & 10 & : & 30\\ 0 & 1 & 2 & : & 8\end{pmatrix}$$

$$\xrightarrow{R_2 \leftrightarrow R_3} \begin{pmatrix} 1 & 2 & 3 & : & 14 \\ 0 & 1 & 2 & : & 8 \\ 0 & 0 & 10 & : & 30 \end{pmatrix}$$

$$\xrightarrow{\frac{1}{10}R_3} \begin{pmatrix} 1 & 2 & 3 & : & 14 \\ 0 & 1 & 2 & : & 8 \\ 0 & 0 & 1 & : & 3 \end{pmatrix}$$

이므로 셋째 행에서 $z=3$,

둘째 행에 $z=3$을 대입하면 $y=2$,

첫째 행에 $y=2$, $z=3$을 대입하면 $x=1$이다. ■

【예제 24】 다음 연립방정식을 Gauss소거법으로 풀어라.

$$\begin{cases} 3x+2y-2z=3 \\ 2x+3y-3z=4 \\ -2x+4y+2z=3 \\ 5x-2y+4z=2 \end{cases}$$

풀이 $$\begin{pmatrix} 3 & 2 & -2 & : & 3 \\ 2 & 3 & -3 & : & 4 \\ -2 & 4 & 2 & : & 3 \\ 5 & -2 & 4 & : & 2 \end{pmatrix} \xrightarrow[R_2+R_3]{R_1+R_4} \begin{pmatrix} 3 & 2 & -2 & : & 3 \\ 2 & 3 & -3 & : & 4 \\ 0 & 7 & -1 & : & 7 \\ 8 & 0 & 2 & : & 5 \end{pmatrix}$$

$$\xrightarrow{(-1)R_2+R_1} \begin{pmatrix} 1 & -1 & 1 & : & -1 \\ 2 & 3 & -3 & : & 4 \\ 0 & 7 & -1 & : & 7 \\ 8 & 0 & 2 & : & 5 \end{pmatrix}$$

$$\xrightarrow[(-8)R_1+R_4]{(-2)R_1+R_2} \begin{pmatrix} 1 & -1 & 1 & : & -1 \\ 0 & 5 & -5 & : & 6 \\ 0 & 7 & -1 & : & 7 \\ 0 & 8 & -6 & : & 13 \end{pmatrix}$$

$$\xrightarrow{(-1)R_3+R_4} \begin{pmatrix} 1 & -1 & 1 & : & -1 \\ 0 & 5 & -5 & : & 6 \\ 0 & 7 & -1 & : & 7 \\ 0 & 1 & -5 & : & 6 \end{pmatrix}$$

$$\xrightarrow[(-7)R_4+R_3]{(-5)R_4+R_2} \begin{pmatrix} 1 & -1 & 1 & : & -1 \\ 0 & 0 & 20 & : & -24 \\ 0 & 0 & 34 & : & -35 \\ 0 & 1 & -5 & : & 6 \end{pmatrix}$$

$$\xrightarrow{R_2 \leftrightarrow R_4} \begin{pmatrix} 1 & -1 & 1 & : & -1 \\ 0 & 1 & -5 & : & 6 \\ 0 & 0 & 34 & : & -35 \\ 0 & 0 & 20 & : & -24 \end{pmatrix}$$

$$\xrightarrow[\frac{1}{34}R_3]{R_2+R_1}\begin{pmatrix} 1 & 0 & -4 & : & 5 \\ 0 & 1 & -5 & : & 6 \\ 0 & 0 & 1 & : & -\dfrac{35}{34} \\ 0 & 0 & 20 & : & -24 \end{pmatrix}$$

$$\xrightarrow{(-20)R_3+R_4}\begin{pmatrix} 1 & 0 & -4 & : & 5 \\ 0 & 1 & -5 & : & 6 \\ 0 & 0 & 1 & : & -\dfrac{35}{34} \\ 0 & 0 & 0 & : & \dfrac{58}{17} \end{pmatrix}$$

이다. 따라서 대응하는 연립방정식은

$$\begin{cases} x \quad - z = 5 \\ \quad y - 5z = 6 \\ \qquad\quad z = -\dfrac{35}{34} \\ \qquad\quad 0 = \dfrac{58}{17} \end{cases}$$

과 같다. 그러므로 주어진 연립방정식은 해를 갖지 않는다. ■

다음은 주어진 일차연립방정식의 해의 존재성에 관하여 체계적으로 공부하도록 한다.

정리 2.21 행렬 A에서 기본행연산으로 간소화해 갈 때 0이 아닌 행벡터의 수 r을 그 행렬의 위수(rank)라 하고 rank $A=r$로 쓴다.

【예제 25】 예제 21의 확대행렬의 위수는 3, 예제 22의 확대행렬의 위수는 3, 예제 23의 확대행렬의 위수는 3이다. 예제 24에서 계수행렬의 위수는 3이며 확대행렬의 위수는 4이다.

【예제 26】 다음 행렬의 위수를 구하여라.

$$A=\begin{pmatrix} -2 & -3 & -1 & 1 \\ 0 & 1 & 7 & 1 \\ 1 & 2 & 4 & 0 \\ -2 & -2 & 6 & 2 \end{pmatrix}$$

풀이 $\begin{pmatrix} -2 & -3 & -1 & 1 \\ 0 & 1 & 7 & 1 \\ 1 & 2 & 4 & 0 \\ -2 & -2 & 6 & 2 \end{pmatrix} \xrightarrow{R_1 \leftrightarrow R_3} \begin{pmatrix} 1 & 2 & 4 & 0 \\ 0 & 1 & 7 & 1 \\ -2 & -3 & -1 & 1 \\ -2 & -2 & 6 & 2 \end{pmatrix}$

$$\xrightarrow[2R_1+R_4]{2R_1+R_3} \begin{pmatrix} 1 & 2 & 4 & 0 \\ 0 & 1 & 7 & 1 \\ 0 & 1 & 7 & 1 \\ 0 & 2 & 14 & 2 \end{pmatrix}$$

$$\xrightarrow[(-2)R_2+R_4]{(-1)R_2+R_3} \begin{pmatrix} 1 & 2 & 4 & 0 \\ 0 & 1 & 7 & 1 \\ 0 & 0 & 0 & 0 \\ 0 & 0 & 0 & 0 \end{pmatrix}$$

이므로 A의 위수는 2이다. ■

예제 24에서처럼 계수행렬의 위수와 확대행렬의 위수가 같지 않으면 연립방정식은 해를 갖지 않는다. 일반적으로 연립방정식의 해의 존재성을 계수행렬과 확대행렬의 위수를 사용하여 표현하면 다음과 같다.

> **정리 2.22** n개의 미지수와 m개의 식으로 된 일차 연립방정식의 계수행렬을 A, 확대행렬을 B라 할 때, 해를 가질 필요충분조건은
>
> $$\text{rank } A = \text{rank } B$$
>
> 이다. 만약, $\text{rank } A = \text{rank } B = n$이면 주어진 방정식은 유일한 해를 가진다.
> 또 $\text{rank } A = \text{rank } B = r < n$이면 r개의 변수가 나머지 $n-r$개의 변수로 표시되어 해는 무수히 많다.

【예제 27】 다음 연립방정식의 해의 존재성을 논하여라.

$$\begin{cases} x \qquad\quad + 3z = \ \ 0 \\ 2x + 4y + \ \ z = -1 \\ x + 3y + \ \ z = \ \ 8 \end{cases}$$

풀이 예제 22의 풀이에서 알 수 있듯이 계수행렬의 위수는 3이며, 확대행렬의 위수도 3이다. 따라서 정리 2.22에 의하여 오직 한조의 해를 갖는다. ■

【예제 28】 다음 연립방정식의 해의 존재성을 논하여라.

$$\begin{cases} 3x + 2y - 2z = 3 \\ 2x + 3y - 3z = 4 \\ -2x + 4y + 2z = 3 \\ 5x - 2y + 4z = 2 \end{cases}$$

풀이 예제 24의 풀이에서 알 수 있듯이 계수행렬의 위수는 3이며 확대행렬의 위수는 4이다. 따라서 두 값이 일치하지 않으므로 정리 2.22에 의하여 해가 존재하지 않는다. ■

【예제 29】 다음 연립방정식의 해의 존재성을 논하여라.

$$\begin{cases} -x + y + 3z = -2 \\ \qquad\ \ y + 2z = \ \ 4 \end{cases}$$

풀이 $\begin{pmatrix} -1 & 1 & 3 & : & -2 \\ 0 & 1 & 2 & : & 4 \end{pmatrix} \longrightarrow \begin{pmatrix} 1 & 0 & -1 & : & 6 \\ 0 & 1 & 2 & : & 4 \end{pmatrix}$

이므로

$$\text{계수행렬의 위수} = \text{확대행렬의 위수} = 2$$

임을 알 수 있다. 따라서 c를 임의의 실수라 하고 $z=c$라 하면

$$x = 6 + c$$
$$y = 4 - 2c$$

를 얻는다. 따라서 해는

$$\begin{cases} x = 6 + c \\ y = 4 - 2c \quad (c\text{는 임의의 실수}) \\ z = c \end{cases}$$

가 된다. c가 임의의 실수이므로 무수한 해를 갖는다. ■

연습문제(2.3)

1. Gauss소거법을 이용하여 다음 선형방정식을 풀어라.

(1) $\begin{cases} 2x + y = 4 \\ 5x - 2y = 1 \end{cases}$

(2) $\begin{cases} 3x + y = 11 \\ x - y = 5 \end{cases}$

(3) $\begin{cases} x + y = 0 \\ 3x - 4y = 1 \end{cases}$

(4) $\begin{cases} -x + y + 2z = 0 \\ 3x + 4y + z = 0 \\ 2x + 5y + 3z = 0 \end{cases}$

(5) $\begin{cases} x + y + z = -1 \\ 4y + 6z = 6 \\ y + z = 1 \end{cases}$

(6) $\begin{cases} x + 2y - 4z = -1 \\ 3y + 2z = 9 \\ -4x + y + 3z = 4.5 \end{cases}$

(7) $\begin{cases} 7x + 4y - 2z = -6 \\ 16x + 2y + z = 3 \end{cases}$

(8) $\begin{cases} 3x - 12y = 6 \\ -7x + 28y = -14 \\ 5x - 20y = 10 \end{cases}$

2. 다음 행렬의 위수(rank)를 계산하여라.

(1) $\begin{pmatrix} 2 & 2 \\ 4 & 4 \end{pmatrix}$

(2) $\begin{pmatrix} 1 & 5 \\ 5 & 1 \end{pmatrix}$

(3) $\begin{pmatrix} 3 & 2 & 1 \\ 1 & 2 & 3 \end{pmatrix}$

(4) $\begin{pmatrix} a & b & c \\ b & a & c \end{pmatrix}$, $a \neq \pm b$

(5) $\begin{pmatrix} 0 & 1 & 0 \\ 1 & 0 & 0 \\ 0 & 0 & 1 \end{pmatrix}$

(6) $\begin{pmatrix} 3 & -3 & 0 \\ 1 & 4 & 5 \\ 4 & 4 & 8 \end{pmatrix}$

(7) $\begin{pmatrix} 6 & 1 & 8 & 3 \\ 2 & 3 & 0 & 2 \\ 4 & -1 & -8 & -3 \end{pmatrix}$

(8) $\begin{pmatrix} 3 & 0 & 2 & 2 \\ -6 & 42 & 24 & 54 \\ 21 & -21 & 0 & -15 \end{pmatrix}$

3. 다음 선형방정식계의 해의 존재성을 논하고 있으면 해를 구하여라.

(1) $\begin{cases} 2x - 3y = 6 \\ 4x - 6y = 18 \end{cases}$

(2) $\begin{cases} 2x - y + 3z = 4 \\ x + 3y - z = -2 \end{cases}$

(3) $\begin{cases} -2x - y + 2z = 0 \\ x - y = 0 \\ x + y = 0 \end{cases}$

(4) $\begin{cases} 3x - 2y + z = 6 \\ x + 10y - z = 2 \\ -3x - 2y + z = 10 \end{cases}$

(5) $\begin{cases} x_1 + 2x_2 - x_3 + x_4 = 0 \\ \quad\quad x_2 - x_3 + x_4 = 0 \end{cases}$

(6) $\begin{cases} 4x_1 - 2x_2 + 3x_3 + 10x_4 = 1 \\ x_1 - 3x_4 = 8 \\ 2x_1 - 3x_2 + x_4 = 16 \end{cases}$

(7) $\begin{cases} -2x_1 - 2x_2 - x_3 + x_4 = 0 \\ x_2 + 7x_3 + x_4 = 0 \\ x_1 + 2x_2 + 4x_3 = 0 \\ -2x_1 - 2x_2 + 6x_3 + 2x_4 = 0 \end{cases}$

제 3 장

행 렬 식

3.1 기본개념

행렬식은 선형 연립방정식의 해를 구하는 데에서 처음 나타났다. 제2장에서 다루었던 가우스소거법이 선형 연립방정식의 해를 구하는 방법으로서 비록 행렬식을 포함한 형태보다 더 능률적이긴 하지만, 선형대수학의 다른 관점에서 볼 때, 행렬식은 매우 유용하게 쓰인다.

이 장에서 다루는 모든 행렬은 정방행렬로 가정하며, 행렬식을 정의하기 위하여, 먼저 치환에 관하여 언급하겠다.

n개의 자연수의 집합을 $J_n=\{1, 2, 3, \cdots, n\}$이라 하자. 이때 전단사 함수

$$\sigma : J_n \to J_n \tag{3-1}$$

을 치환이라 한다. 때로는 치환을

$$\sigma=\begin{pmatrix} 1 & 2 & 3 & \cdots & n \\ j_1 & j_2 & j_3 & \cdots & j_n \end{pmatrix} \tag{3-2}$$

와 같이 나타내기도 한다. 따라서 $\{\sigma(1)=J_1, \sigma(2)=j_2, \cdots, \sigma(n)=j_n\}$은 집합으로서

는 J_n과 같으며, 오직 그 순서가 변한 것 뿐이다. J_n의 n개의 수로 된 순열의 수는 $n!$가지이므로, 이러한 치환은 모두 $n!$가지가 있다.

【예제 1】 집합 $J_3=\{1, 2, 3\}$에 대하여, J_3의 치환의 수는 모두 몇 가지인가를 알아보자.

$$\begin{pmatrix}1&2&3\\1&2&3\end{pmatrix}\begin{pmatrix}1&2&3\\1&3&2\end{pmatrix}\begin{pmatrix}1&2&3\\2&1&3\end{pmatrix}\begin{pmatrix}1&2&3\\2&3&1\end{pmatrix}\begin{pmatrix}1&2&3\\3&1&2\end{pmatrix}\begin{pmatrix}1&2&3\\3&2&1\end{pmatrix}$$

의 모두 $3!=6$가지이다.

한편, $J_1=\{1\}$은 $1!=1$가지, $J_2=\{1, 2\}$은 $2!=2$가지, $J_4=\{1, 2, 3, 4\}$은 $4!=24$가지의 치환을 갖고 있음을 안다.

집합 $J_n=\{1, 2, \cdots, n\}$의 임의의 한 치환 $J_1, J_2, \cdots, J_n$에 대해서, 큰 수 J_s가 작은 수 j_r보다 앞에 있을 때, 이것을 도치라 한다.

어떤 치환속의 도치의 개수가 짝수이냐 또는 홀수이냐에 따라서 이 치환을 각각 우치환 또는 기치환이라 부른다.

【예제 2】 $J_3=\{1, 2, 3\}$에 대하여, 우치환, 기치환을 조사하자.

$\sigma_1=\begin{pmatrix}1&2&3\\1&2&3\end{pmatrix}$은 도치가 없으므로 우치환인데, 항등치환이라고도 하며, ε로 표시하기도 한다.

$$\sigma_2=\begin{pmatrix}1&2&3\\1&3&2\end{pmatrix}\text{는 }\begin{pmatrix}1&2&3\\1&3&2\end{pmatrix}\xrightarrow{(23)}\begin{pmatrix}1&2&3\\1&2&3\end{pmatrix}\text{에서}$$

도치가 1번 일어났으므로 기치환이고

$\sigma_3=\begin{pmatrix}1&2&3\\3&1&2\end{pmatrix}$는

$$\begin{pmatrix}1&2&3\\3&1&2\end{pmatrix}\xrightarrow{(13)}\begin{pmatrix}1&2&3\\1&3&2\end{pmatrix}\xrightarrow{(23)}\begin{pmatrix}1&2&3\\1&2&3\end{pmatrix}\text{에서}$$

도치가 2번 일어났으므로 우치환이다.

【예제 3】 다음 치환은 우치환인지 기치환인지를 조사하라.

(1) $\sigma_1=\begin{pmatrix}1&2&3&4\\3&1&4&2\end{pmatrix}$　　(2) $\sigma_2=\begin{pmatrix}1&2&3&4&5\\1&5&3&2&4\end{pmatrix}$

풀이 치환 $\sigma_1=\begin{pmatrix}1&2&3&4\\3&1&4&2\end{pmatrix}$는

$$\begin{pmatrix}1&2&3&4\\3&1&4&2\end{pmatrix}\xrightarrow{(13)}\begin{pmatrix}1&2&3&4\\1&3&4&2\end{pmatrix}\xrightarrow{(24)}\begin{pmatrix}1&2&3&4\\1&3&2&4\end{pmatrix}$$
$$\xrightarrow{(23)}\begin{pmatrix}1&2&3&4\\1&2&3&4\end{pmatrix}$$

에서 도치가 3번 일어났으므로 기치환이다.

치환 $\sigma_2=\begin{pmatrix}1&2&3&4&5\\1&5&3&4&2\end{pmatrix}$는

$$\begin{pmatrix}1&2&3&4&5\\1&5&3&2&4\end{pmatrix}\xrightarrow{(35)}\begin{pmatrix}1&2&3&4&5\\1&3&5&2&4\end{pmatrix}\xrightarrow{(25)}\begin{pmatrix}1&2&3&4&5\\1&3&2&5&4\end{pmatrix}$$
$$\xrightarrow{(45)}\begin{pmatrix}1&2&3&4&5\\1&3&2&4&5\end{pmatrix}\xrightarrow{(23)}\begin{pmatrix}1&2&3&4&5\\1&2&3&4&5\end{pmatrix}$$

에서 도치가 4번 일어났으므로 우치환이다. ■

n개의 숫자의 치환 $\sigma=\begin{pmatrix}1&2&\cdots&n\\j_1&j_2&\cdots&j_n\end{pmatrix}$에 대하여, 다음 기호는

$$\operatorname{sgn}(\sigma)=\begin{cases}1, & \sigma\text{가 우치환일 때}\\-1, & \sigma\text{가 기치환일 때}\end{cases}\tag{3-3}$$

의 부호를 가지며, sign σ라고 읽는다.

【예제 4】 집합 $J_4=\{1,\ 2,\ 3,\ 4\}$에 대하여, 두 치환

$$\sigma_1=\begin{pmatrix}1&2&3&4\\1&3&4&2\end{pmatrix},\ \sigma_2=\begin{pmatrix}1&2&3&4\\3&1&4&2\end{pmatrix}$$

를 생각하자.

σ_1은 우치환이므로, $\text{sgn}\begin{pmatrix}1&2&3&4\\1&3&4&2\end{pmatrix}=1$이고,

σ_2은 기치환이므로, $\text{sgn}\begin{pmatrix}1&2&3&4\\3&1&4&2\end{pmatrix}=-1$이다.

3.2 행렬식

$A=[a_{ij}]_{n\times n}$ 행렬을 생각하자. 행렬식은

$$|A|=\begin{vmatrix}a_{11}&a_{12}&\cdots&a_{1n}\\a_{21}&a_{22}&\cdots&a_{2n}\\\cdots&\cdots&\cdots&\cdots\\a_{n1}&a_{n2}&\cdots&a_{nn}\end{vmatrix},\ \det A,\ D(A),\ |a_{ij}|$$

와 같이 표현하고, 다음과 같이 정의한다.

$$|A|=\begin{vmatrix}a_{11}&a_{12}&\cdots&a_{1n}\\a_{21}&a_{22}&\cdots&a_{2n}\\\cdots&\cdots&\cdots&\cdots\\a_{n1}&a_{n2}&\cdots&a_{nn}\end{vmatrix}=\sum\text{sgn}\begin{pmatrix}1&2&\cdots&n\\j_1&j_2&\cdots&j_n\end{pmatrix}a_{1j_1}\ a_{2j_2}\cdots\ a_{nj_n} \tag{3-4}$$

여기서, 정의 3-4를 n차 행렬식이라 하고, 우변을 행렬식의 전개라 한다.

【예제 5】 행렬식 $|A|=|a_{ij}|_{n\times n}$에서, $n=2$인 경우부터 생각해 보자.

$$\begin{aligned}\begin{vmatrix}a_{11}&a_{12}\\a_{21}&a_{22}\end{vmatrix}&=\sum\text{sgn}\begin{pmatrix}1&2\\j_1&j_2\end{pmatrix}a_{1j_1}\ a_{2j_2}\\&=\text{sgn}\begin{pmatrix}1&2\\1&2\end{pmatrix}a_{11}\ a_{22}+\text{sgn}\begin{pmatrix}1&2\\2&1\end{pmatrix}a_{12}\ a_{21}\end{aligned}$$

$$=a_{11}a_{22}-a_{12}a_{21}$$

이다. 가령 2×2행렬 $A=\begin{bmatrix}1 & 2\\3 & 4\end{bmatrix}$에 대하여, 행렬식은

$$|A|=\begin{bmatrix}1 & 2\\3 & 4\end{bmatrix}=4-6=-2$$

임을 쉽게 알 수 있다.

【예제 6】 $n=3$인 경우를 생각하자.

$$|\mathrm{A}|=\begin{vmatrix}a_{11} & a_{12} & a_{13}\\a_{21} & a_{22} & a_{23}\\a_{31} & a_{32} & a_{33}\end{vmatrix}=\sum \mathrm{sgn}\begin{pmatrix}1 & 2 & 3\\j_1 & j_2 & j_3\end{pmatrix}a_{1j_1}\ a_{2j_2}\ a_{3j_3}$$

$$=\mathrm{sgn}\begin{pmatrix}1 & 2 & 3\\1 & 2 & 3\end{pmatrix}a_{11}a_{22}a_{33}+\mathrm{sgn}\begin{pmatrix}1 & 2 & 3\\2 & 3 & 1\end{pmatrix}a_{12}a_{23}a_{31}$$

$$+\mathrm{sgn}\begin{pmatrix}1 & 2 & 3\\3 & 1 & 2\end{pmatrix}a_{13}a_{21}a_{32}+\mathrm{sgn}\begin{pmatrix}1 & 2 & 3\\1 & 3 & 2\end{pmatrix}a_{11}a_{23}a_{32}$$

$$+\mathrm{sgn}\begin{pmatrix}1 & 2 & 3\\2 & 1 & 3\end{pmatrix}a_{12}a_{21}a_{33}+\mathrm{sgn}\begin{pmatrix}1 & 2 & 3\\3 & 2 & 1\end{pmatrix}a_{13}a_{22}a_{31}$$

$$=a_{11}a_{22}a_{33}+a_{12}a_{23}a_{31}+a_{13}a_{21}a_{32}-a_{11}a_{23}a_{32}-a_{12}a_{21}a_{33}-a_{13}a_{22}a_{31}$$

이다.

2차 및 3차의 경우, 행렬식의 전개는 다음과 같이 표시된다.

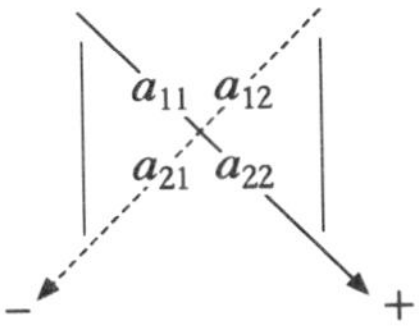

(a) $n=2$인 경우

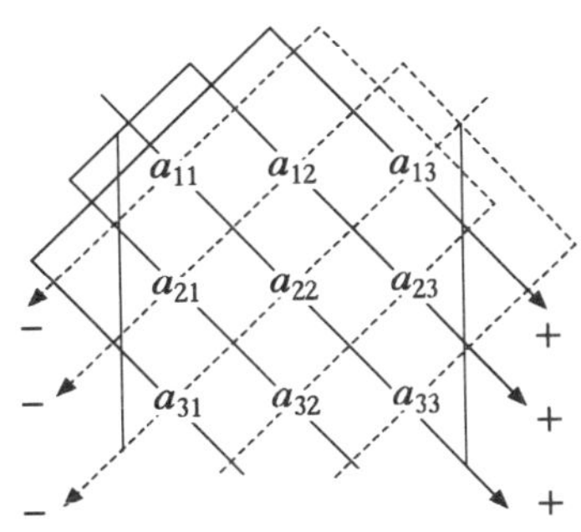

(b) $n=3$인 경우

[그림 3.1]

위와 같이 전개하는 방법을 Sarrus의 방법이라고 하는데, 이 방법은 4차 이상의 행렬식 전개에서는 적용하기 힘들다.

【예제 7】 행렬식 $|A|=\begin{vmatrix} 1 & 2 & 3 \\ 2 & 1 & 3 \\ 3 & 1 & 2 \end{vmatrix}$의 값을 구하라.

풀이 Sarrus의 방법을 이용하면

$$\begin{aligned} |A| &= (1)(1)(2)+(2)(3)(3)+(3)(2)(1) \\ &\quad -(1)(3)(1)-(2)(2)(2)-(3)(1)(3) \\ &=6 \end{aligned}$$

이다. ■

우리는 예제를 통해서 이러한 방법으로 행렬식을 계산한다는 것이 여간 복잡하지 않음을 알 수 있다. 실제로 $n=10$일 경우 행렬식의 값을 계산하려면 $10!=3.6288\times10^6$인 경우의 계산과정을 거쳐야 하고, $n=20$일 경우는 $20!=2.4329\times10^{18}$인 경우의 수고가 필요하다. 여기에 다음 절에서는 이러한 수고를 덜기 위하여, 행렬식의 성질을 이용하여 행렬식을 계산하고자 한다.

3.3 행렬식의 성질

1. 행렬식의 성질

> 정리 3.1 어떤 행렬의 행렬식과 그 전치행렬의 행렬식의 값은 서로 같다. 즉
>
> $$|A|=|A^T|$$
>
> 이다.

【예제 8】 행렬 $A=[a_{ij}]_{n\times n}$에 대하여,

$$\begin{vmatrix} a_{11} & a_{12} & \cdots & a_{1n} \\ a_{21} & a_{22} & \cdots & a_{2n} \\ \cdots & \cdots & \cdots & \cdots \\ a_{n1} & a_{n2} & \cdots & a_{nn} \end{vmatrix} = \begin{vmatrix} a_{11} & a_{21} & \cdots & a_{n1} \\ a_{12} & a_{22} & \cdots & a_{n2} \\ \cdots & \cdots & \cdots & \cdots \\ a_{1n} & a_{2n} & \cdots & a_{nn} \end{vmatrix}$$

이다. 가령 $|B| = \begin{vmatrix} 1 & 2 & 3 \\ 2 & 1 & 4 \\ 3 & 1 & 2 \end{vmatrix}$를 생각하자. 이 때 $|B^T| = \begin{vmatrix} 1 & 2 & 3 \\ 2 & 1 & 1 \\ 3 & 3 & 2 \end{vmatrix}$이므로, Sarrus의 방법을 이용하면

$$\begin{vmatrix} 1 & 2 & 3 \\ 2 & 1 & 3 \\ 3 & 1 & 2 \end{vmatrix} = \begin{vmatrix} 1 & 2 & 3 \\ 2 & 1 & 1 \\ 3 & 3 & 2 \end{vmatrix} = 6$$

임을 알 수 있다.

> **정리 3.2** 행렬식의 임의의 두 행(또는 두 열)을 바꾸면 그 행렬식의 값은 원래의 행렬식의 값에 -1을 곱한 것과 같다.

【예제 9】 다음 행렬식을 조건에 따라 계산해 보자.

행렬식 $\begin{vmatrix} 2 & 6 & 4 \\ 1 & 3 & 0 \\ -1 & 0 & 2 \end{vmatrix}$에 대하여,

(1) 1행과 2행을 서로 바꾸면

$$\begin{vmatrix} 1 & 3 & 0 \\ 2 & 6 & 4 \\ -1 & 0 & 2 \end{vmatrix} = -\begin{vmatrix} 2 & 6 & 4 \\ 1 & 3 & 0 \\ -1 & 0 & 2 \end{vmatrix} = 12\text{이고,}$$

(2) 다시 2행과 3행을 바꾸어 쓰면

$$\begin{vmatrix} 1 & 3 & 0 \\ -1 & 0 & 2 \\ 2 & 6 & 4 \end{vmatrix} = -\begin{vmatrix} 1 & 3 & 0 \\ 2 & 6 & 4 \\ -1 & 0 & 2 \end{vmatrix} = \begin{vmatrix} 2 & 6 & 4 \\ 1 & 3 & 0 \\ -1 & 0 & 2 \end{vmatrix} = -12\text{가 된다.}$$

위의 예제에서 알 수 있듯이, 행렬식에서 임의의 두 행(또는 두 열)을 홀수번 바꾸면, 원래의 행렬식의 값의 -1배이고, 짝수번 바꾸면 원래의 행렬식의 값과 같다.

정리 3.3 행렬식의 임의의 한 행(또는 열)의 모든 원소에 동일한 상수 λ를 곱한 행렬식의 값은 처음 행렬식의 값의 λ배와 같다.

【예제 10】

$$\begin{vmatrix} a_{11} & a_{12} & \cdots & a_{1n} \\ \cdots & \cdots & \cdots & \cdots \\ \lambda a_{i1} & \lambda a_{i2} & \cdots & \lambda a_{in} \\ \cdots & \cdots & \cdots & \cdots \\ a_{n1} & a_{n2} & \cdots & a_{nn} \end{vmatrix} = \lambda \begin{vmatrix} a_{11} & a_{12} & \cdots & a_{1n} \\ \cdots & \cdots & \cdots & \cdots \\ a_{i1} & a_{i2} & \cdots & a_{in} \\ \cdots & \cdots & \cdots & \cdots \\ a_{n1} & a_{n2} & \cdots & a_{nn} \end{vmatrix}$$

임을 뜻한다. 가령 다음과 같은 행렬식이 주어지면,

$$\begin{vmatrix} 2 & 6 & 0 \\ 4 & 12 & 8 \\ 1 & 0 & 4 \end{vmatrix} = 4 \begin{vmatrix} 2 & 6 & 0 \\ 1 & 3 & 2 \\ 1 & 0 & 4 \end{vmatrix} = (4)(2) \begin{vmatrix} 1 & 3 & 0 \\ 1 & 3 & 2 \\ 1 & 0 & 4 \end{vmatrix}$$

$$= (4)(2)(3) \begin{vmatrix} 1 & 1 & 0 \\ 1 & 1 & 2 \\ 1 & 0 & 4 \end{vmatrix} = (4)(2)(3)(2) \begin{vmatrix} 1 & 1 & 0 \\ 1 & 1 & 1 \\ 1 & 0 & 2 \end{vmatrix}$$

이 됨을 뜻한다.

정리 3.4 행렬식의 한 행(또는 열)의 각 원소가 두 수의 합의 형으로 되어 있을 때, 그 행렬식의 값은 각각을 그 행(열)으로 하는 두 행렬식의 합으로 표시된다. 즉,

$$\begin{vmatrix} a_{11} & a_{12} & \cdots & a_{1n} \\ \cdots & \cdots & \cdots & \cdots \\ a_{i1}+b_{i1} & a_{i2}+b_{i2} & \cdots & a_{in}+b_{in} \\ \cdots & \cdots & \cdots & \cdots \\ a_{n1} & a_{n2} & \cdots & a_{nn} \end{vmatrix} = \begin{vmatrix} a_{11} & a_{12} & \cdots & a_{1n} \\ \cdots & \cdots & \cdots & \cdots \\ a_{i1} & a_{i2} & \cdots & a_{in} \\ \cdots & \cdots & \cdots & \cdots \\ a_{n1} & a_{n2} & \cdots & a_{nn} \end{vmatrix}$$

$$+\begin{vmatrix} a_{11} & a_{12} & \cdots & a_{1n} \\ \cdots & \cdots & \cdots & \cdots \\ b_{i1} & b_{i2} & \cdots & b_{in} \\ \cdots & \cdots & \cdots & \cdots \\ a_{n1} & a_{n2} & \cdots & a_{nn} \end{vmatrix}$$

이 된다.

증명 좌변 $=\sum \mathrm{sgn}\begin{pmatrix} 1 & 2 & \cdots & i & \cdots & n \\ j_1 & j_2 & \cdots & j_i & \cdots & j_n \end{pmatrix} a_{1j_1}a_{2j_2}\cdots(a_{ij_i}+b_{ij_i})\cdots a_{nj_n}$

$=\sum \mathrm{sgn}\begin{pmatrix} 1 & 2 & \cdots & i & \cdots & n \\ j_1 & j_2 & \cdots & j_i & \cdots & j_n \end{pmatrix} a_{1j_1}a_{2j_2}\cdots a_{ij_i}\cdots a_{nj_n}$

$+\sum \mathrm{sgn}\begin{pmatrix} 1 & 2 & \cdots & i & \cdots & n \\ j_1 & j_2 & \cdots & j_i & \cdots & j_n \end{pmatrix} a_{1j_1}a_{2j_2}\cdots b_{ij_i}\cdots a_{nj_n}$

$=$우변 □

【예제 11】 다음 행렬식은 아래와 같이 표시된다.

$$\begin{vmatrix} 2a+1 & 2b & 3c+d \\ 4 & 5 & 1 \\ 1 & 2 & 3 \end{vmatrix} = \begin{vmatrix} 2a & 2b & 3c \\ 4 & 5 & 1 \\ 1 & 2 & 3 \end{vmatrix} + \begin{vmatrix} 1 & 0 & d \\ 4 & 5 & 1 \\ 1 & 2 & 3 \end{vmatrix}$$

$$\begin{vmatrix} 2x+3 & 1 & 4 \\ x-2 & 2 & 5 \\ x & 3 & 6 \end{vmatrix} = \begin{vmatrix} 2x & 1 & 4 \\ x & 2 & 5 \\ x & 3 & 6 \end{vmatrix} + \begin{vmatrix} 3 & 1 & 4 \\ -2 & 2 & 5 \\ 0 & 3 & 6 \end{vmatrix}$$

정리 3.5 다음 성질을 가지는 행렬식의 값은 모두 0이다.

(1) 한 행(또는 열)의 모든 원소가 0이다.

(2) 두 행(또는 열)의 대응하는 원소가 각각 같다.

(3) 두 행(또는 열)의 대응하는 원소가 비례한다.

증명 (1) 정리 3.3에서 $\lambda=0$으로 놓으면 된다.

(2) 행렬식 $|A|$에서 i행과 j행이 같다고 가정하고 i행과 j행을 바꾸면 정리 3.3에 의하여 $|A|=-|A|$이므로 $|A|=0$이다.

(3) 정리 3.3과 정리 3.5의 (2)에 의하여 명백하다. □

【예제 12】 $\begin{vmatrix} 1 & 2 & 3 \\ 4 & 5 & 6 \\ 0 & 0 & 0 \end{vmatrix}=0,\ \begin{vmatrix} 1 & 2 & 3 \\ 3 & 1 & 2 \\ 1 & 2 & 3 \end{vmatrix}=0$

$$\begin{vmatrix} 1 & 2 & 3 \\ 3 & 1 & 2 \\ 3 & 6 & 9 \end{vmatrix}=0,\ \begin{vmatrix} 1 & 2 & 3 \\ 3 & 1 & 2 \\ 1 & 2 & 3 \end{vmatrix}=0$$

> 정리 3.6 삼각행렬의 행렬식의 값은 주대각선 원소의 곱과 같다.

> 정리 3.7 행렬식의 한 행(또는 열)의 모든 원소를 λ배 하여 다른 행(또는 열)에 더하거나 빼도 행렬식의 값은 변하지 않는다. 즉
>
> $$\begin{vmatrix} a_{11} & a_{12} & \cdots & a_{1n} \\ \cdots & \cdots & \cdots & \cdots \\ a_{i1} & a_{i2} & \cdots & a_{in} \\ \cdots & \cdots & \cdots & \cdots \\ a_{j1} & a_{j2} & \cdots & a_{jn} \\ \cdots & \cdots & \cdots & \cdots \\ a_{n1} & a_{n2} & \cdots & a_{nn} \end{vmatrix} = \begin{vmatrix} a_{11} & a_{12} & \cdots & a_{1n} \\ \cdots & \cdots & \cdots & \cdots \\ a_{i1} & a_{i2} & \cdots & a_{in} \\ \cdots & \cdots & \cdots & \cdots \\ a_{j1}+\lambda a_{i1} & a_{j2}+\lambda a_{i2} & \cdots & a_{jn}+\lambda a_{in} \\ \cdots & \cdots & \cdots & \cdots \\ a_{n1} & a_{n2} & \cdots & a_{nn} \end{vmatrix}$$
>
> 이 된다.

【예제 13】 다음 행렬식의 값을 지금까지 정리를 이용하여 풀어보자.

$$|A| = \begin{vmatrix} 1 & 2 & 3 \\ 4 & 5 & 6 \\ 7 & 8 & 9 \end{vmatrix}$$

1행을 2행에 빼고, 다시 1행을 3행에 빼면 다음과 같다.

$$\begin{vmatrix} 1 & 2 & 3 \\ 4 & 5 & 6 \\ 7 & 8 & 9 \end{vmatrix} = \begin{vmatrix} 1 & 2 & 3 \\ 3 & 3 & 3 \\ 7 & 8 & 9 \end{vmatrix} = \begin{vmatrix} 1 & 2 & 3 \\ 3 & 3 & 3 \\ 6 & 6 & 6 \end{vmatrix}=0$$

이다.

【예제 14】 행렬식 $|A| = \begin{vmatrix} 4 & 1 & 3 \\ 12 & 3 & 0 \\ -8 & 7 & 6 \end{vmatrix}$의 값을 계산하라.

풀이

$$\begin{vmatrix} 4 & 1 & 3 \\ 12 & 3 & 0 \\ -8 & 7 & 6 \end{vmatrix} = 4\begin{vmatrix} 1 & 1 & 3 \\ 3 & 3 & 0 \\ -2 & 7 & 6 \end{vmatrix} = 12\begin{vmatrix} 1 & 1 & 3 \\ 1 & 1 & 0 \\ -2 & 7 & 6 \end{vmatrix}$$

$$= -12\begin{vmatrix} 1 & 1 & 3 \\ -2 & 7 & 6 \\ 1 & 1 & 0 \end{vmatrix} = -12\begin{vmatrix} 1 & 1 & 3 \\ 0 & 9 & 12 \\ 0 & 0 & -3 \end{vmatrix}$$

$$= (-12) \times (1) \times (9) \times (-3) = 324$$

■

위의 풀이과정을 설명해 보면, 먼저 1열의 4를 공통으로 빼내고 2번째 2행의 3을 공통으로 빼냈다.

3번째 2행과 3행을 바꾸고, 4번째 1행에 2배 하여 2행에 더하고, 다시 1행을 3행에 빼면 하삼각 행렬이 되어, 정리 3.6으로부터 주대각선 원소만을 곱하면 행렬식의 값이 얻어진다.

【예제 15】 행렬식 $\begin{vmatrix} 1 & x & x^2 \\ 1 & y & y^2 \\ 1 & z & z^2 \end{vmatrix}$을 인수분해하여라.

풀이

$$\begin{vmatrix} 1 & x & x^2 \\ 1 & y & y^2 \\ 1 & z & z^2 \end{vmatrix} = \begin{vmatrix} 1 & x & x^2 \\ 0 & y-x & y^2-x^2 \\ 0 & z-x & z^2-x^2 \end{vmatrix}$$

$$= (y-x)(z-x)\begin{vmatrix} 1 & x & x^2 \\ 0 & 1 & y+x \\ 0 & 1 & z+x \end{vmatrix}$$

$$= (y-x)(z-x)\begin{vmatrix} 1 & x & x^2 \\ 0 & 1 & y+x \\ 0 & 1 & z-x \end{vmatrix}$$

$$= (y-x)(z-x)(z-y)$$

■

> 정리 3.8 두 행렬의 곱의 행렬식의 값은 각각의 행렬식의 값의 곱과 같다. 즉
>
> $$|AB| = |A|\,|B|$$
>
> 이다.

【예제 16】 위의 정리 3.8이 성립함을 예제를 통해 확인하자.

주행렬 $A=\begin{vmatrix}1 & 2\\3 & 4\end{vmatrix}$, $B=\begin{vmatrix}2 & -1\\1 & 2\end{vmatrix}$에 대하여, 행렬식 $|A|=-2$, $|B|=5$이므로, $|A||B|=-10$이다. 한편

$$AB=\begin{vmatrix}1 & 2\\3 & 4\end{vmatrix}\begin{vmatrix}2 & -1\\1 & 2\end{vmatrix}=\begin{vmatrix}4 & 3\\10 & 5\end{vmatrix}$$

이므로 $|AB|=-10$이다. 여기에

$$|AB|=|A||B|$$

이 성립함이 확인되었다. 이 보기를 통하여

$$|A^n|=|A|^n$$

이 성립함도 알 수 있다.

연습문제(3.3)

1. $J_5=\{1, 2, 3, 4, 5\}$에 대하여, 다음 각 치환이 우치환인가 기치환인가를 결정하여라.

(1) $\begin{pmatrix}1 & 2 & 3 & 4 & 5\\2 & 5 & 4 & 3 & 1\end{pmatrix}$ (2) $\begin{pmatrix}1 & 2 & 3 & 4 & 5\\4 & 1 & 5 & 2 & 3\end{pmatrix}$

2. 다음 각 $J_6=\{1, 2, 3, 4, 5, 6\}$의 치환에 대하여 다음 값을 결정하라.

(1) $\mathrm{sgn}\begin{pmatrix}1 & 2 & 3 & 4 & 5 & 6\\3 & 2 & 1 & 5 & 6 & 4\end{pmatrix}$ (2) $\mathrm{sgn}\begin{pmatrix}1 & 2 & 3 & 4 & 5 & 6\\4 & 2 & 3 & 5 & 6 & 1\end{pmatrix}$

3. 다음 각 행렬식의 값을 계산하여라.

(1) $\begin{vmatrix} 1 & 2 & -2 \\ 2 & 7 & 1 \\ 9 & 6 & 3 \end{vmatrix}$

(2) $\begin{vmatrix} 1 & -2 & 1 & 2 \\ 3 & -5 & 3 & 5 \\ -1 & 2 & 3 & -4 \\ 3 & -5 & 2 & 5 \end{vmatrix}$

(3) $\begin{vmatrix} 1 & 0 & 0 & 0 \\ 3 & 4 & 0 & 0 \\ -2 & 5 & 3 & 0 \\ 1 & 2 & 1 & 2 \end{vmatrix}$

4. $\begin{vmatrix} x & x & x \\ x & y & y \\ x & y & z \end{vmatrix}$를 인수분해하라.

5. $\begin{vmatrix} 1 & 2 & 0 & 0 \\ 3 & 4 & 0 & 0 \\ 0 & 0 & 5 & 6 \\ 0 & 0 & 7 & 8 \end{vmatrix} = \begin{vmatrix} 1 & 2 \\ 3 & 4 \end{vmatrix} \begin{vmatrix} 5 & 6 \\ 7 & 8 \end{vmatrix}$

이 성립함을 확인하라.

6. $|A| = -4$일 때, 다음을 구하여라.

(1) $|A^2|$

(2) $|A^3|$

(3) $|A^{-1}|$

3.4 여인자 전개

이 절에서는 $n \times n$ 행렬의 행렬식을 구하는 다른 방법을 만들기로 하겠는데, 이것은 $n-1$차의 행렬의 행렬식을 구하는 문제로 귀착된다. 그리고 이 과정을 2×2행렬을 만들때까지 $(n-1) \times (n-1)$ 행렬에 대해서 반복한다.

1. 소행렬식

$A=[a_{ij}]$를 $n \times n$행렬이라 하자.

A의 i째 행과 j째 열을 제거하여 얻은 $(n-1) \times (n-1)$ 행렬을 M_{ij}라 하자. 이때 행렬식 $|M_{ij}|$를 a_{ij}의 소행렬식이라 부른다. 그리고

$$A_{ij}=(-1)^{i+j}|M_{ij}|$$

를 a_{ij}의 여인자라 한다.

【예제 17】 $A=\begin{vmatrix} 3 & -1 & 2 \\ 0 & 4 & 5 \\ -7 & 6 & 1 \end{vmatrix}$에 대하여, 소행렬식 $|M_{23}|$와 $|M_{33}|$를 구해보자.

$$|M_{23}|=\begin{vmatrix} 3 & -1 \\ -7 & 6 \end{vmatrix} \Leftarrow \begin{vmatrix} 3 & -1 & 2 \\ 0 & 4 & 5 \\ -7 & 6 & 1 \end{vmatrix}$$

$$=18-7=11$$

$$|M_{33}|=\begin{vmatrix} 3 & -1 \\ 0 & 4 \end{vmatrix} \Leftarrow \begin{vmatrix} 3 & -1 & 2 \\ 0 & 4 & 5 \\ -7 & 6 & 1 \end{vmatrix}$$

$$=12-(-1)(0)=12$$

이다.

【예제 18】 예제 17에서 A_{12}와 A_{22}를 구해보자.

$$A_{12}=(-1)^{1+2}|M_{12}| \qquad \Leftarrow \begin{vmatrix} 3 & -1 & 2 \\ 0 & 4 & 5 \\ -7 & 6 & 1 \end{vmatrix}$$

$$=-|M_{12}|=-\begin{vmatrix} 0 & 5 \\ -7 & 1 \end{vmatrix}=-35$$

$$A_{22}=(-1)^{2+2}|M_{22}| \qquad \Leftarrow \begin{vmatrix} 3 & -1 & 2 \\ 0 & 4 & 5 \\ -7 & 6 & 1 \end{vmatrix}$$

$$=|M_{22}|=\begin{vmatrix} 3 & 2 \\ -7 & 1 \end{vmatrix}=17$$

이다.

2. 여인자 전개

행렬식을 여인자 전개하기 위하여 몇 가지 성질을 알아본다.

> **정리 3.9** $A=[a_{ij}]n\times n$ 행렬에 대하여,
>
> $$|A|=a_{i1}A_{i1}+a_{i2}A_{i2}+\cdots+a_{in}A_{in} \tag{1}$$
>
> 또는
>
> $$|A|=a_{1j}A_{1j}+a_{2j}A_{2j}+\cdots+a_{nj}A_{nj} \tag{2}$$
>
> 이다. 여기에서 (1)을 i째 행에 대한 $|A|$의 여인자 전개식이라 하고, (2)을 j째 열에 대한 $|A|$의 여인자 전개식이라 한다.

【예제 19】 $|A|=\begin{vmatrix} 1 & 3 & 2 & -4 \\ 2 & 0 & 4 & 3 \\ 3 & 0 & 1 & 2 \\ 2 & 1 & 0 & 4 \end{vmatrix}$

를 2열에 관하여 여인자 전개해 보자.

$$\begin{aligned}|A| &= a_{21}A_{21}+a_{22}A_{22}+a_{32}A_{32}+a_{42}A_{42}\\ &= 3\times(-1)^{2+1}\begin{vmatrix}3 & 2 & -4\\ 0 & 1 & 2\\ 1 & 0 & 4\end{vmatrix}+1\times(-1)^{4+2}\begin{vmatrix}1 & 2 & -4\\ 2 & 4 & 3\\ 3 & 1 & 2\end{vmatrix}\\ &= -3\begin{vmatrix}3 & 2 & -4\\ 0 & 1 & 2\\ 1 & 0 & 4\end{vmatrix}+\begin{vmatrix}1 & 2 & -4\\ 2 & 4 & 3\\ 3 & 1 & 2\end{vmatrix}\end{aligned}$$

가 되어 4×4 행렬식이 3×3 행렬식으로 되었다.

보기를 잘 살펴보면, 가능한 한 0이 많이 있는 행이나 열에 관하여 여인자 전개하는 것이 편리하다는 것을 알 수 있다.

【예제 20】 $|A|=\begin{vmatrix}1 & -2 & 1 & 2\\ 3 & -5 & 3 & 5\\ -1 & 2 & 3 & -4\\ 3 & -5 & 2 & 5\end{vmatrix}$를 3차 행렬식으로 나타내라.

풀이 $|A|$는 0을 가진 행이나 열이 없으므로 행렬식의 성질을 이용하여 변형한다.

$$|A|=\begin{vmatrix}1 & -2 & 1 & 2\\ 3 & -5 & 3 & 5\\ -1 & 2 & 3 & -4\\ 3 & -5 & 2 & 5\end{vmatrix}=\begin{vmatrix}1 & -2 & 1 & 2\\ 0 & 1 & 0 & -1\\ 0 & 0 & 4 & -2\\ 0 & 1 & -1 & -1\end{vmatrix}$$

을 1열에 관하여 여인자 전개하면

$$\begin{aligned}|A| &= a_{11}A_{11}+a_{21}A_{21}+a_{31}a_{31}+a_{41}a_{41}\\ &= 1\times(-1)^{1+1}\begin{vmatrix}1 & 0 & -1\\ 0 & 4 & -2\\ 1 & -1 & -1\end{vmatrix}=\begin{vmatrix}1 & 0 & -1\\ 0 & 4 & -2\\ 1 & -1 & -1\end{vmatrix}\end{aligned}$$

위의 풀이과정을 살펴보면, 제1열의 원소를 0이 되게 하여, 쉽게 여인자 전개를 할 수 있었다. ■

【예제 21】 $|A|=\begin{vmatrix}1 & 2 & 3\\ -2 & 3 & 1\\ 4 & 5 & -2\end{vmatrix}$에 대하여,

(1) 제1행에 관하여 여인자 전개하라.

(2) $|A|$의 값을 계산하라.

풀이 (1) $|A| = 1\times(-1)^{1+1}\begin{vmatrix}3 & 1\\5 & -2\end{vmatrix} + 2\times(-1)^{1+2}\begin{vmatrix}-2 & 1\\4 & -2\end{vmatrix}$

$$+3\times(-1)^{1+3}\begin{vmatrix}-2 & 3\\4 & 5\end{vmatrix}$$

$$=\begin{vmatrix}3 & 1\\5 & -2\end{vmatrix} - 2\begin{vmatrix}-2 & 1\\4 & -2\end{vmatrix} + 3\begin{vmatrix}-2 & 3\\4 & 5\end{vmatrix}$$

(2) $|A|$의 값은 위의 결과에서 계산하면 되지만, 다른 방법을 생각해 보자. 행렬식의 성질을 이용하여 1열의 2째와 3째원소를 0이 되게 한다. 즉,

$$|A| = \begin{vmatrix}1 & 2 & 3\\-2 & 3 & 1\\4 & 5 & -2\end{vmatrix} = \begin{vmatrix}1 & 2 & 3\\0 & 7 & 7\\0 & -3 & -14\end{vmatrix}$$

이제 제 1열에 대하여, 여인자 전개하면

$$|A| = 1\times(-1)^{1+1}\begin{vmatrix}7 & 7\\-13 & -14\end{vmatrix} = -7\begin{vmatrix}1 & 1\\3 & 14\end{vmatrix}$$
$$= (-7)\times(1) = -77$$

이다. ■

【예제 22】 $|A| = \begin{vmatrix}1 & 2 & 3 & -4\\-4 & 2 & 1 & 3\\1 & 0 & 0 & -3\\2 & 0 & -2 & 3\end{vmatrix}$을 계산하라.

풀이 $|A|$의 제 2열의 2번째 원소를 0이 되게 하면

$$|A| = \begin{vmatrix}1 & 2 & 3 & -4\\-4 & 2 & 1 & 3\\1 & 0 & 0 & -3\\2 & 0 & -2 & 3\end{vmatrix} = \begin{vmatrix}1 & 2 & 3 & -4\\-5 & 0 & -2 & 7\\1 & 0 & 0 & -3\\2 & 0 & -2 & 3\end{vmatrix}$$

이 된다. 이제 제 2열에 관하여 전개하면

$$|A| = 2\times(-1)^{1+2}\begin{vmatrix}-5 & -2 & 7\\1 & 0 & -3\\2 & -2 & 3\end{vmatrix}$$

이 된다. 다시 2열의 첫 원소를 0이 되게 하면

$$|A| = -2\begin{vmatrix} -7 & 0 & 4 \\ 1 & 0 & -3 \\ 2 & -2 & 3 \end{vmatrix}$$

이 된다. 다시 2열에 관하여 전개하면

$$\begin{aligned} |A| &= (-2)\times(-2)\times(-1)^{3+2}\begin{vmatrix} -7 & 4 \\ 1 & -3 \end{vmatrix} \\ &= (-2)\times(-2)\times(-1)\times 17 = -68 \end{aligned}$$

이 된다. ■

> **정리 3.10** $A=[a_{ij}]$가 $n\times n$ 행렬일 때,
>
> (1) $i=k$에 대하여 $a_{i1}A_{i1}+a_{i2}A_{i2}+\cdots+a_{in}A_{kn}=|A|$
>
> $i\neq k$에 대하여 $a_{i1}A_{k1}+a_{i2}A_{k2}+\cdots+a_{in}A_{kn}=0$이며,
>
> (2) $j=k$에 대해서 $a_{1j}a_{1k}+a_{2j}A_{2k}+\cdots+a_{nj}A_{nk}=|A|$
>
> $j\neq k$에 대해서 $a_{1j}A_{1k}+a_{2j}A_{2k}+\cdots+a_{nj}A_{nk}=0$이다.

【예제 23】 $|A| = \begin{vmatrix} a_{11} & a_{12} & a_{13} \\ a_{21} & a_{22} & a_{23} \\ a_{31} & a_{32} & a_{33} \end{vmatrix}$에 대하여

$$\begin{aligned} & a_{11}A_{21}+a_{12}A_{22}+a_{13}A_{23} \\ &= -a_{11}\begin{vmatrix} a_{12} & a_{13} \\ a_{32} & a_{33} \end{vmatrix} + a_{12}\begin{vmatrix} a_{11} & a_{13} \\ a_{31} & a_{33} \end{vmatrix} - a_{13}\begin{vmatrix} a_{11} & a_{12} \\ a_{31} & a_{32} \end{vmatrix} \\ &= -a_{11}(a_{12}a_{33}-a_{13}a_{32})+a_{12}(a_{11}a_{33}-a_{13}a_{31})-a_{13}(a_{11}a_{32}-a_{12}a_{31}) \\ &= -a_{11}a_{12}a_{33}+a_{11}a_{13}a_{32}+a_{11}a_{12}a_{33}-a_{12}a_{13}a_{31}-a_{11}a_{13}a_{32}+a_{12}a_{13}a_{31} \\ &= 0 \text{이다.} \end{aligned}$$

이것은 정리 3.10의 (1)에 해당한다.

또한, 정리 3.10은 역행렬을 구하는 새로운 방법을 만드는데 중요한 역할을 한다.

3. 여인자 행렬

$A=[a_{ij}]$가 $n\times n$ 행렬에 대하여,

$$\begin{bmatrix} A_{11} & A_{21} & \cdots & A_{n1} \\ A_{12} & A_{22} & \cdots & A_{n2} \\ A_{1n} & A_{2n} & \cdots & A_{nn} \end{bmatrix} \tag{3-5}$$

을 A의 여인자 행렬(adjont matrix)라 부르며, adj A로 표시한다.

【예제 24】 $A=\begin{bmatrix} a_{11} & a_{12} \\ a_{21} & a_{22} \end{bmatrix}$의 여인자 행렬 adj A를 구해보자.

$$\begin{aligned} A_{11} &= (-1)^{1+1}|M_{11}| = |M_{11}| = a_{22} \\ A_{12} &= (-1)^{1+2}|M_{12}| = -|M_{12}| = a_{21}, \\ A_{21} &= (-1)^{2+1}|M_{21}| = -|M_{21}| = -a_{12} \\ A_{22} &= (-1)^{2+2}|M_{22}| = |M_{22}| = a_{11} \end{aligned}$$

이므로

$$\text{adj } A=\begin{bmatrix} A_{11} & A_{21} \\ A_{12} & A_{22} \end{bmatrix}=\begin{bmatrix} a_{22} & -a_{12} \\ -a_{21} & a_{11} \end{bmatrix}$$

이다.

【예제 25】 $A=\begin{bmatrix} 3 & -2 & 1 \\ 5 & 6 & 2 \\ 1 & 0 & -3 \end{bmatrix}$의 여인자행렬 adj A를 구하여라.

풀이 $A_{11}=(-1)^{1+1}\begin{vmatrix} 6 & 2 \\ 0 & -3 \end{vmatrix}=-18,\ A_{12}=(-1)^{1+2}\begin{vmatrix} 5 & 2 \\ 1 & -3 \end{vmatrix}=17$

$A_{13}=(-1)^{1+3}\begin{vmatrix} 5 & 6 \\ 1 & 0 \end{vmatrix}=-6,\ A_{21}=(-1)^{2+1}\begin{vmatrix} -2 & 1 \\ 0 & -3 \end{vmatrix}=-6$

$A_{22}=-10,\ A_{31}=-10,\ A_{32}=-1,\ A_{33}=28$이므로

$$\text{adj } A=\begin{bmatrix} -18 & -6 & -10 \\ 17 & -10 & -1 \\ -6 & -2 & 28 \end{bmatrix}$$

이다. ■

정리 3.11 $A=[a_{ij}]$가 $n\times n$행렬이면,

$$A(\text{adj } A)=(\text{adj } A)A=|A|I$$

이다.

증명 $A(\text{adj } A)=\begin{bmatrix} a_{11} & a_{12} & \cdots & a_{1n} \\ a_{21} & a_{22} & \cdots & a_{2n} \\ \cdots & \cdots & \cdots & \cdots \\ a_{n1} & a_{n2} & \cdots & a_{nn} \end{bmatrix}\begin{bmatrix} A_{11} & A_{21} & \cdots & A_{n1} \\ A_{12} & A_{22} & \cdots & A_{n2} \\ \cdots & \cdots & \cdots & \cdots \\ A_{1n} & A_{2n} & \cdots & A_{nn} \end{bmatrix}$

$$=\begin{bmatrix} a_{11}A_{11}+a_{12}A_{12}+\cdots+a_{1n}A_{1n} & 0 & 0 \\ 0 & a_{21}A_{21}+a_{22}A_{22}+\cdots+a_{2n}A_{2n} & 0 \\ \cdots\cdots & \cdots\cdots & \cdots\cdots \\ 0 & 0 & a_{n1}A_{n1}+a_{nn}A_{nn} \end{bmatrix}$$

$$=\begin{bmatrix} |A| & 0 & \cdots & 0 \\ 0 & |A| & \cdots & 0 \\ \cdots & \cdots & \cdots & \cdots \\ 0 & 0 & \cdots & |A| \end{bmatrix}=|A|I$$

□

【예제 26】 예제 25의 행렬

$$A=\begin{bmatrix} 3 & -2 & 1 \\ 5 & 6 & 2 \\ 1 & 0 & -3 \end{bmatrix}$$

을 생각하자. 그러면

$$A(\text{adj } A)=\begin{bmatrix} 3 & -2 & 1 \\ 5 & 6 & 2 \\ 1 & 0 & -3 \end{bmatrix}\begin{bmatrix} -18 & -6 & -10 \\ 17 & -10 & -1 \\ -6 & -2 & 28 \end{bmatrix}$$

$$=\begin{bmatrix} -94 & 0 & 0 \\ 0 & -94 & 0 \\ 0 & 0 & -94 \end{bmatrix}=-94\begin{bmatrix} 1 & 0 & 0 \\ 0 & 1 & 0 \\ 0 & 0 & 1 \end{bmatrix}=|A|I$$

이다.

4. 역행렬

이제 우리는 정리 3.11을 이용하여 역행렬을 구할 수 있다.

> **정리 3.12** A가 $n\times n$행렬이고 $|A|\neq 0$이면
>
> $$A^{-1}=\frac{1}{|A|}(\text{adj } A)$$
>
> 이다.

증명 정리 3.11에서 $A(\text{adj } A)=(|A|I)$이다. 만약 $|A|\neq 0$이면

$$A\frac{1}{|A|}(\text{adj } A)=\frac{1}{|A|}A(\text{adj } A)=\frac{1}{|A|}(|A|I)=I$$

이다. 따라서

$$A^{-1}=\frac{1}{|A|}(\text{adj } A)$$

이다. □

위의 정리 3.12에서 보는 바와 같이 역행렬이 존재하려면 $|A|\neq 0$임을 명심하여야 한다.

【예제 27】 2×2 정칙행렬 $A=\begin{bmatrix} a_{11} & a_{12} \\ a_{21} & a_{22} \end{bmatrix}$의 역행렬을 구해보자.

먼저, A의 adj A를 구하면, 3장 3절 예제 24에서

$$\text{adj } A=\begin{bmatrix} A_{11} & A_{21} \\ A_{12} & A_{22} \end{bmatrix}=\begin{bmatrix} a_{22} & -a_{12} \\ -a_{21} & a_{11} \end{bmatrix}$$

이다. 이제 정리 3.12에서

$$A^{-1}=\frac{1}{|A|}(\text{adj } A)=\frac{1}{|A|}\begin{bmatrix} a_{22} & -a_{12} \\ -a_{21} & a_{11} \end{bmatrix}$$

$$=\frac{1}{a_{11}a_{22}-a_{12}a_{21}}\begin{bmatrix} a_{22} & -a_{12} \\ -a_{21} & a_{11} \end{bmatrix}$$

이다.

【예제 28】 $A=\begin{bmatrix} 3 & -2 & 1 \\ 5 & 6 & 2 \\ 1 & 0 & -3 \end{bmatrix}$의 역행렬을 정리 3.12를 이용하여 구하여라.

풀이 3장 3절의 예제 25에서

$$\text{adj } A=\begin{bmatrix} -18 & -6 & -10 \\ 17 & -10 & -1 \\ -6 & -2 & 28 \end{bmatrix}$$

임을 안다. 이제 $|A|$의 값을 구하자.

$$|A|=\begin{vmatrix} 3 & -2 & 1 \\ 5 & 6 & 2 \\ 1 & 0 & -3 \end{vmatrix}=\begin{vmatrix} 3 & -2 & 1 \\ 14 & 0 & 5 \\ 1 & 0 & -3 \end{vmatrix}$$
$$=(-2)\times(-1)^{1+2}\begin{vmatrix} 14 & 5 \\ 1 & -3 \end{vmatrix}=(-2)\times(-1)\times(-47)$$
$$=-94$$

따라서,

$$A^{-1}=\frac{1}{|A|}(\text{adj } A)=\frac{1}{|A|}\begin{bmatrix} A_{11} & A_{21} & A_{31} \\ A_{12} & A_{22} & A_{32} \\ A_{13} & A_{23} & A_{33} \end{bmatrix}$$
$$=-\frac{1}{94}\begin{bmatrix} -18 & -6 & -10 \\ 17 & -10 & -1 \\ -6 & -2 & 28 \end{bmatrix}$$
$$=\begin{bmatrix} \frac{18}{94} & \frac{6}{94} & \frac{10}{94} \\ -\frac{17}{94} & \frac{10}{94} & \frac{1}{94} \\ \frac{6}{94} & \frac{2}{94} & -\frac{28}{94} \end{bmatrix}$$

이다. ■

역행렬을 구하는데 있어서 정리 3.12가 2장에서 배운것보다 훨씬 비능률적이지만, 여러 다른 분야에서는 여전히 유용하다.

연습문제(3.4)

1. 다음 행렬식의 값을 구하여라.

(1) $\begin{vmatrix} 5 & 3 & 0 & -3 \\ 2 & 1 & 4 & -2 \\ 1 & 2 & 1 & 0 \\ 0 & 3 & 2 & 1 \end{vmatrix}$ (2) $\begin{vmatrix} 1 & 1 & 1 & 1 \\ 1 & 1+x & 1 & 1 \\ 1 & 1 & 1+y & 1 \\ 1 & 1 & 1 & 1+z \end{vmatrix}$

2. 다음 행렬의 여인자 행렬을 구하여라.

(1) $\begin{bmatrix} 7 & 10 \\ 15 & 22 \end{bmatrix}$ (2) $\begin{bmatrix} 2 & 1 & 3 \\ -1 & 2 & 0 \\ 3 & -2 & 0 \end{bmatrix}$

3. 다음 행렬의 역행렬을 정리 3.12에 의하여 구하여라.

(1) $\begin{bmatrix} 1 & a & a^2 \\ 1 & b & b^2 \\ 1 & c & c^2 \end{bmatrix}$ (2) $\begin{bmatrix} 1 & 2 & 0 \\ 2 & 4 & 3 \\ 0 & 1 & 2 \end{bmatrix}$

(3) $\begin{bmatrix} 1 & 2 & 3 \\ 4 & 5 & 6 \\ 7 & 8 & 9 \end{bmatrix}$

4. $|\text{adj } A| = |A|^{n-1}$임을 보여라.

5. A가 대칭행렬이면, adj A도 대칭행렬임을 보여라.

3.5 Cramer의 법칙

1. Cramer의 공식

x_1, x_2, $\cdots$, x_n를 미지수로 하는 선형 연립 방정식

$$\begin{aligned} a_{11}x_1 + a_{12}x_2 + \cdots + a_{1n}x_n &= b_1 \\ a_{21}x_1 + a_{22}x_2 + \cdots + a_{2n}x_n &= b_2 \\ \cdots\cdots\cdots\cdots\cdots\cdots&\cdots\cdots \\ a_{n1}x_1 + a_{n2}x_2 + \cdots + a_{nn}x_n &= b_n \end{aligned}$$

의 또 하나의 해법을 생각해 보자. 다시 쓰면

$$AX = B \tag{3-6}$$

와 같이 되는데, 여기서

$$A = \begin{bmatrix} a_{11} & a_{12} & \cdots & a_{1n} \\ a_{21} & a_{22} & \cdots & a_{2n} \\ \cdots & \cdots & \cdots & \cdots \\ a_{n1} & a_{n2} & \cdots & a_{nn} \end{bmatrix},\ X = \begin{bmatrix} x_1 \\ x_2 \\ \vdots \\ x_n \end{bmatrix},\ B = \begin{bmatrix} b_1 \\ b_2 \\ \vdots \\ b_n \end{bmatrix}$$

이다. 이때 계수행렬식 $|A|$가 0이 아닐 경우, 식 (3-6)의 양변에 A^{-1}을 곱하면

$$X = A^{-1}B \tag{3-7}$$

이 된다. 여기서 정리 3.12를 이용하면, 식 (3-7)은 다음과 같이 표시된다.

$$X = \frac{1}{|A|}(\text{adj } A)B \tag{3-8}$$

이제 식 (3-8)을 다시 쓰면

$$\begin{bmatrix} x_1 \\ x_2 \\ \vdots \\ x_n \end{bmatrix} = \frac{1}{|A|} \begin{bmatrix} A_{11} & A_{21} & \cdots & A_{n1} \\ A_{12} & A_{22} & \cdots & A_{n2} \\ \cdots & \cdots & \cdots & \cdots \\ A_{1n} & A_{2n} & \cdots & A_{nn} \end{bmatrix} \begin{bmatrix} b_1 \\ b_2 \\ \vdots \\ b_n \end{bmatrix} \tag{3-9}$$

이 된다. 한편 식 (3-9)에서

$$x_i=\frac{1}{|A|}(b_1A_{1i}+b_2A_{2i}+\cdots+b_nA_{ni}) \tag{3-10}$$

인데,

$$b_1A_{1i}+b_2A_{2i}+\cdots+b_nA_{ni}=\begin{bmatrix} a_{11} & a_{12} & \cdots & b_1 & a_{1n} \\ a_{21} & a_{22} & \cdots & b_2 & a_{2n} \\ \cdots & \cdots & \cdots & \cdots & \cdots \\ a_{n1} & a_{n2} & \cdots & b_n & a_{nn} \end{bmatrix} \tag{3-11}$$

이 됨을 유념해야 되겠다. 이제

$$\begin{vmatrix} a_{11} & a_{12} & \cdots & b_1 & \cdots & a_{1n} \\ a_{21} & a_{22} & \cdots & b_2 & \cdots & a_{2n} \\ \cdots & \cdots & \cdots & \cdots & \cdots & \cdots \\ a_{n1} & a_{n2} & \cdots & b_n & \cdots & a_{nn} \end{vmatrix}=|A_i| \tag{3-12}$$

이라 하자. 그러면

$$x_i=\frac{|A_i|}{|A|} \quad (i=1,\ 2,\ \cdots,\ n) \tag{3-13}$$

이다. 바로 (3-13)을 Cramer의 공식이라 한다.

【예제 29】 선형 연립 방정식

$$\begin{aligned} a_{11}x+a_{12}y+a_{13}z=b_1 \\ a_{21}x+a_{22}y+a_{23}z=b_2 \\ a_{31}x+a_{32}y+a_{33}z=b_3 \end{aligned} \tag{3-14}$$

의 해를 Cramer의 공식을 이용하여 구해보자.

위 식을 다시 쓰면

$$\begin{bmatrix} a_{11} & a_{12} & a_{13} \\ a_{21} & a_{22} & a_{23} \\ a_{31} & a_{32} & a_{33} \end{bmatrix}\begin{bmatrix} x \\ y \\ z \end{bmatrix}=\begin{bmatrix} b_1 \\ b_2 \\ b_3 \end{bmatrix}$$

이다. 여기서

$$\begin{bmatrix} a_{11} & a_{12} & a_{13} \\ a_{21} & a_{22} & a_{23} \\ a_{31} & a_{32} & a_{33} \end{bmatrix} = A, \quad \begin{bmatrix} x \\ y \\ z \end{bmatrix} = X, \quad \begin{bmatrix} b_1 \\ b_2 \\ b_3 \end{bmatrix} = B$$

라 두면

$$AX = B$$

이다. 여기서 $|A| \neq 0$일 경우 식 (3-13)에 의하여

$$x = \frac{|A_1|}{|A|} = \frac{1}{|A|} \begin{bmatrix} b_1 & a_{12} & a_{13} \\ b_2 & a_{22} & a_{23} \\ b_3 & a_{32} & a_{33} \end{bmatrix}$$

$$y = \frac{|A_2|}{|A|} = \frac{1}{|A|} \begin{bmatrix} a_{11} & b_1 & a_{13} \\ a_{21} & b_2 & a_{23} \\ a_{22} & b_3 & a_{33} \end{bmatrix}$$

$$z = \frac{|A_3|}{|A|} = \frac{1}{|A|} \begin{bmatrix} a_{11} & a_{12} & b_1 \\ a_{21} & a_{22} & b_2 \\ a_{31} & a_{32} & b_3 \end{bmatrix}$$

가 결정된다.

【예제 30】 다음 선형 연립 방정식의 해를 Cramer의 공식을 써서 구하라.

$$\begin{aligned} -2x + 3y - z &= 1 \\ x + 2y - z &= 4 \\ -2x - y + z &= -3 \end{aligned}$$

풀이 위의 선형 연립 방정식을 다시 쓰면

$$\begin{bmatrix} -2 & 3 & -1 \\ 1 & 2 & -1 \\ -2 & -1 & 1 \end{bmatrix} \begin{bmatrix} x \\ y \\ z \end{bmatrix} = \begin{bmatrix} 1 \\ 4 \\ -3 \end{bmatrix}$$

이 된다. 그러면 계수 행렬식은

$$|A| = \begin{vmatrix} -2 & 3 & -1 \\ 1 & 2 & -1 \\ -2 & -1 & 1 \end{vmatrix} = -2$$

이다. 따라서

$$x=\frac{\begin{vmatrix} 1 & 3 & -1 \\ 4 & 2 & -1 \\ -3 & -1 & 1 \end{vmatrix}}{|A|}=\frac{-4}{-2}=2$$

$$y=\frac{\begin{vmatrix} -2 & 1 & -1 \\ 1 & 4 & -1 \\ -2 & 3 & 1 \end{vmatrix}}{|A|}=\frac{-6}{-2}=3$$

$$z=\frac{\begin{vmatrix} -2 & 3 & 1 \\ 1 & 2 & 4 \\ -2 & -3 & -3 \end{vmatrix}}{|A|}=\frac{-8}{-2}=4$$

■

정리 3.13 식 (2-7)에서 $B=0$일 경우, 즉

$$AX=0$$

이 $X=0$ 이외에 해를 가질 조건은

$$|A|=0$$

이 되는 것이다.

【예제 31】 연립 방정식

$$\begin{cases} 4x+2y=\lambda x \\ -x+y=\lambda y \end{cases} \tag{3-15}$$

이 $x=y=0$ 이외의 해를 가지도록 λ의 값을 구하고, 그때의 x와 y의 비를 구해보자.

위의 식을 다시 쓰면

$$\begin{aligned} (4-\lambda)x+2y &=0 \\ -x+(1-\lambda)y &=0 \end{aligned} \quad \cdots\cdots\cdots\cdots(1)$$

이 된다. 이제 (2)의 계수 행렬식이 정리 3.13에 의하여

$$|A| = \begin{bmatrix} 4-\lambda & 2 \\ -1 & 1-\lambda \end{bmatrix} = 0 \qquad \cdots\cdots\cdots\cdots(2)$$

이면 된다. (2)를 계산하면

$$(4-\lambda)(1-\lambda)+2=0$$

에서 $\lambda=2$, $\lambda=3$을 얻는다.

한편 $\lambda=2$일 때 ; $x+y=0$이므로

$$x : y = 1 : -1$$

이며, $\lambda=3$일 때 ; $x+2y=0$이므로

$$x : y = 2 : -1$$

이다.

2. 행렬식의 응용

일반적으로 n개의 미지항을 갖고 있는 전기회로는 키르히 호프의 제2법칙에 따라

$$\begin{array}{l} z_{11} I_1 + z_{12} I_2 + \cdots + z_{1n} I_n = V_1 \\ z_{21} I_1 + z_{22} I_2 + \cdots + z_{2n} I_n = V_2 \\ \cdots\cdots\cdots\cdots\cdots\cdots\cdots\cdots\cdots\cdots\cdots\cdots \\ z_{n1} I_1 + z_{n2} I_2 + \cdots + z_{nn} I_n = V_n \end{array} \qquad (3\text{-}16)$$

으로 나타낼 수 있다. 여기서 $n=2$인 경우에는

$$\begin{array}{l} z_{11}I_1 + z_{12}I_2 = V_1 \\ z_{21}I_1 + z_{22}I_2 = V_2 \end{array} \qquad (3\text{-}17)$$

와 같이 된다. 이것을 다시 쓰면

$$\begin{bmatrix} z_{11} & z_{12} \\ z_{21} & z_{22} \end{bmatrix} \begin{bmatrix} I_1 \\ I_2 \end{bmatrix} = \begin{bmatrix} V_1 \\ V_2 \end{bmatrix} \qquad (3\text{-}18)$$

이다. 식 (2-1)을

$$[V]=[Z][I] \tag{3-19}$$

와 같이 간단하게 나타낼 수 있다. 여기서 $[Z]$를 임피던스 행렬(impedance matrix)이라 한다.

그런데 임피던스 행렬은 $z_{ij}=z_{ji}$이므로 대칭행렬이다. (3-18)에 $[Z]^{-1}$를 곱하면

$$[Z]^{-1}[V]=[Z]^{-1}[Z][I]$$

즉

$$[I]=[Z]^{-1}[V]=[Y][V] \tag{3-20}$$

이 된다. 여기서 즉 식 (3-20)에서

$$[Y]=[Z]^{-1}=\begin{bmatrix} Y_{11} & Y_{12} \\ Y_{21} & Y_{22} \end{bmatrix} \tag{3-21}$$

이며, 이때 $[Y]$를 어드미턴스행렬(admitance matrix)이라고 부른다. 한편

$$Y_{ij}=\frac{(-1)^{i+j}|Z_{ij}|}{|Z|} \tag{3-22}$$

인데, 이것은 식 (3-21)을 유의하기 바란다.

연습문제(3.5)

1. 다음 연립 1차 방정식을 Cramer 공식을 이용하여 풀어라.

(1) $\begin{cases} 2x_1-3x_2=1 \\ 3x_1-x_2=4 \end{cases}$

(2) $\begin{cases} 2x_1+4x_2+x_3=7 \\ 3x_1+2x_2+3x_3=7 \\ 5x_1-4x_2+4x_3=9 \end{cases}$

(3) $\begin{cases} x_1-x_2-x_3-x_4=1 \\ 2x_1+x_2+x_3+2x_4=1 \\ x_1-2x_2-2x_3-3x_4=0 \\ 3x_1+4x_2+x_3+5x_4=-3 \end{cases}$ (단, x_4만 구하여라.)

2. 식 (3-22)에서 Y_{11}과 Y_{22}를 구하여라.

3. 다음 회로에서 Z_2에 흐르는 전류를 행렬식을 이용하여 구하라.

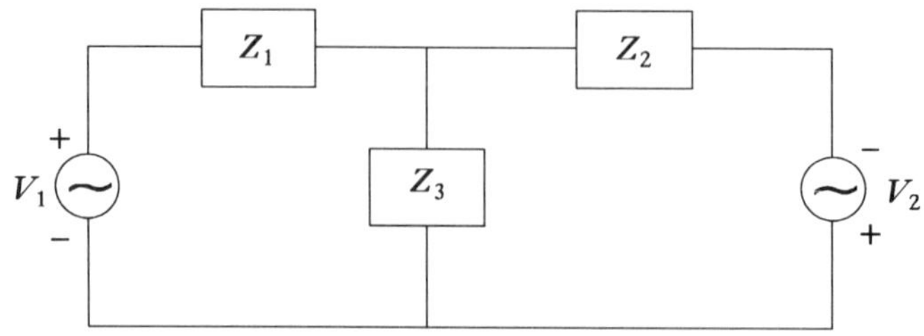

[그림 3.2]

제 4 장

함수의 극한과 연속

4.1 함수의 극한

함수의 극한 개념을 엄밀히 정의하기란 쉬운 일이 아니다. 여기에서는 엄밀한 정의를 피하고 직관적인 극한 개념으로 소개한다.

【예제 1】 $f(x)=x^2+3$으로 정의된 함수의 2의 근방에서 x의 값들에 대한 함수값 $f(x)$의 변화를 조사하여 보자. 아래의 표는 2는 아니지만 2에 가까운 x 값들에 대한 $f(x)$의 값들을 나타낸 것이다.

$x>2$	$f(x)=x^2+3$	$x<2$	$f(x)=x^2+3$
3	12	1	4
2.5	9.25	1.5	5.25
2.3	8.29	1.7	5.89
2.1	7.41	1.9	6.61
2.05	7.2025	1.95	6.8025
2.01	7.0401	1.99	6.9601
2.001	7.004001	1.999	6.996001
2.0001	7.00040001	1.9999	6.99960001

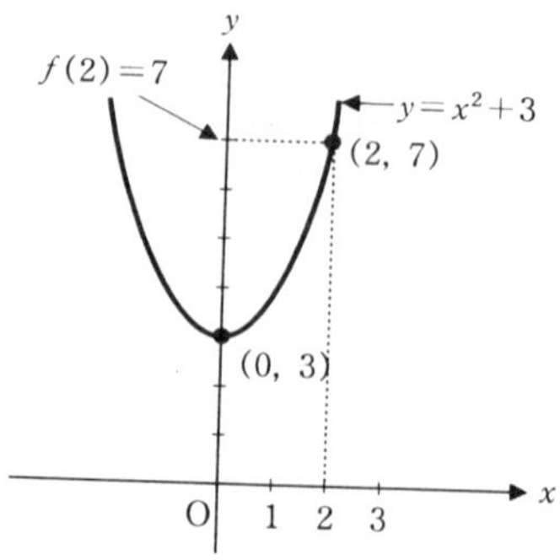

[그림 4.1]

표와 그림 4.1에서 보여준 $f(x)$의 그래프로부터 x가 2에 접근할 때 $f(x)$는 7에 접근함을 알 수 있다. 우리는 이러한 사실을 'x가 2에 접근할 때 함수 $f(x)=x^2+3$의 극한이다'라고 표현한다. 이것을 기호로 다음과 같이 나타내기로 한다.

$$\lim_{x \to 2}(x^2+3)=7$$

〈정의 4.1〉

함수 $f(x)$가 실수 a를 포함하는 어떤 구간에서 a 이외의 모든 x에 대하여 정의되어 있다고 하자. 단, 수 $f(a)$는 정의되지 않아도 좋다. x가 a와 같지 않은 수들로서 a에 한없이 가까이 접근할 때 $f(x)$의 값이 하나의 정해진 수 L에 한없이 가까이 접근하거나 L인 경우 $x=a$에서 $f(x)$의 극한값은 L이라고 하며 이를 다음과 같이 나타낸다.

$$x \to a\text{일 때, } f(x) \longrightarrow L,$$

또는

$$\lim_{x \to a} f(x)=L$$

극한의 정의에서 'x가 a와 같지 않은 수들로서'라고 하는 구절을 주목하여야 한다. 이것은 x가 a에 접근할 때 $f(x)$의 극한값을 찾는 데 있어서 $x=a$인 경우를 결코 고려하지 않음을 의미한다. 사실, $x=a$일 때 $f(x)$가 정의될 필요도 없다. 단지 중요한 사실은 a의 근방에서 f가 어떻게 정의되는가 하는 것이다.

그림 4.2는 세 개의 함수들의 그래프들이다. (c)에서는 $f(a)$가 정의되어 있지 않고 (b)에서는 $f(a) \neq L$임을 알 수 있다.

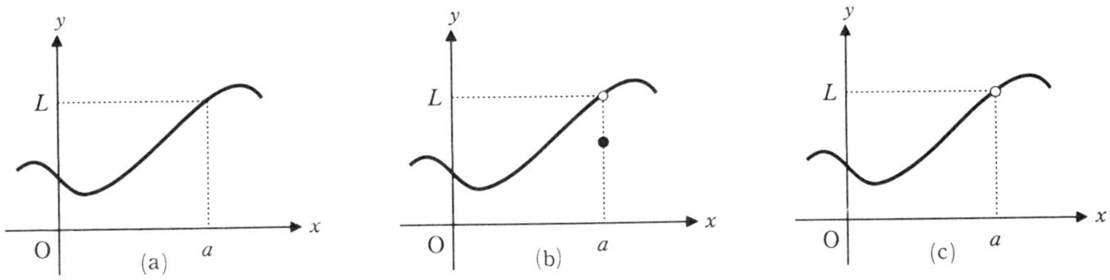

[그림 4.2]

그러나 a에서의 상황에 관계 없이 각 경우 모두 $\lim_{x \to a} f(x)=L$이다.

[주의] 한없이 가까이 접근한다라는 표현은 논리적인 면에서 수학적 용어로는 부적당하다. 고등 미적분학에서 $\lim_{x \to a} f(x)=L$의 엄밀한 정의는 다음과 같다.

임의로 주어진 수 $\varepsilon>0$에 대하여 다음 조건을 만족하는 수 $\delta>0$이 존재한다.

$$0<|x-a|<\delta \text{이면 } |f(x)-L|<\varepsilon$$

이 정의에 의한 극한의 이론은 엄밀하나 논리적인 사고력이 요구된다. 직관적인 의미를 사용해도 충분하다.

【예제 2】 $\lim_{x \to 1} \dfrac{x-1}{x^2-1}$의 값을 추측하여라.

풀이 함수 $f(x)=\dfrac{x-1}{x^2-1}$은 $x=1$일 때 정의되지 않지만 $\lim_{x \to a} f(x)$의 정의는 a에 가깝긴 하지만 a와 같지 않은 x의 값을 생각한다는 의미이므로 문제가 되지 않는다. 다음 표는 1에 접근하는 (그러나 1이 아닌) x의 값들에 대한 $f(x)$의 값들을 나타낸 것이다.

$x<1$	$f(x)$
0.5	0.666667
0.9	0.526316
0.99	0.502513
0.999	0.500250
0.9999	0.500025

$x>1$	$f(x)$
1.5	0.400000
1.1	0.476190
1.01	0.497512
1.001	0.499750
1.0001	0.499975

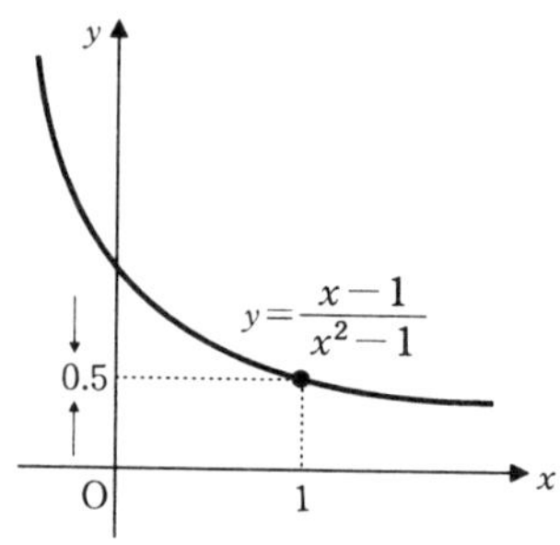

[그림 4.3]

이 표에 있는 값들을 근거로

$$\lim_{x\to 1}\frac{x-1}{x^2-1}=0.5$$

임을 추측할 수 있다. ■

다음과 같이 정의된 함수 $H(x)$를 생각하여 보자.

$$H(x)=\begin{cases}1 & x\geq 0\\ 0 & x<0\end{cases}$$

이 함수의 그래프는 다음과 같다.

위와 같이 정의된 함수 $H(x)$에서 x가 왼쪽에서 0에 접근할 때 $H(x)$는 0이 되고, x가 오른쪽에서 접근하는 경우에는 $H(x)$는 1로 접근함을 알 수 있다.

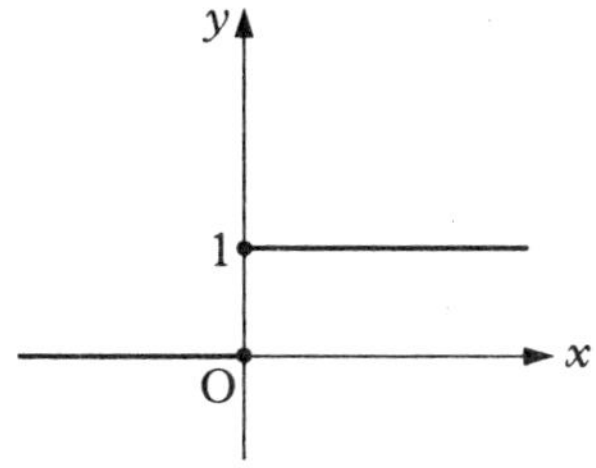

[그림 4.4]

이런 상황을 기초로 다음과 같이 나타낸다.

$$\lim_{x \to 0^-} H(x) = 0, \text{ 그리고 } \lim_{x \to 0^+} H(x) = 1$$

기호 $x \to 0^-$는 $x<0$인 x에 대해서만 생각한다는 뜻이고, $x \to 0^+$는 $x>0$인 x에 대해서만 생각함을 의미한다.

〈정의 4.2〉

함수 $f(x)$에 대하여 $x<a$인 x에 대하여 x가 a에 가까이 접근할 때 $f(x)$가 L에 가까이 접근하거나 L이 되면, 이 때 $x=a$에서 $f(x)$의 좌극한값은 L이라 하고 다음과 같이 나타낸다.

$$x \to a^- \text{ 일 때 } f(x) \to L$$

또는

$$\lim_{x \to a^-} f(x) = L$$

비슷하게 $x>a$인 x에 대하여 생각한다면 $x=a$에서의 $f(x)$의 우극한값이 L이라는 것을 생각할 수 있고 이를

$$x \to a^+ \text{ 일 때 } f(x) \to L$$

또는

$$\lim_{x \to a^+} f(x) = L$$

로 나타낸다.

극한의 정의로부터 다음이 성립함을 알 수 있다.

정리 4.3 $\lim_{x \to a} f(x) = L$이기 위한 필요충분조건은

$$\lim_{x \to a^-} f(x) = \lim_{x \to a^+} f(x) = L.$$

【예제 3】 함수 g의 그래프가 그림 4.5와 같이 주어졌을 때 다음의 값들을 구하여라.

(1) $\lim_{x \to 2^-} g(x)$

(2) $\lim_{x \to 2^+} g(x)$

(3) $\lim_{x \to 2} g(x)$

(4) $\lim_{x \to 5^-} g(x)$

(5) $\lim_{x \to 5^+} g(x)$

(6) $\lim_{x \to 5} g(x)$

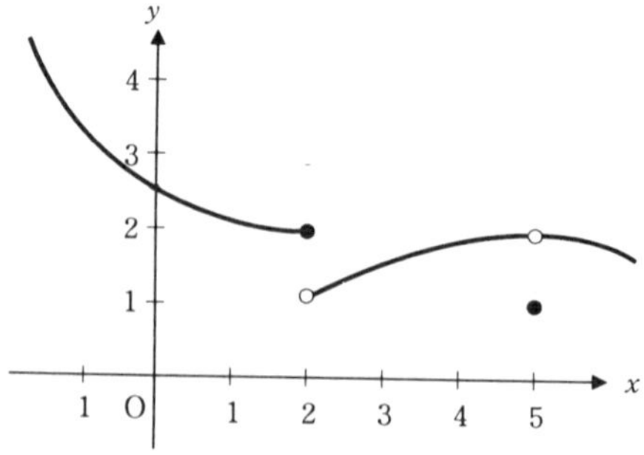

[그림 4.5]

풀이 그래프로부터

(1) $\lim_{x \to 2^-} g(x) = 2$ (2) $\lim_{x \to 2^+} g(x) = 1$

임을 알 수 있다.

(3) 좌·우 극한값이 다르기 때문에 $\lim_{x \to 2} g(x)$는 존재하지 않는다. 그래프에서

(4) $\lim_{x \to 5^-} g(x) = 2$ (5) $\lim_{x \to 5^+} g(x) = 2$

임을 알 수 있다.

(6) 이번에는 좌·우 극한값이 같으므로

$$\lim_{x \to 5} g(x) = 2$$

이다. ■

【예제 4】 $\lim_{x \to 0} \frac{1}{x^2}$이 존재한다면, 그 값을 구하여라.

풀이 x가 0에 접근할 때 x^2도 0에 접근하게 되고 따라서 $\frac{1}{x^2}$은 매우 커진다는 것을 표에서 알 수 있다. 사실 그림 4.6에서 주어진 함수 $f(x) = \frac{1}{x^2}$의 그래프로부터 x를 0에 충분히 가깝게 택함으로써 $f(x)$의 값들이 임의로 커질 수 있도록 할 수 있음을 알 수 있다. 따라서 $f(x)$의 값들이 하나의 수로 접근하지 않으며 따라서 $\lim_{x \to 0} \frac{1}{x^2}$은 존재하지 않는다.

x	$\frac{1}{x^2}$
± 1	1
± 0.5	4
± 0.2	25
± 0.1	100
± 0.05	400
± 0.01	10,000
± 0.001	1,000,000

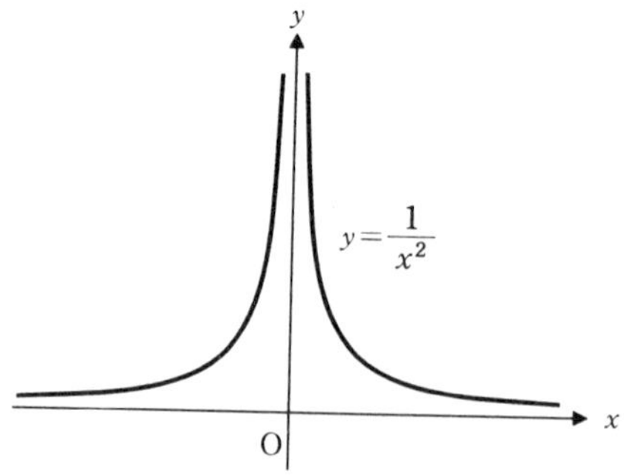

[그림 4.6] ■

위 예제 4에 주어진 상황을 나타내기 위하여 기호

$$\lim_{x \to 0} \frac{1}{x^2} = \infty$$

를 사용한다.

이것은 ∞를 '수'로 간주한다는 의미는 아니다. 또한 극한값이 존재한다는 것을 의미하는 것도 아니다. 그것은 단지 극한값이 존재하지 않는 특별한 상황을 표현하는 것이다. $\frac{1}{x^2}$은 x를 0에 충분히 가깝게 택함으로써 원하는 만큼 크게 만들어질 수 있다.

〈정의 4.4〉

x가 a에 가까워짐에 따라 $f(x)$의 값이 한없이 커지는 경우, '$x=a$일 때 $f(x)$는 무한대가 된다'라고 하고 다음과 같이 나타낸다.

$$x \to a\text{일 때 } f(x) \to \infty,$$

또는

$$\lim_{x \to a} f(x) = \infty$$

x가 a에 가까워질 때 $f(x)$의 값이 음의 방향으로 그 절대값이 한없이 커지는 경우, $x=a$일 때 $f(x)$는 음의 무한대가 된다라고 하고 다음과 같이 나타낸다.

$$x \to a\text{일 때 } f(x) \to -\infty,$$

또는

$$\lim_{x\to a} f(x) = -\infty.$$

예제 4로부터

$$\lim_{x\to 0}\left(-\frac{1}{x^2}\right) = -\infty$$

임을 알 수 있다.

비슷하게 한쪽 방향에서의 무한 극한값들

$$\lim_{x\to a^-} f(x) = \infty \qquad \lim_{x\to a^+} f(x) = \infty$$

$$\lim_{x\to a^-} f(x) = -\infty \quad \lim_{x\to a^+} f(x) = -\infty$$

에 대한 정의를 내릴 수 있다. 이미 다룬 대로 '$x \to a^-$'는 a보다 작은 x의 값에 대해서만 고려하고 '$x \to a^+$'는 단지 $x > a$만을 고려함을 뜻한다. 이 네 가지 경우에 대한 예가 그림 4.7에 주어져 있다.

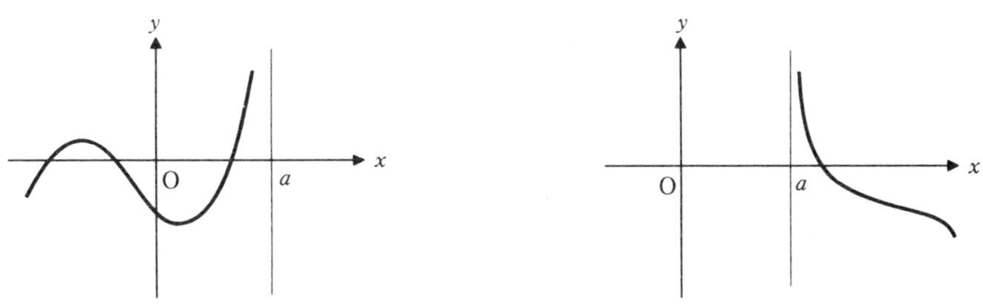

(a) $\lim_{x\to a^-} f(x) = \infty$ (b) $\lim_{x\to a^+} f(x) = \infty$

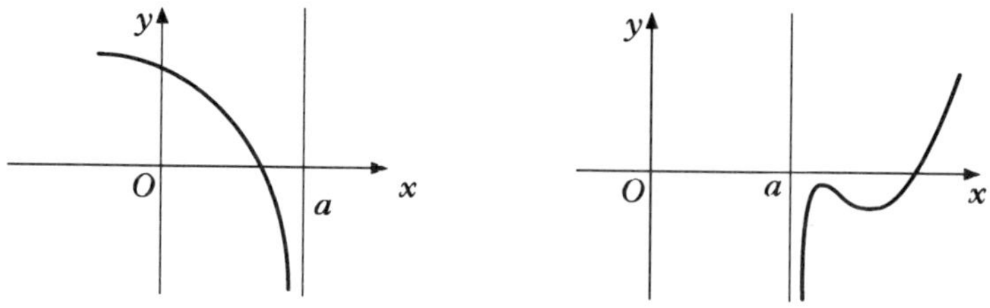

(c) $\lim_{x \to a^-} f(x) = -\infty$ (d) $\lim_{x \to a^+} f(x) = -\infty$

[그림 4.7]

【예제 5】 $\lim_{x \to 3^+} \frac{2}{x-3}$와 $\lim_{x \to 3^-} \frac{2}{x-3}$를 구하여라.

풀이 x가 3에 접근하지만 3보다 크다면 분모 $x-3$은 작은 양수이며 따라서 $\frac{2}{x-3}$는 큰 양수이다. 따라서 직관적으로

$$\lim_{x \to 3^+} \frac{2}{x-3} = \infty$$

임을 안다.

마찬가지로 x가 3에 접근하지만 3보다 작으면 $x-3$은 작은 음수이며 따라서 $\frac{2}{x-3}$은 수치적으로 큰 음수이다. 따라서

$$\lim_{x \to 3^-} \frac{2}{x-3} = \infty$$

이다.

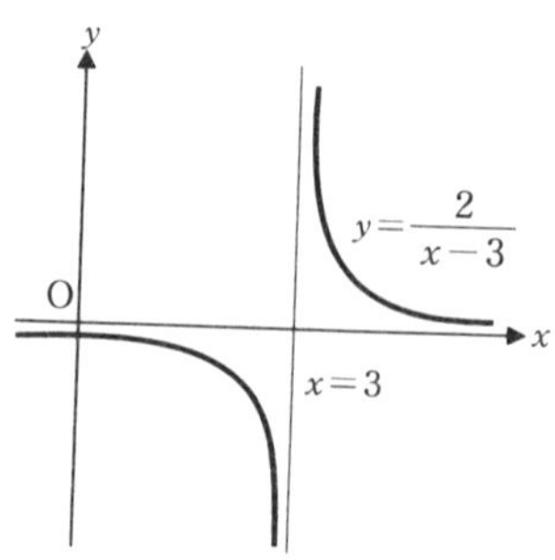

[그림 4.8] ■

그림 4.7에서 알 수 있듯이 x를 충분히 크게 잡으면 잡을수록 $\frac{2}{x-3}$의 값은 0에 가까이 접근한다. 이러한 뜻에서 x가 한없이 커질 때 $\frac{2}{x-3}$의 극한값은 0이라 말하고 이를 $\lim_{x \to \infty} \frac{3}{x-2} = 0$으로 나타낸다.

〈정의 4.5〉

x를 충분히 크게 선택할수록 $f(x)$의 값이 L에 가까이 접근하거나 L일 때 이를 'x가 양의 무한대일 때 $f(x)$의 극한은 L이다'이라 하고 다음과 같이 나타낸다.

$$x \to \infty \text{일 때 } f(x) \to L,$$

또는

$$\lim_{x \to \infty} f(x) = L$$

또한 x를 음의 방향으로 그 절대값을 크게 선택할수록 $f(x)$의 값이 L에 가까이 접근하거나 L일 때 이를 'x가 음의 무한대일 때 $f(x)$의 극한은 L이다'이라 하고 다음과 같이 나타낸다.

$$x \to -\infty \text{일 때 } f(x) \to L,$$

또는

$$\lim_{x \to -\infty} f(x) = L$$

【예제 6】 $\lim_{x \to \infty} \frac{2}{x-3} = 0$이고 $\lim_{x \to -\infty} \frac{2}{x-3} = 0$이다(그림 4.8 참조).

정리 4.6 $\lim_{x \to a} f(x) = L$, $\lim_{x \to a} g(x) = M$이라 하고 c를 상수라 두면

(1) $\lim_{x \to a}[f(x)+g(x)] = \lim_{x \to a} f(x) + \lim_{x \to a} g(x) = L+M$

(2) $\lim_{x \to a}[cf(x)] = c\lim_{x \to a} f(x) = cL$

(3) $\lim_{x \to a}[f(x)g(x)] = \lim_{x \to a} f(x) \cdot \lim_{x \to a} g(x) = LM$

(4) $\lim_{x \to a} \dfrac{f(x)}{g(x)} = \dfrac{\lim_{x \to a} f(x)}{\lim_{x \to a} g(x)} = \dfrac{L}{M}$ (단, $M \neq 0$)

(5) $\lim_{x \to a}[f(x)]^n = [\lim_{x \to a} f(x)]^n = L^n$

(6) $\lim_{x \to a} \sqrt[n]{f(x)} = \sqrt[n]{\lim_{x \to a} f(x)} = \sqrt[n]{L}$ (단, n이 짝수일 때는 $L \geq 0$)

【예제 7】 다음 극한값을 구하여라.

(1) $\lim_{x \to 2}(5x^5 - 13x^2 + 10)$

(2) $\lim_{x \to -3} \dfrac{\sqrt{x^2-2}}{3x^3-17}$

(3) $\lim_{x \to 2} \dfrac{x^3+3x+2}{2x}$

(4) $\lim_{x \to 1} \sqrt{4x-1}$

풀이 (1)
$$\begin{aligned}\lim_{x \to 2}(5x^5 - 13x^2 + 10) &= \lim_{x \to 2}(5x^5) + \lim_{x \to 2}(-13x^2) + \lim_{x \to 2} 10 \\ &= 5\lim_{x \to 2} x^5 - 13\lim_{x \to 2} x^2 + \lim_{x \to 2} 10 \\ &= 5(\lim_{x \to 2} x)^5 - 13(\lim_{x \to 2} x)^2 + \lim_{x \to 2} 10 \\ &= 5(2)^5 - 13(2)^2 + 10 \\ &= 160 - 52 + 10 = 118\end{aligned}$$

(2) $$\lim_{x \to -3} \frac{\sqrt{x^2-2}}{3x^3-17} = \frac{\lim_{x \to -3} \sqrt{x^2-2}}{\lim_{x \to -3} 3x^3 - 17} = \frac{\sqrt{\lim_{x \to -3}(x^2-2)}}{\lim_{x \to -3} 3x^3 - \lim_{x \to -3} 17}$$

$$=\frac{\sqrt{\lim\limits_{x\to-3}x^2-\lim\limits_{x\to-3}2}}{3\lim\limits_{x\to-3}x^3-\lim\limits_{x\to-3}17}=\frac{\sqrt{(-3)^2-2}}{3(-3)^3-17}=-\frac{\sqrt{7}}{98}$$

(3) $$\lim_{x\to2}\frac{x^3+3x+2}{2x}=\frac{\lim\limits_{x\to2}x^3+\lim\limits_{x\to2}3x+\lim\limits_{x\to2}2}{2\lim\limits_{x\to2}x}$$

$$=\frac{(\lim\limits_{x\to2}x)^3+3\lim\limits_{x\to2}x+\lim\limits_{x\to2}2}{2\lim\limits_{x\to2}x}=\frac{2^3+3\cdot2+2}{2\cdot2}$$

$$=\frac{8+6+2}{4}=4$$

(4) $$1\lim_{x\to1}\sqrt{4x-1}=\sqrt{\lim_{x\to1}4x-\lim_{x\to1}1}=\sqrt{4\lim_{x\to1}x-\lim_{x\to1}1}=\sqrt{4-1}=\sqrt{3}$$ ■

정리 4.7 $\quad\displaystyle\lim_{x\to0}\frac{\sin x}{x}=1$

증명 (i) $0<x<\dfrac{\pi}{2}$일 때

중심각이 x라디안이고 반지름의 길이가 r인 부채꼴 OAB의 A에서의 접선과 $\overline{\text{OB}}$의 연장과의 교점을 C라고 하면

$$\text{OAB의 넓이} < \text{부채꼴 OAB의 넓이} < \text{OAC의 넓이}$$

이므로

$$\frac{1}{2}r^2\sin x<\frac{1}{2}r^2x<\frac{1}{2}r^2\tan x$$

이다.

$$\sin x<x<\tan x$$

에서 양변을 $\sin x$로 나누면

$$1<\frac{x}{\sin x}<\frac{1}{\cos x}$$

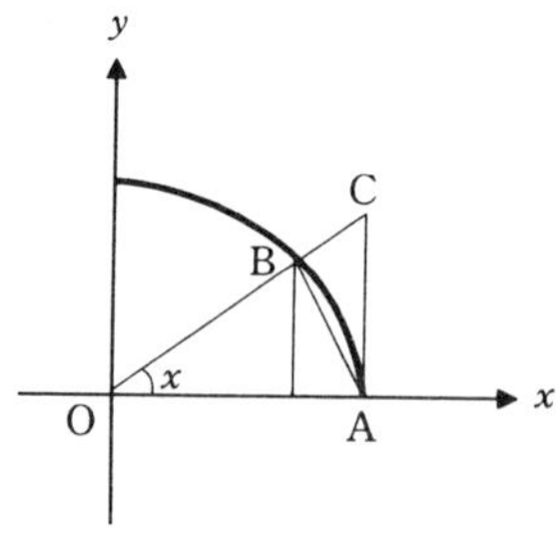

[그림 4.9]

이고 양변에 역수를 취하면

$$\cos x < \frac{\sin x}{x} < 1$$

이다. 여기서 $\lim_{x \to 0^+} \cos x = 1$ 이므로 $\lim_{x \to 0^+} \frac{\sin x}{x} = 1$ 이다.

(ii) $-\frac{\pi}{2} < x < 0$일 때

$x = -\theta(\theta > 0)$라 하면 $x \to 0^-$일 때 $\theta \to 0^+$가 된다.

$$\lim_{x \to 0^-} \frac{\sin x}{x} = \lim_{\theta \to 0^+} \frac{\sin(-\theta)}{-\theta} = \lim_{\theta \to 0^+} \frac{\sin \theta}{\theta} = 1$$

(i), (ii)에서 $\lim_{x \to 0} \frac{\sin x}{x} = 1$ 이다. ■

【예제 8】 $\lim_{x \to 0} \frac{\sin 3x}{\sin 5x}$를 구하여라.

풀이 $x \neq 0$이면

$$\frac{\sin 3x}{\sin 5x} = \frac{3\left(\frac{\sin 3x}{3x}\right)}{5\left(\frac{\sin 5x}{5x}\right)}$$

따라서

$$\lim_{x \to 0} \frac{\sin 3x}{\sin 5x} = \frac{3\lim_{x \to 0}\left(\frac{\sin 3x}{3x}\right)}{5\lim_{x \to 0}\left(\frac{\sin 5x}{5x}\right)} = \frac{3 \cdot 1}{5 \cdot 1} = \frac{3}{5}$$ ■

【예제 9】 다음 극한값을 구하여라.

(1) $\lim_{x \to 0} \frac{\tan ax}{\sin bx}$ $(a,\ b \neq 0)$

(2) $\lim_{x \to 0} \frac{\sin(\sin x)}{x}$

(3) $\lim_{x \to 0} \frac{1-\cos kx}{x^2}$

(4) $\lim_{x \to \infty} x \sin \frac{m}{x}$

풀이 (1) $\lim_{x \to 0} \frac{\tan ax}{\sin bx} = \lim_{x \to 0}\left(\frac{\tan ax}{ax}\right)\left(\frac{bx}{\sin bx}\right) \cdot \frac{a}{b}$

그런데

$$\begin{aligned} \lim_{x \to 0} \frac{\tan x}{x} &= \lim_{x \to 0}\left(\frac{\sin x}{x} \cdot \frac{1}{\cos x}\right) \\ &= \lim_{x \to 0} \frac{\sin x}{x} \cdot \lim_{x \to 0} \frac{1}{\cos x} \\ &= 1 \cdot 1 \\ &= 1 \end{aligned}$$

그러므로 $\lim_{x \to 0} \frac{\tan ax}{ax} = 1$이고 또한 $\lim_{x \to 0} \frac{bx}{\sin bx} = 1$이므로

$$\lim_{x \to 0} \frac{\tan ax}{\sin bx} = \lim_{x \to 0}\left(\frac{\tan ax}{ax}\right)\left(\frac{bx}{\sin bx}\right) \cdot \frac{a}{b} = \frac{a}{b}$$

(2) $\lim_{x \to 0} \frac{\sin(\sin x)}{x} = \lim_{x \to 0}\left(\frac{\sin(\sin x)}{\sin x} \cdot \frac{\sin x}{x}\right)$

$\sin x = t$라 하면 $x \to 0$일 때 $t \to 0$이므로

$$\lim_{x \to 0} \frac{\sin(\sin x)}{\sin x} = \lim_{t \to 0} \frac{\sin t}{t} = 1$$

이다. 그러므로

$$\lim_{x\to 0}\frac{\sin(\sin x)}{x}=1\cdot 1=1$$

(3) $$\lim_{x\to 0}\frac{1-\cos kx}{x^2}=\lim_{x\to 0}\frac{1-\cos^2 kx}{x^2(1+\cos kx)}=\lim_{x\to 0}\frac{\sin^2 kx}{x^2(1+\cos kx)}$$
$$=\lim_{x\to 0}\left(\left(\frac{\sin kx}{kx}\right)^2\cdot\frac{1}{1+\cos kx}\cdot k^2\right)=1\cdot\frac{1}{2}k^2=\frac{k^2}{2}$$

(4) $\frac{1}{x}=\theta$라 하면, $x\to\infty$일 때 $\theta\to 0$이 된다. 그러므로

$$\lim_{x\to\infty}x\cdot\sin\frac{m}{x}=\lim_{\theta\to 0}\frac{1}{\theta}\cdot\sin\theta m=\lim_{\theta\to 0}m\cdot\frac{\sin m\theta}{m\theta}=m.$$ ■

정리 4.8 극한값 $\lim_{x\to\pm\infty}\left(1+\frac{1}{x}\right)^x=e$는 존재한다.

【예제 10】 $\lim_{x\to 0}(1+x)^{\frac{1}{x}}=e$임을 보여라.

증명 $x=\frac{1}{z}$이라 하면, $x\to 0$일 때 $z\to\pm\infty$이므로

$$\lim_{x\to 0}(1+x)^{\frac{1}{x}}=\lim_{z\to\pm\infty}\left(1+\frac{1}{z}\right)^z=e$$

이다. ■

【예제 11】 다음 등식이 성립함을 증명하여라.

(1) $\lim_{x\to 0}\frac{\ln(1+x)}{x}=1$ (2) $\lim_{x\to 0}\frac{e^x-1}{x}=1$

(3) $\lim_{x\to 1}x^{\frac{1}{1-x}}=\frac{1}{e}$ (4) $\lim_{x\to 0}(1+ax)^{\frac{1}{x}}=e^a$

증명 (1) $\lim_{x\to 0}\frac{\ln(1+x)}{x}=\lim_{x\to 0}\frac{1}{x}\ln(1+x)=\lim_{x\to 0}\ln(1+x)^{\frac{1}{x}}=\ln e=1$

(2) $e^x-1=t$라 두면 $x=\ln(1+t)$이고, $x \to 0$일 때 $t \to 0$이 된다.

$$\lim_{x\to 0}\frac{e^x-1}{x}=\lim_{t\to 0}\frac{t}{\ln(1+t)}=\lim_{t\to 0}\frac{1}{\frac{1}{t}\ln(1+t)}$$

$$=\lim_{t\to 0}\frac{1}{\ln(1+t)^{\frac{1}{t}}}=\frac{1}{\ln e}=1$$

(3) 여기서 $1-x=-t$라 하면, $x \to 1$일 때 $t \to 0$이므로

$$\lim_{x\to 1}x^{\frac{1}{1-x}}=\lim_{t\to 0}(1+t)^{-\frac{1}{t}}=\left\{\lim_{t\to 0}(1+t)^{\frac{1}{t}}\right\}^{-1}=e^{-1}=\frac{1}{e}$$

(4) $ax=z$라 하면, $x \to 0$일 때 $z \to 0$이 된다.

$$\lim_{x\to 0}(1+ax)^{\frac{1}{x}}=\lim_{z\to 0}(1+z)^{\frac{a}{z}}=\lim_{z\to 0}\{(1+z)^{\frac{1}{z}}\}^a=e^a$$ ■

연습문제(4.1)

1. 다음 극한값을 구하여라.

(1) $\lim_{x\to 0}\frac{3x^2-4x}{x^2-2x}$

(2) $\lim_{x\to 2}\frac{x-2}{x^2-3x+2}$

(3) $\lim_{h\to 0}\frac{(a+h)^2-a^2}{h}$

(4) $\lim_{h\to 0}\frac{\sqrt{x+h}-\sqrt{x}}{h}$

(5) $\lim_{h\to 0}\frac{1}{h}\left(\frac{1}{a+h}-\frac{1}{a}\right)$

(6) $\lim_{x\to 0}\frac{2-\sqrt{4-x}}{x}$

(7) $\lim_{x\to\infty}(\sqrt{x^2+x+1}-x+1)$

(8) $\lim_{x\to\infty}\frac{x^2-2x+5}{2x^2-7}$

(9) $\lim_{x \to 0} \frac{\ln(1+ax)}{x}$

(10) $\lim_{x \to 0^+} \frac{\sin x}{\sqrt{x}}$

(11) $\lim_{x \to 0} \left(\frac{2}{\sin^2 x} - \frac{1}{1-\cos x} \right)$

(12) $\lim_{x \to 0} \frac{\cos ax - \cos bx}{x \sin x}$ $(a \neq b)$

2. $\lim_{x \to 1} \frac{a\sqrt{x+1} - b}{x-1} = \sqrt{2}$ 를 만족하는 a, b를 구하여라.

4.2 함수의 연속

직관적으로 볼 때 함수 $f(x)$가 어느 구간에서 연속이라고 하는 것은 그 구간의 모든 점에서 연결되어 있음을 의미한다. 그러나 우리는 연속의 정의를 명확히 내릴 필요가 있다. 다음 3개의 함수를 조사해 보자.

(a) 함수 $f(x)$는 $x=1$에서 $f(x)$의 값이 정의되어 있지 않으므로 $f(x)$의 그래프는 점 (1, 2)에서 끊겨져 있다.

(b) 함수 $g(x)$는 $x=1$에서 $g(x)$의 값이 정의되어 있으나 $\lim_{x\to 1} g(x)$가 존재하지 않으므로 $x=1$에서 끊겨져 있다.

(c) 함수 $h(x)$는 $x=1$에서 $h(x)$의 값도 정의되어 있고 $\lim_{x\to 1} h(x)$도 정의되어 있으나 $\lim_{x\to 1} h(x) \neq h(1)$이기 때문에 $x=1$에서 끊겨져 있다.

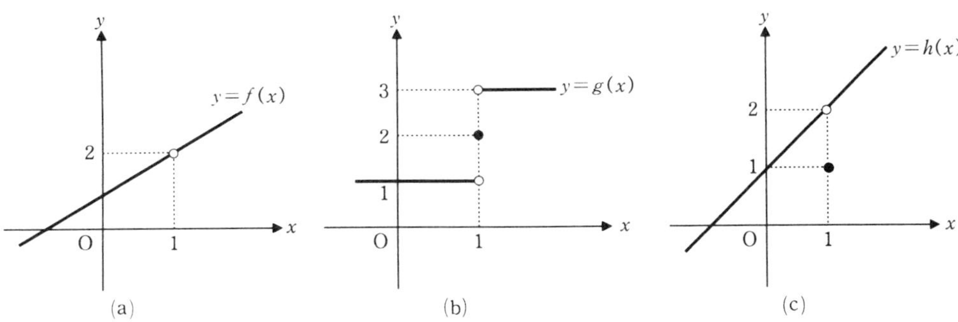

[그림 4.10]

위의 사실로부터 함수 $f(x)$의 $x=a$에서의 연속성에 대한 개념을 얻을 수 있다. 즉 함수의 연속성에 대한 직관적인 정의는 다음과 같다.

〈정의 4.9〉

함수 $f(x)$가 다음 세 조건을 모두 만족하면 $f(x)$는 $x=a$에서 연속(continuous)이라고 한다.

(1) $f(a)$가 존재한다.

(2) $\lim_{x\to a} f(x)$가 존재한다.

(3) $\lim_{x\to a} f(x)=f(a)$

함수 $f(x)$가 어느 구간에 속하는 모든 점에서 연속일 때 $f(x)$는 그 구간에서 연속 또는 그 구간에서 연속함수라 하고, 함수 $f(x)$가 $x=a$에서 연속이 아닐 때 $f(x)$는 $x=a$에서 불연속이라고 한다.

【예제 12】 다음 함수의 연속성을 조사하여라.

(1) $f(x)=3x^2$ (2) $f(x)=\dfrac{x^2-1}{x-1}$

풀이 (1) 임의의 실수 a에 대하여

$$\lim_{x\to a} f(x)=\lim_{x\to a} 3x^2=3a^2=f(a)$$

이므로 주어진 함수 $(-\infty, \infty)$에서 연속이다.

(2) $f(1)$이 존재하지 않으므로 $x=1$에서 불연속이고 그 외의 점에서는 연속이다. ■

정리 4.10 두 함수 $f(x)$와 $g(x)$가 $x=a$에서 연속이면

(1) $f(x)\pm g(x)$

(2) $f(x)\cdot g(x)$

(3) $\dfrac{f(x)}{g(x)}$ (단, $g(a)\neq 0$)

도 $x=a$에서 연속이다.

증명 (1) $h(x)=f(x)+g(x)$라 하면

$$\begin{aligned}\lim_{x\to a} h(a) &= \lim_{x\to a}[f(x)+g(x)] \\ &= \lim_{x\to a} f(x)+\lim_{x\to a} g(x) \\ &= f(a)+g(a) \\ &= h(a)\end{aligned}$$

(2), (3)도 마찬가지로 증명된다. □

> **정리 4.11** $y=f(u)$, $u=g(x)$일 때 $g(x)$가 $x=a$에서 연속이고 함수 $f(u)$가 $u=g(a)$에서 연속이면, 합성함수 $f\circ g$도 $x=a$에서 연속이다.

【예제 13】 $f(x)=\sin^2 x$로 정의되는 함수 f는 $(-\infty, \infty)$에서 연속임을 보여라.

증명 $f(u)=u^2$은 $(-\infty, \infty)$에서 연속이고 $u=\sin x$도 $(-\infty, \infty)$에서 연속이다. 따라서 합성함수 $f(x)=\sin^2 x$도 $(-\infty, \infty)$에서 연속이다. □

> **정리 4.12 (중간값의 정리)**
> 함수 $f(x)$가 $[a, b]$에서 연속이고 $f(a)<k<f(b)$라고 하면, 개구간 (a, b)에 적어도 하나의 c가 존재하여 $f(c)=k$를 만족한다.

【예제 14】 방정식 $2x^2-8x+4=0$은 구간 $(0, 1)$에서 적어도 하나의 실근을 가짐을 밝혀라.

풀이 $f(x)=2x^2-8x+4$라고 하면 함수 f는 $[0, 1]$에서 연속이고 $f(0=4>0$, $f(1)=-2<0$이다. 중간값의 정리에 의하여 $f(c)=0$이 되는 c가 개구간 $(0, 1)$에 적어도 하나 존재한다. 이 c가 주어진 방정식의 실근이다. ■

> **정리 4.13 (최대, 최소값의 정리)**
> 함수 $f(x)$가 $[a, b]$에서 연속이면 함수 $f(x)$는 그 구간에서 반드시 최대값, 최소값을 가진다.

연습문제(4.2)

1. 다음 각 함수는 x의 어떠한 값에서 불연속이 되는가?

(1) $f(x)=\dfrac{x}{x^2-1}$ (2) $f(x)=\dfrac{1+\cos x}{\sin x}$

2. 다음 함수의 연속성을 조사하여라.

(1) $f(x)=\begin{cases}\dfrac{x^2-4}{x-2} & (x\neq 2)\\ 4 & (x=2)\end{cases}$ (2) $f(x)=\begin{cases}x\cdot\sin\dfrac{1}{x} & (x\neq 0)\\ 0 & (x=0)\end{cases}$

3. $f(x)=x^2+\dfrac{x^2}{1+x^2}+\dfrac{x^2}{(1+x^2)^2}+\cdots+\dfrac{x^2}{(1+x^2)^n}+\cdots$은 $x=0$에서 불연속임을 증명하여라.

4. $f(x)=\lim\limits_{n\to\infty}\dfrac{x^{2n-1}+ax^2+bx}{x^{2n}+1}$일 때 $f(x)$가 모든 x의 값에 대하여 연속이 되도록 상수 a, b 값을 정하여라.

제 5 장

미 분 법

5.1 미분법

1. 미분계수 및 도함수

〈정의 5.1〉

주어진 함수 $y=f(x)$에 대해서 정의역 안의 점 x가 a에서 $a+h$로 변하면 y 값은 $f(a)$에서 $f(a+h)$까지 움직인다. 이때 x의 증가분 h를 Δx라 두면 y의 증가분 Δy는

$$\Delta y=f(a+\Delta x)-f(a)$$

로 표시되는데, 그 몫

$$\frac{\Delta y}{\Delta x}=\frac{f(a+\Delta x)-f(a)}{\Delta x}$$

를 $[a,\ a+\Delta x]$에서 평균변화율이라 한다. 이 평균변화율의 극한값

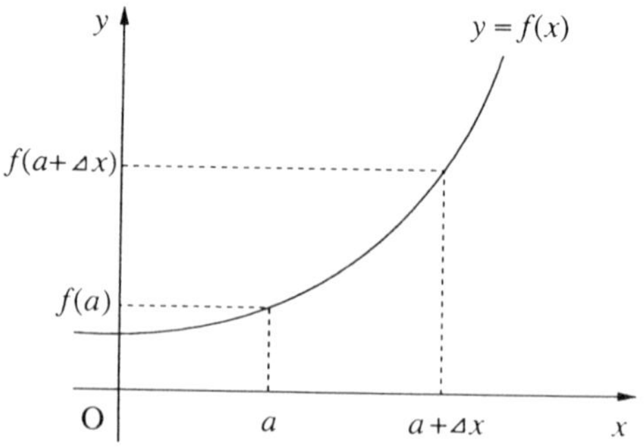

[그림 5.1]

$$\lim_{\Delta x \to 0} \frac{\Delta y}{\Delta x} = \lim_{\Delta x \to 0} \frac{f(a+\Delta x) - f(a)}{\Delta x}$$

가 존재하면, $f'(a)$라 표시하고 $x=a$에서의 $f(x)$의 미분계수라 하며, 함수 $f(x)$는 $x=a$에서의 미분가능하다고 한다.

또, 구간 I 안의 모든 점에서 미분가능일 때 $f(x)$를 구간 I상에서 미분가능하다고 한다.

【예제 1】 $y=x^3$의 $x=a$에서의 미분계수를 구하여라.

풀이 $\Delta y = (a+\Delta x)^3 - a^3 = 3a^2\Delta x + 3a\Delta x^2 + \Delta x^3$ 이므로

$$\frac{\Delta y}{\Delta x} = 3a^2 + 3a\Delta x + \Delta x^2$$

$$\therefore\ f'(a) = \lim_{\Delta x \to 0} \frac{\Delta y}{\Delta x} = \lim_{\Delta x \to 0} \frac{3a^2\Delta x + 3a\Delta x^2 + \Delta x^3}{\Delta x}$$

$$= \lim_{\Delta x \to 0} 3a^2 + 3a\Delta x + \Delta x^2 = 3a^2$$

■

【예제 2】 $y=|x|$는 $x=0$에서 미분불가능함을 보여라.

풀이 $x \geq 0$일 때 $y=x$이고, $x<0$일 때 $y=-x$이므로

$$\lim_{\Delta x \to 0^+} \frac{\Delta y}{\Delta x} = \lim_{\Delta x \to 0^+} \frac{|0+\Delta x|-0}{\Delta x} = \lim_{\Delta x \to 0^+} \frac{\Delta x}{\Delta x} = 1$$

$$\lim_{\Delta x \to 0^-} \frac{\Delta y}{\Delta x} = \lim_{\Delta x \to 0^-} \frac{|0+\Delta x|-0}{\Delta x} = \lim_{\Delta x \to 0^-} \frac{-\Delta x}{\Delta x} = -1$$

따라서 $y=|x|$는 $x=0$에서 미분불가능이다. ■

〈정의 5.2〉

함수 $f(x)$가 정의된 구간의 모든 점에서 미분가능일 때 이 구간의 각 점에 그 점에서의 미분계수를 결합시키는 대응 관계는 다시 함수이다.

이를 처음 함수 $f(x)$의 x에 관한 도함수라 한다.

즉

$$f'(x) = \lim_{\Delta x \to 0} \frac{f(x+\Delta x)-f(x)}{\Delta x}$$

이고, y', $\dfrac{dy}{dx}$, $\dfrac{d}{dx}f(x)$와 같이 표현하기도 한다. 함수 $f(x)$의 도함수를 구하는 것을 미분한다라고 하며, 그 미분하는 과정을 미분법이라 한다.

【예제 3】 $f(x)=x^3$의 도함수를 구하고 $x=\dfrac{1}{4}$에서의 미분계수를 구하여라.

풀이 $\Delta y = f(x+\Delta x) - f(x) = (x+\Delta x)^2 - x^2 = 2x\Delta x + \Delta x^2$이므로,

$$\lim_{\Delta x \to 0} \frac{\Delta y}{\Delta x} = \lim_{\Delta x \to 0} \frac{2x\Delta x + \Delta x^2}{\Delta x} = 2x.$$

따라서, $f'(x)=2x$이고, $f'\left(\dfrac{1}{4}\right) = \dfrac{1}{2}$이다. ■

정리 5.3 함수 $f(x)$가 $x=a$에서 미분가능하면 $f(x)$는 $x=a$에서 연속이다.

증명 $f(x)$가 $x=a$에서 미분가능하므로 $f'(a)$가 존재한다.

$$\lim_{h\to 0} f(a+h) = \lim_{h\to 0}\frac{f(a+h)-f(a)}{h}\cdot h + f(a)$$
$$= f'(a)\lim_{h\to 0} h + f(a) = f(a) \qquad \square$$

따라서 $x=a$에서 연속이다.

미분계수의 기하학적 의미를 관찰하여 보자.

P, Q에서 x축에 수선을 내리고 그 발을 M, N이라 하고, P에서 x축에 평행선을 긋고서 NQ와의 교점을 R이라 하면,

$$\Delta y = f(x_0+\Delta x) - f(x_0) = \overline{QN} - \overline{RN} = \overline{QR}$$
$$\Delta x = \overline{MN} = \overline{PR}$$

다음 그림 5.2와 같이 직선 PQ가 x축과 만나는 각을 β라 하자.

여기서, $\Delta x \to 0$으로 하면 $Q \to P$이 되어 직선 PQ는 점 P에서의 접선에 한없이 접근한다. 또 P에서의 접선이 x축과 이루는 각을 α라 하면

$$\lim_{\Delta x\to 0}\frac{\Delta y}{\Delta x} = \lim_{\Delta x\to 0}\frac{f(x_0+\Delta x)-f(x_0)}{\Delta x}$$
$$= f'(x_0) = \tan\alpha$$

이다. 따라서 미분계수 $f'(x_0)$은 $x=x_0$에서의 접선의 기울기가 된다. 따라서 $y=f(x)$의 $x=x_0$에서의 접선의 방정식은

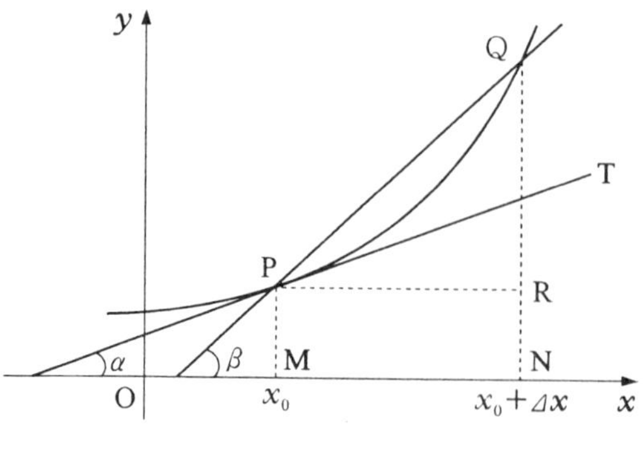

[그림 5.2]

$$y-f(x_0)=f'(x_0)(x-x_0)$$

이고, 법선의 방정식은

$$y-f(x_0)=-\frac{1}{f'(x_0)}(x-x_0)$$

【예제 4】 $y=x^2$ 위의 점 (2, 4)에서의 접선 및 법선의 방정식을 구하여라.

풀이 $f'(x)=2x$이므로 $f'(2)=4$이다. 따라서 접선의 방정식은

$$y-4=4(x-2) \quad \text{또는} \quad y=4x-4$$

이고, 법선의 방정식은

$$y-4=-\frac{1}{4}(x-2) \quad \text{또는} \quad y=-\frac{1}{4}x+\frac{9}{2}$$

■

【예제 5】 $f(x)=\sqrt{x}$ $(x>0)$의 도함수를 정의에 의해 구하여라.

풀이
$$\begin{aligned} f'(x) &= \lim_{\Delta x \to 0} \frac{\sqrt{x+\Delta x}-\sqrt{x}}{\Delta x} \\ &= \lim_{\Delta x \to 0} \frac{(\sqrt{x+\Delta x}-\sqrt{x})(\sqrt{x+\Delta x}+\sqrt{x})}{\Delta x(\sqrt{x+\Delta x}+\sqrt{x})} \\ &= \lim_{\Delta x \to 0} \frac{(x+\Delta x)-x}{\Delta x(\sqrt{x+\Delta x}+\sqrt{x})} = \frac{1}{2\sqrt{x}} \end{aligned}$$

■

2. 도함수의 기본공식

정리 5.4 $f(x)$와 $g(x)$가 미분가능한 함수이다.

(1) $\{kf(x)\}'=k\cdot f'(x)$ (k : 상수)

(2) $\{f(x)\pm g(x)\}'=f'(x)\pm g'(x)$ (복호동순)

(3) $\{f(x)\cdot g(x)\}'=f'(x)g(x)+f(x)g'(x)$

(4) $\left\{\dfrac{f(x)}{g(x)}\right\}'=\dfrac{f'(x)g(x)-f(x)g'(x)}{\{g(x)\}^2}$ $(g(x)\neq 0)$

증명 (1) $\{kf(x)\}' = \lim_{\Delta x \to 0} \frac{\{kf(x+\Delta x) - kf(x)\}}{\Delta x}$

$$= k \cdot \lim_{\Delta x \to 0} \frac{f(x+\Delta x) - f(x)}{\Delta x}$$

$$= k \cdot f'(x)$$

(2) $\{f(x)+g(x)\}' = \lim_{\Delta x \to 0} \frac{\{f(x+\Delta x)+g(x+\Delta x)\} - \{f(x)+g(x)\}}{\Delta x}$

$$= \lim_{\Delta x \to 0} \frac{\{f(x+\Delta x) - f(x)\} + \{g(x+\Delta x) - g(x)\}}{\Delta x}$$

$$= \lim_{\Delta x \to 0} \frac{f(x+\Delta x) - f(x)}{\Delta x} + \lim_{\Delta x \to 0} \frac{g(x+\Delta x) - g(x)}{\Delta x}$$

$$= f'(x) + g'(x)$$

(3) $k(x) = f(x) \cdot g(x)$라면

$$\begin{aligned} k(x+\Delta x) &= f(x+\Delta x)g(x+\Delta x) - f(x) \cdot g(x) \\ &= f(x+\Delta x)g(x+\Delta x) - f(x)g(x+\Delta x) \\ &\quad + f(x)g(x+\Delta x) - f(x) \cdot g(x) \\ &= \{f(x+\Delta x) - f(x)\}g(x+\Delta x) + f(x)\{g(x+\Delta x) - g(x)\} \end{aligned}$$

따라서

$$\begin{aligned} k'(x) &= \lim_{\Delta x \to 0} \left\{ \frac{f(x+\Delta x) - f(x)}{\Delta x} g(x+\Delta x) + f(x) \frac{g(x+\Delta x) - g(x)}{\Delta x} \right\} \\ &= f'(x)g(x) + f(x)g'(x) \end{aligned}$$

(4) $k(x) = \frac{f(x)}{g(x)}$라면

$$\begin{aligned} k'(x) &= \lim_{\Delta x \to 0} \frac{1}{\Delta x} \left\{ \frac{f(x+\Delta x)}{g(x+\Delta x)} - \frac{f(x)}{g(x)} \right\} \\ &= \lim_{\Delta x \to 0} \frac{1}{\Delta x} \cdot \frac{f(x+\Delta x)g(x) - f(x)g(x+\Delta x)}{g(x+\Delta x)g(x)} \\ &= \lim_{\Delta x \to 0} \frac{1}{\Delta x} \cdot \frac{f(x+\Delta x)g(x) - f(x)g(x) + f(x)g(x) - f(x)g(x+\Delta x)}{g(x+\Delta x)g(x)} \\ &= \frac{\lim_{\Delta x \to 0} \frac{f(x+\Delta x) - f(x)}{\Delta x} \cdot g(x) - f(x) \lim_{\Delta x \to 0} \frac{g(x+\Delta x) - g(x)}{\Delta x}}{\lim_{\Delta x \to 0} g(x+\Delta x) \cdot g(x)} \end{aligned}$$

$$= \frac{f'(x)g(x) - f(x)g'(x)}{\{g(x)\}^2}$$ □

정리 5.5 $(x^n)' = nx^{n-1}$ (n : 양의 정수)

증명 $f(x) = x^n$이라면 이항정리로부터

$$f(x+\Delta x) - f(x) = (x+\Delta x)^n - x^n$$
$$= (x^n + {}_nC_1 x^{n-1}\Delta x + {}_nC_2 x^{n-2}\Delta x^2 + \cdots + {}_nC_n \Delta x^n) - x^n$$

$$\therefore\ f'(x) = \lim_{\Delta x \to 0} \frac{({}_nC_1 x^{n-1} + {}_nC_2 x^{n-2}\Delta x + \cdots + {}_nC_n \Delta x^{n-1})\Delta x}{\Delta x}$$
$$= nx^{n-1}$$ □

【예제 6】 $y = (x^4 - 3x^2 + 1)\left(x^2 + \frac{1}{x^2}\right)$일 때 $\frac{dy}{dx}$를 구하여라.

풀이 $\frac{dy}{dx} = \left(x^2 + \frac{1}{x^2}\right)(x^4 - 3x^2 + 1)' + (x^4 - 3x + 1)\left(x^2 + \frac{1}{x^2}\right)' = x^2 + \frac{1}{x^2}$ ■

【예제 7】 $y = \frac{5x^4 + x^2}{x^3 + 2}$일 때 $\frac{dy}{dx}$를 구하여라.

풀이 $$\frac{dy}{dx} = \frac{(x^3+2)(5x^4+x^2)' - (5x^4+x^2)(x^3+2)'}{(x^3+2)^2}$$
$$= \frac{(x^3+2)(20x^3+2x) - (5x^4+x^2)(3x^2)}{(x^3+2)^2}$$
$$= \frac{5x^6 - x^4 + 40x^3 + 4x}{(x^3+2)^2}$$ ■

【예제 8】 다음에서 y'을 구하여라.

(1) $y = x^5$

(2) $y = x^{\frac{3}{4}}$

풀이 (1) $y'=5x^4$ (2) $y'=\frac{3}{4}x^{-\frac{1}{4}}$ ■

3. 합성함수의 미분법

정리 5.6 (합성함수의 미분법)

함수 $y=f(u)$, $u=g(x)$가 각각 u 및 x에 관하여 미분가능이면 합성함수 $y=\{f(g(x))\}$는 x에 관하여 미분가능이며,

$$\frac{dy}{dx}=\frac{dy}{du}\cdot\frac{du}{dx}$$

증명 $u=g(x)$가 x에 관하여 미분가능이므로 $\Delta x\to 0$일 때 $\Delta u\to 0$이다. 따라서

$$\frac{dy}{dx}=\lim_{\Delta x\to 0}\frac{\Delta y}{\Delta x}=\lim_{\Delta x\to 0}\frac{\Delta y}{\Delta u}\cdot\frac{\Delta u}{\Delta x}=\lim_{\Delta x\to 0}\frac{\Delta y}{\Delta u}\cdot\lim_{\Delta x\to 0}\frac{\Delta u}{\Delta x}$$

즉

$$\frac{dy}{dx}=\frac{dy}{du}\cdot\frac{du}{dx}$$ □

【예제 9】 $y=(x^3+7x+1)^{35}$일 때 $\frac{dy}{dx}$를 구하여라.

풀이 $u=x^3+7x+1$이라 두면

$$\frac{dy}{dx}=\frac{dy}{du}\cdot\frac{du}{dx}=(u^{35})'\cdot(x^3+7x+1)'$$
$$=35u^{34}\cdot(3x^2+7)=35(x^3+7x+1)^{34}\cdot(3x^2+7)$$ ■

4. 음함수의 미분법

정리 5.7 $g(x, y)=0$의 꼴로 표현된 방정식을 음함수라 한다. 이와 같은 함수의 미분법은 y를 x의 함수라 생각하고 주어진 방정식 $g(x, y)=0$의 양변을 x에

관해 미분한 다음 y'에 관해 풀면 된다.

이와 같은 미분법을 음함수 미분법이라 한다.

【예제 10】 다음에서 $\dfrac{dy}{dx}$를 구하여라.

(1) $x^2+y^2=a^2$ (2) $x^3+y^3-3xy=0$

풀이 (1) $y=f(x)$라 하면 $\dfrac{dy}{dx}=f'(x)$이고 $x^2+\{f(x)\}^2=a^2$이다.

양변을 x에 관해 미분하면

$$2x+2f(x)f'(x)=0$$
$$2x+2yf'(x)=0$$
$$\frac{dy}{dx}=-\frac{x}{y}\quad(y\neq 0)$$

(2) $y=f(x)$라 하면 $x^3+\{f(x)\}^3-3xf(x)=0$이고 양변을 x에 관해 미분하면

$$3x^2+3\{f(x)\}^2\frac{dy}{dx}-3\left\{f(x)+x\frac{dy}{dx}\right\}=0$$
$$\frac{dy}{dx}=\frac{y-x^2}{y^2-x}$$

■

5. 역함수의 미분법

정리 5.8 (역함수의 미분법)

함수 $y=f(x)$가 미분가능이고, 그의 역함수가 존재하면

$$\frac{dy}{dx}=\frac{1}{\dfrac{dx}{dy}},\quad\left(\frac{dx}{dy}\neq 0\right)$$

증명 $y=f(x)$의 역함수를 $x=g(y)$라 하면 $y=f\{g(y)\}$이고 양변을 y에 관하여 미분하면 합성함수의 미분법에 의하여

$$1=\frac{d}{dy}f\{g(y)\}=\frac{d}{dy}f(x)=\frac{df(x)}{dx}\cdot\frac{dx}{dy}$$

따라서

$$\frac{dy}{dx}\,\frac{dx}{dy}=1,\quad \text{즉}\quad \frac{dy}{dx}=\frac{1}{\dfrac{dx}{dy}}$$ □

【예제 11】 $x=y^5$에서 $\dfrac{dy}{dx}$를 구하여라.

풀이 $\dfrac{dx}{dy}=5y^4$이므로

$$\frac{dy}{dx}=\frac{1}{\dfrac{dx}{dy}}=\frac{1}{5y^4}.$$ ■

【예제 12】 $x=\sqrt{y^2+1}$ 에서 $\dfrac{dy}{dx}$를 구하여라.

풀이 $\dfrac{dy}{dx}=\dfrac{y}{\sqrt{y^2+1}}$ 이므로

$$\frac{dy}{dx}=\frac{1}{\dfrac{dx}{dy}}=\frac{1}{\dfrac{y}{\sqrt{y^2+1}}}=\frac{\sqrt{y^2+1}}{y}$$ ■

6. 매개변수함수의 미분법

〈정의 5.9〉

t를 독립변수로 하는 함수 f, g가 주어졌을 때, $x=f(t)$, $y=g(t)$라는 관계에 의해서 y가 x의 함수로 나타내어졌다고 하자. 이 때 y는 t를 매개변수로 하는 x의 함수라 한다. 매개변수 t를 소거하면 그 곡선의 직교방정식을 얻는다.

【예제 13】 $x=2\sin\theta$, $y=3\cos\theta$에서 매개변수 θ를 소거하면 타원의 직교방정식

$$\frac{x^2}{4}+\frac{y^2}{9}=1$$

을 얻는다.

> **정리 5.10 (매개함수의 미분법)**
> 함수 $x=f(t)$, $y=g(t)$가 각각 t에 관하여 미분가능이면,
>
> $$\frac{dy}{dx}=\frac{\dfrac{dy}{dt}}{\dfrac{dx}{dt}}=\frac{g'(t)}{f'(t)}$$
>
> 이다. $(f'(t)\neq 0)$

증명 역함수 미분법으로부터

$$\frac{dt}{dx}=\frac{1}{\dfrac{dx}{dt}}$$

이고, 합성함수의 미분법에 의하여

$$\frac{dy}{dx}=\frac{dy}{dt}\cdot\frac{dt}{dx}=\frac{dy}{dt}\cdot\frac{1}{\dfrac{dx}{dt}}=\frac{\dfrac{dy}{dt}}{\dfrac{dx}{dt}}=\frac{g'(t)}{f'(t)}.$$ □

【예제 14】 다음 각 함수에서 $\dfrac{dy}{dx}$를 구하여라.

(1) $x=t^2-t$, $y=t^3+t$ (2) $x=\sqrt{t}$, $y=t^3-t^2+4t+5$

풀이 (1) $\dfrac{dy}{dx}=\dfrac{\dfrac{dy}{dt}}{\dfrac{dx}{dt}}=\dfrac{3t^2+1}{2t-1}$

(2) $\dfrac{dy}{dx}=\dfrac{\dfrac{dy}{dt}}{\dfrac{dx}{dt}}=\dfrac{3t^2-2t+4}{\dfrac{1}{2\sqrt{t}}}=2\sqrt{t}\,(3t^2-2t+4)$ ■

7. 로그함수, 지수함수의 미분법

> **정리 5.11 (로그함수의 미분법)**
>
> (1) $\dfrac{d}{dx}\log_a x=\dfrac{1}{x}\log_a e$　　　(2) $\dfrac{d}{dx}\ln x=\dfrac{1}{x}$

증명 (1) $f(x)=\log_a x$라 하자.

$$f'(x)=\lim_{\Delta x\to 0}\frac{f(x+\Delta x)-f(x)}{\Delta x}$$

$$=\lim_{\Delta x\to 0}\frac{\log_a\left(1+\dfrac{\Delta x}{x}\right)}{\Delta x}$$

$$=\lim_{\Delta x\to 0}\frac{1}{x}\log_a\left(1+\frac{\Delta x}{x}\right)$$

(여기서 $\dfrac{\Delta x}{x}=z$라 하면, $\Delta x\to 0$일 때 $z\to 0$이므로)

$$=\frac{1}{x}\lim_{z\to 0}\log_a(1+z)^{\frac{1}{z}}=\frac{1}{x}\log_a e$$

(2) (1)로부터 $a=e$라 하면, $(\ln x)'=\dfrac{1}{x}\log_e e=\dfrac{1}{x}$. □

【예제 15】 다음에서 $\dfrac{dy}{dx}$를 구하여라.

(1) $y=\ln(2x+1)$　　　(2) $y=\log_{10}(3x+1)$

(3) $y=\ln\left(x^3\sqrt{\dfrac{x-1}{x+1}}\right)$

풀이 (1) $u=2x+1$이라 하면

$$y=\ln u$$

합성함수의 미분법에 의하여

$$\frac{dy}{dx}=\frac{dy}{du}\cdot\frac{du}{dx}=\frac{1}{u}\cdot 2=\frac{2}{u}=\frac{2}{2x+1}$$

(2) $u=3x+1$이라 하면

$$y=\log_{10}u$$

합성함수의 미분법에 의하여

$$\frac{dy}{dx}=\frac{dy}{du}\cdot\frac{du}{dx}=\frac{\log_{10}e}{u}\cdot 3=\frac{3}{3x+1}\log_{10}e$$

(3) $y=3\ln x+\frac{1}{2}\ln(x-1)-\frac{1}{2}\ln(x+1)$

따라서

$$\frac{dy}{dx}=\frac{3}{x}+\frac{1}{2(x-1)}-\frac{1}{2(x+1)}=\frac{3x^2+x-3}{x(x^2-1)}$$ ■

정리 5.12 (지수함수의 미분법)

(1) $\frac{d}{dx}a^x=a^x\ln a$　　(2) $\frac{d}{dx}e^x=e^x$

증명 (1) $y=a^x$의 양변에 자연로그를 취하면

$$\ln y=x\ln a$$

이고 양변을 x에 관하여 미분하면

$$\frac{1}{y}\frac{dy}{dx}=\ln a,\quad \frac{dy}{dx}=y\ln a$$

따라서 $\frac{d}{dx}a^x=a^x\ln a$

(2) (1)에서 $\ln e=1$ 이므로

$$\frac{d}{dx}e^x=e^x$$ □

【예제 16】 다음에서 $\dfrac{dy}{dx}$를 구하여라.

(1) $y=e^{3x}$ (2) $y=2^{4x}$

풀이 (1) $u=3x$라 하면 $y=e^u$
합성함수의 미분법에 의하여

$$\frac{dy}{dx}=\frac{dy}{du}\cdot\frac{du}{dx}=e^u\cdot 3=3e^u$$
$$=3e^{3x}$$

(2) $u=4x$라 하면 $y=2^u$
합성함수의 미분법에 의하여

$$\frac{dy}{dx}=\frac{dy}{du}\cdot\frac{du}{dx}=2^u\ln 2\cdot 4$$
$$=2^{4x}\ln 16$$ ■

【예제 17】 $f(x)=x^x$에서 $f'(x)$를 구하여라.

풀이 $f(x)=x^x$의 양변에 자연로그를 취하면

$$\ln f(x)=x\ln x$$

양변을 x에 관하여 미분하면

$$\frac{1}{f(x)}\frac{dy}{dx}=\ln x+x\frac{1}{x}$$

따라서 $f'(x)=x^x(\ln x+1)$ ■

8. 삼각함수와 역삼각함수의 미분법

정리 5.13 (삼각함수의 미분법)

(1) $\dfrac{d}{dx}\sin x=\cos x$ (2) $\dfrac{d}{dx}\cos x=-\sin x$

(3) $\dfrac{d}{dx}\tan x=\sec^2 x$ (4) $\dfrac{d}{dx}\sec x=\sec x\tan x$

(5) $\dfrac{d}{dx}\cot x=-\csc^2 x$ (6) $\dfrac{d}{dx}\csc x=-\csc x\cot x$

증명 (1) $f(x)=\sin x$라 하면

$$\begin{aligned}
f'(x)&=\lim_{\Delta x\to 0}\frac{f(x+\Delta x)-f(x)}{\Delta x}\\
&=\lim_{\Delta x\to 0}\frac{\sin(x+\Delta x)-\sin x}{\Delta x}\\
&=\lim_{\Delta x\to 0}\frac{\sin x\cdot\cos\Delta x+\cos x\cdot\sin\Delta x-\sin x}{\Delta x}\\
&=\lim_{\Delta x\to 0}\sin x\frac{\cos\Delta x-1}{\Delta x}+\lim_{\Delta x\to 0}\cos x\frac{\sin\Delta x}{\Delta x}\\
&=0+\cos x=\cos x
\end{aligned}$$

(2) $(\cos x)'=\left\{\sin\left(\dfrac{\pi}{2}-x\right)\right\}'=\cos\left(\dfrac{\pi}{2}-x\right)\cdot(-1)=-\sin x$

(3) $(\tan x)'=\left(\dfrac{\sin x}{\cos x}\right)'=\dfrac{\cos^2 x+\sin^2 x}{\cos^2 x}=\dfrac{1}{\cos^2 x}=\sec^2 x$

(4)~(6) 증명 생략 □

【예제 18】 다음 각 함수에서 $\dfrac{dy}{dx}$를 구하여라.

(1) $y=\tan^3 x$ (2) $y=\sin 2x$

(3) $\sin x+\sin y=xy$

풀이 (1) $u=\tan x$라 하면

$$y=u^3$$

합성함수의 미분법에 의하여

$$\frac{dy}{dx}=\frac{dy}{du}\cdot\frac{du}{dx}=3u^2\sec^2 x=3\tan^2 x\sec^2 x$$

(2) $u=2x$라 하면

$$y=\sin u$$

합성함수의 미분법에 의하여

$$\frac{dy}{dx}=\frac{dy}{du}\cdot\frac{du}{dx}=\cos u\cdot 2=2\cos u=2\cos 2x$$

(3) 양변을 x로 미분하면

$$\cos x+\cos y\frac{dy}{dx}=y+x\frac{dy}{dx}$$

따라서

$$\frac{dy}{dx}=\frac{\cos x-y}{x-\cos y}$$ ■

삼각함수는 모두 주기함수이므로 역함수를 갖지 않는다. 그러나 이들의 정의역을 갖도록 만들 수 있다.

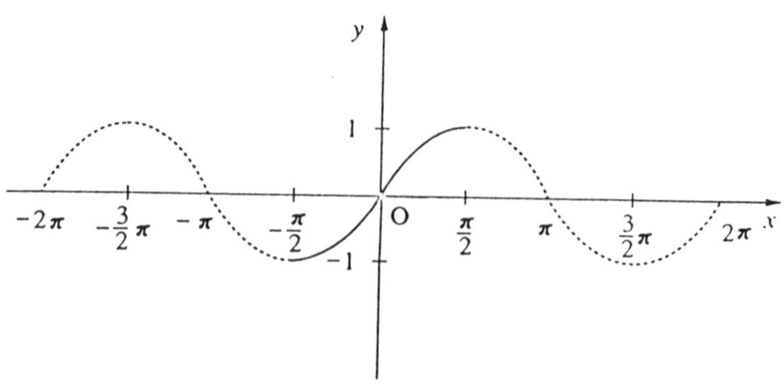

[그림 5.3]

그림 5.3에서와 같이 x의 범위를 제한하면 $y=\sin x$는 단사가 되고 $-1 \le \sin x \le 1$ $\left(-\frac{\pi}{2} \le x \le \frac{\pi}{2}\right)$이므로 $[-1, 1]$에서 정의된 함수 $y=\sin x$는 역함수를 갖는다. 이 역함수를

$$y=\sin^{-1}x$$

로 나타내며 $y=\mathrm{arc}\sin x$로 읽는다. 이 때에 $y=\sin^{-1}x$의 범위를 arcsine 함수의 주치(principal value)라고 한다.

역함수의 주치를 살펴보면 다음과 같다.

(1) $y=\sin^{-1}x \quad \left(-\frac{\pi}{2} \le y \le \frac{\pi}{2},\ -1 \le x \le 1\right)$

(2) $y=\cos^{-1}x \quad (0 \le y \le \pi,\ -1 \le x \le 1)$

(3) $y=\tan^{-1}x \quad \left(-\frac{\pi}{2} < x < \frac{\pi}{2},\ -\infty < x < \infty\right)$

(4) $y=\cot^{-1}x \quad (0 < y < \pi,\ -\infty < x < \infty)$

(5) $y=\sec^{-1}x \quad \left(\frac{\pi}{2} < y \le \pi,\ x \le -1\text{이고 } 0 \le y < \frac{\pi}{2},\ x \ge 1\right)$

(6) $y=\csc^{-1}x \quad \left(-\pi \le y < -\frac{\pi}{2},\ x \le -1\text{이고 } 0 < y \le \frac{\pi}{2},\ x \ge 1\right)$

【예제 19】 $\sin^{-1}\frac{\sqrt{3}}{2}$을 구하여라.

풀이 $x=\sin^{-1}\frac{\sqrt{3}}{2}$이라 하면

$$\sin x=\frac{\sqrt{3}}{2}\left(-\frac{\pi}{2} \le x \le \frac{\pi}{2}\right)$$

따라서 $x=\frac{\pi}{3}$이다. ■

정리 5.14 (역삼각함수의 미분법)

(1) $\dfrac{d}{dx}\sin^{-1}x = \dfrac{1}{\sqrt{1-x^2}}$ (2) $\dfrac{d}{dx}\cos^{-1}x = -\dfrac{1}{\sqrt{1-x^2}}$

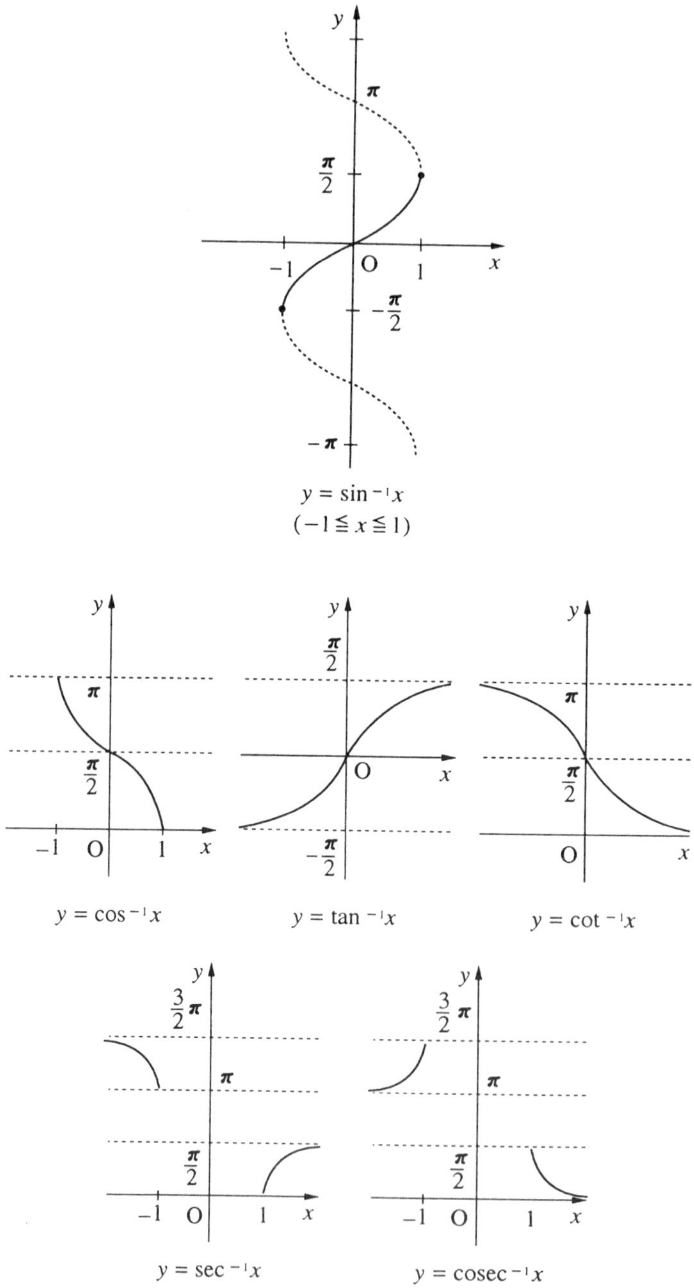

[그림 5.4]

(3) $\dfrac{d}{dx}\tan^{-1}x=\dfrac{1}{1+x^2}$ (4) $\dfrac{d}{dx}\cot^{-1}x=\dfrac{-1}{1+x^2}$

(5) $\dfrac{d}{dx}\sec^{-1}x=\dfrac{1}{x\sqrt{x^2-1}}$ (6) $\dfrac{d}{dx}\csc^{-1}x=-\dfrac{1}{x\sqrt{x^2-1}}$

증명 (1) $y=\sin^{-1}x$에서 $x=\sin y$이므로

$$\frac{dy}{dx}=\frac{1}{\frac{dx}{dy}}=\frac{1}{\cos y}$$

이고, $-\dfrac{\pi}{2}\le y\le\dfrac{\pi}{2}$이므로 $\cos y\ge 0$이다.

여기서 $\cos y=\sqrt{1-\sin^2 y}=\sqrt{1-x^2}$ 이므로

$$\frac{dy}{dx}=\frac{1}{\sqrt{1-x^2}}$$

(2) $y=\cos^{-1}x$에서 $x=\cos y$이므로

$$\frac{dy}{dx}=\frac{1}{\frac{dx}{dy}}=\frac{-1}{\sin y}$$

이고, $0\le y\le\pi$이므로 $\sin y\ge 0$이다.

또한, $\sin y=\sqrt{1-\cos^2 y}=\sqrt{1-x^2}$ 이므로

$$\frac{dy}{dx}=-\frac{1}{\sqrt{1-x^2}}$$

(3) $y=\tan^{-1}x$에서 $x=\tan y$이므로

$$\frac{dy}{dx}=\frac{1}{\frac{dx}{dy}}=\frac{1}{1+\tan^2 y}=\frac{1}{1+x^2}$$

(4)~(6) 생략 □

【예제 20】 $y=\sin^{-1}2x$에서 $\dfrac{dy}{dx}$를 구하여라.

풀이 $u=2x$라 하면

$$y=\sin^{-1}u$$

합성함수의 미분법에 의하여

$$\begin{aligned}\frac{dy}{dx}&=\frac{dx}{du}\cdot\frac{du}{dx}=\frac{1}{\sqrt{1-u^2}}\cdot 2\\&=\frac{2}{\sqrt{1-4x^2}}\end{aligned}$$ ■

【예제 21】 $y=\cos^{-1}\dfrac{x^2-1}{x^2+1}$ $(x>0)$에서 $\dfrac{dy}{dx}$를 구하여라.

풀이
$$\begin{aligned}\frac{dy}{dx}&=-\frac{1}{\sqrt{1-\left(\frac{x^2-1}{x^2+1}\right)^2}}\cdot\left(\frac{x^2-1}{x^2+1}\right)'\\&=-\frac{(x^2+1)}{\sqrt{4x^2}}\cdot\frac{(x^2+1)2x-(x^2-1)2x}{(x^2+1)^2}\\&=\frac{-2}{1+x^2}\end{aligned}$$ ■

9. 쌍곡선 함수와 역쌍곡선 함수의 미분법

〈정의 5.15〉

$\sinh x=\dfrac{e^x-e^{-x}}{2}$, $\cosh x=\dfrac{e^x+e^{-x}}{2}$에 의해서 함수 $\sinh \boldsymbol{x}$, $\cosh \boldsymbol{x}$를 정의하고 이들을 각각 hyperbolic sine함수, hyperbolic cosine함수라고 부르고, 이러한 함수를 쌍곡선 함수(hyperbolic function)라고 한다. 또한 다음 등식이 성립한다.

$$\tanh x=\frac{\sinh x}{\cosh x}=\frac{e^x-e^{-x}}{e^x+e^{-x}},\quad \coth x=\frac{\cosh x}{\sinh x}=\frac{e^x+e^{-x}}{e^x-e^{-x}},$$

$$\text{sech}\, x = \frac{1}{\cosh x} = \frac{2}{e^x + e^{-x}}, \quad \text{cosech}\, x = \frac{1}{\sinh x} = \frac{2}{e^x - e^{-x}}$$

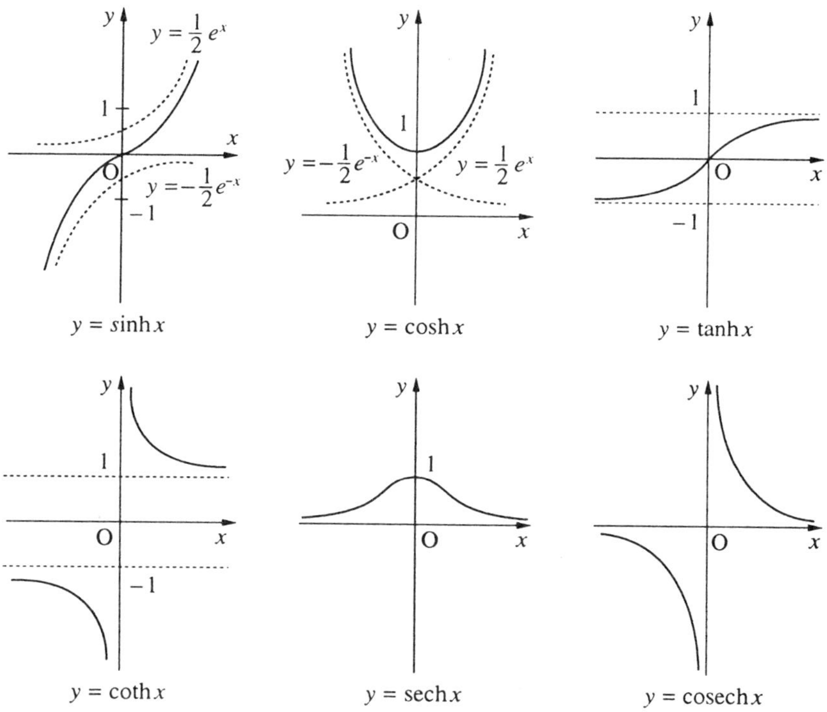

[그림 5.5]

쌍곡선함수들은 다음 성질을 갖는다.

정리 5.16

(1) $\cosh x + \sinh x = e^x$

(2) $\cosh^2 x - \sinh^2 x = 1$

(3) $\sinh(x \pm y) = \sinh x \cosh y \pm \cosh x \sinh y$ (복호동순)

증명 (1) $\cosh x-\sinh x=\dfrac{e^{x}+e^{-x}}{2}+\dfrac{e^{x}-e^{-x}}{2}=e^{x}$

(2) $\cosh^2 x-\sinh^2 x=\dfrac{(e^{x}+e^{-x})^2}{2^2}-\dfrac{(e^{x}-e^{-x})^2}{2^2}=\dfrac{4e^{x}e^{-x}}{4}=1$

(3) $$\begin{aligned}\sinh(x\pm y)&=\frac{e^{x+y}-e^{-(x+y)}}{2}=\frac{e^{x}e^{y}-e^{-x}e^{-y}}{2}\\&=\frac{1}{2}\{(\cosh x+\sinh x)(\cosh y+\sinh y)\\&\quad-(\cosh x-\sinh x)(\cosh y-\sinh y)\\&=\sinh x\cdot\cosh y+\cosh x\cdot\sinh y\end{aligned}$$ □

【예제 22】 $\sinh x=\dfrac{3}{4}$일 때, $\cosh x$, $\tanh x$를 구하여라.

풀이 $\cosh x=\sqrt{1+\sinh^2 x}=\sqrt{1+\dfrac{9}{16}}=\dfrac{5}{4}$

$$\tanh x=\frac{\sinh x}{\cosh x}=\frac{\frac{3}{4}}{\frac{5}{4}}=\frac{3}{5}$$ ■

> **정리 5.17 (쌍곡선 함수의 미분법)**
>
> (1) $\dfrac{d}{dx}\sinh x=\cosh x$ (2) $\dfrac{d}{dx}\cosh x=\sinh x$
>
> (3) $\dfrac{d}{dx}\tanh x=\operatorname{sech}^2 x$ (4) $\dfrac{d}{dx}\coth x=-\operatorname{csch}^2 x$
>
> (5) $\dfrac{d}{dx}\operatorname{sech} x=-\operatorname{sech} x\tanh x$ (6) $\dfrac{d}{dx}\operatorname{csch} x=-\operatorname{csch} x\coth x$

증명 (1) $\dfrac{d}{dx}\sinh x=\dfrac{d}{dx}\left(\dfrac{e^{x}-e^{-x}}{2}\right)=\dfrac{e^{x}+e^{-x}}{2}=\cosh x$

(2) $\dfrac{d}{dx}\cosh x=\dfrac{d}{dx}\left(\dfrac{e^{x}+e^{-x}}{2}\right)=\dfrac{e^{x}-e^{-x}}{2}=\sinh x$

(3) $\dfrac{d}{dx}\tanh x=\dfrac{d}{dx}\left(\dfrac{e^{x}-e^{-x}}{e^{x}+e^{-x}}\right)=\dfrac{(e^{x}+e^{-x})^2-(e^{x}-e^{-x})^2}{(e^{x}+e^{-x})^2}$

$$= \frac{4}{(e^x + e^{-x})^2} = \left(\frac{2}{e^x + e^{-x}}\right)^2 = \text{sech}^2 x$$

(4)~(6) 생략 □

【예제 23】 다음에서 $\dfrac{dy}{dx}$를 구하여라.

(1) $y = \sinh^2 x$　　　　(2) $y = e^x \sinh x$

풀이 (1) $u = \sinh x$라 하면 $y = u^2$, 합성함수의 미분법에 의하여

$$\frac{dy}{dx} = \frac{dy}{du} \cdot \frac{du}{dx} = 2u \cdot \cosh x = 2 \sinh x \cosh x = \sinh 2x$$

(2) $\dfrac{dy}{dx} = e^x \sinh x + e^x \cosh x = e^x (\sinh x + \cosh x)$ ■

쌍곡선함수 $y = \sinh x$의 역함수 $y = \sinh^{-1} x$는

$$x = \sinh y$$

즉

$$x = \frac{e^y - e^{-y}}{2}$$

와 동치이다. 위 식의 양변에 $2e^y$을 곱하여

$$e^{2y} - 2xe^y - 1 = 0$$

이고 2차방정식의 근의 공식에 의하여

$$e^y = x + \sqrt{x^2 + 1} \quad (\because e^y > 1)$$
$$y = \ln(x + \sqrt{x^2 + 1})$$

따라서 $y = \sinh x$의 역함수는 $y = \ln(x + \sqrt{x^2 + 1})$이다.

같은 방법으로 다른 쌍곡선의 역쌍곡선함수도 정의한다.

$\sinh^{-1} x = \ln(x + \sqrt{x^2 + 1})$　　　　$\cosh^{-1} x = \ln(x + \sqrt{x^2 - 1}),\ (x \geq 1)$

$$\tanh^{-1}x=\frac{1}{2}\ln\frac{1+x}{1-x}\ (|x|<1) \qquad \coth^{-1}x=\frac{1}{2}\ln\frac{x+1}{x-1}\ (|x|>1)$$

$$\operatorname{sech}^{-1}x=\ln\left(\frac{1}{x}+\sqrt{\frac{1}{x^2}-1}\right)\ (0<x\le 1) \qquad \operatorname{csch}^{-1}x=\ln\left(\frac{1}{x}+\sqrt{\frac{1}{x^2}+1}\right)\ (x\neq 0)$$

【예제 24】 $\cosh^{-1}x=\ln(x+\sqrt{x^2-1})$, $x\ge 1$임을 증명하여라.

[풀이] $\cosh^{-1}x=y$라 하면

$$x=\cosh y=\frac{e^y+e^{-y}}{2}$$

이다. 양변에 $2e^y$를 곱하면

$$e^{2y}-2xe^y+1=0$$

이고 e^y에 대하여 풀면

$$e^y=x+\sqrt{x^2-1}\ (\because\ e^y>1)$$
$$y=\ln(x+\sqrt{x^2-1})\ (x\ge 1;\ \text{진수}>0)$$ ■

정리 5.18 (역쌍곡선 함수의 미분법)

(1) $\dfrac{d}{dx}\sinh^{-1}x=\dfrac{1}{\sqrt{1+x^2}}$

(2) $\dfrac{d}{dx}\cosh^{-1}x=\dfrac{1}{\sqrt{x^2-1}}\quad (|x|>1)$

(3) $\dfrac{d}{dx}\tanh^{-1}x=\dfrac{1}{1-x^2}\quad (|x|<1)$

(4) $\dfrac{d}{dx}\coth^{-1}x=\dfrac{1}{1-x^2}\quad (|x|>1)$

(5) $\dfrac{d}{dx}\operatorname{sech}^{-1}x=\dfrac{-1}{x\sqrt{1-x^2}}\quad (0<x<1)$

(6) $\dfrac{d}{dx}\operatorname{csch}^{-1}x=-\dfrac{1}{|x|\sqrt{1+x^2}}\quad (x\neq 0)$

증명 (1) $\dfrac{d}{dx}\sinh^{-1}x=\{\ln(x+\sqrt{x^2+1})\}'=\dfrac{1}{x+\sqrt{x^2+1}}\left(1+\dfrac{x}{\sqrt{x^2+1}}\right)$

$$=\frac{1}{\sqrt{x^2+1}}$$

(2) $\dfrac{d}{dx}\cosh^{-1}x=\{\ln(x+\sqrt{x^2-1})\}'=\dfrac{1}{x+\sqrt{x^2-1}}\left(1+\dfrac{1}{\sqrt{x^2-1}}\right)$

$$=\frac{1}{\sqrt{x^2-1}}$$

(3) $\dfrac{d}{dx}\tanh^{-1}x=\left(\dfrac{1}{2}\ln\dfrac{1+x}{1-x}\right)'=\dfrac{1}{2}\cdot\dfrac{1-x}{1+x}\cdot\dfrac{(1-x)+(1+x)}{(1-x)^2}$

$$=\frac{1}{1-x^2}$$

(4)~(6) 증명생략 □

【예제 25】 다음에서 $\dfrac{dy}{dx}$를 구하여라.

(1) $y=\sinh^{-1}3x$　　　　(2) $y=\text{csch}^{-1}(\tan x)$

풀이 (1) $u=3x$라 하면

$$y=\sinh^{-1}u$$

합성함수의 미분법에 의하여

$$\frac{dy}{dx}=\frac{dy}{du}\cdot\frac{du}{dx}=\frac{1}{\sqrt{u^2+1}}\cdot 3=\frac{3}{\sqrt{9x^2+1}}$$

(2) $u=\tan x$라 하면

$$y=\text{csch}^{-1}u$$

합성함수의 미분법에 의하여

$$\frac{dy}{dx}=\frac{dy}{du}\cdot\frac{du}{dx}=\frac{-1}{u\sqrt{u^2+1}}\sec^2x$$

$$=\frac{-1}{\tan x\sqrt{1+\tan^2x}}\sec^2x=\frac{-\sec^2x}{\tan x\cdot\sec x}$$

$$=-\csc x$$ ■

10. 고차도함수

정리 5.19 함수 $y=f(x)$의 도함수 $f'(x)$가 다시 x에 대하여 미분가능일 때, $f'(x)$의 도함수를 $f(x)$의 2차 도함수라 하고

$$y'',\ f''(x),\ \frac{d^2y}{dx^2},\ \frac{d^2f(x)}{dx^2}$$

등으로 표시하고 $f''(x)$를 다시 미분하여 얻은 $f''(x)$의 도함수를 $f(x)$의 3차 도함수라 하고

$$y''',\ f'''(x),\ \frac{d^3y}{dx^3},\ \frac{d^3f(x)}{dx^3}$$

로 표시하며, 일반적으로 $y=f(x)$를 n번 미분하여 얻은 도함수를

$$y^{(n)},\ f^{(n)}(x),\ \frac{d^ny}{dx^n},\ \frac{d^nf(x)}{dx^n}$$

로 표시하고 이를 $f(x)$의 $\boldsymbol{n}$차 도함수라 하며 $n \geq 2$일 때 $f^{(n)}(x)$를 고계도함수라 한다.

【예제 26】 $f(x)=\sin x$의 n차 도함수를 구하여라.

풀이 $f'(x)=\cos x=\sin\left(x+\frac{\pi}{2}\right)$

$$f''(x)=\cos\left(x+\frac{\pi}{2}\right)=\sin\left(x+\frac{2\pi}{2}\right)$$

$$\vdots$$

$$f^{(n)}=\sin\left(x+\frac{n\pi}{2}\right)$$ ■

【예제 27】 $y=x^n$ (n : 양의 정수)의 n차 도함수를 구하여라.

풀이 $y'=nx^{n-1}$, $y''=n(n-1)x^{n-2}$, $\cdots$, $y^{(n-1)}=n(n-1)\cdots 3\cdot 2\cdot x$

$y^{(n)}=n!$, $y^{(n+1)}=0$ ■

【예제 28】 $f(x)=\dfrac{1}{1-x^2}$일 때 $f(x)$의 n차 도함수를 구하여라.

풀이 $\dfrac{1}{1-x^2}=\dfrac{1}{2}\left(\dfrac{1}{1-x}+\dfrac{1}{1+x}\right)$이고

$$\left(\frac{1}{1-x}\right)'=\frac{1}{(1-x)^2},\qquad \left(\frac{1}{1+x}\right)'=\frac{-1}{(1+x)^2}$$

$$\left(\frac{1}{1-x}\right)''=\frac{1\cdot 2}{(1-x)^3},\qquad \left(\frac{1}{1+x}\right)''=\frac{1\cdot 2}{(1+x)^3}$$

$$\left(\frac{1}{1-x}\right)'''=\frac{1\cdot 2\cdot 3}{(1-x)^4},\qquad \left(\frac{1}{1+x}\right)'''=\frac{-1\cdot 2\cdot 3}{(1+x)^4}$$

$$\cdots\qquad\qquad \cdots$$

$$\left(\frac{1}{1-x}\right)^{(n)}=\frac{n!}{(1-x)^{n+1}},\qquad \left(\frac{1}{1+x}\right)^{(n)}=(-1)^n\frac{n!}{(1+x)^{n+1}}$$

이므로

$$\begin{aligned} f^{(n)}(x)&=\frac{1}{2}\left\{\frac{n!}{(1-x)^{n+1}}+(-1)^n\frac{n!}{(1+x)^{n+1}}\right\}\\ &=\frac{n!}{2}\left\{\frac{1}{(1-x)^{n+1}}+\frac{(-1)^n}{(1+x)^{n+1}}\right\} \end{aligned}$$ ■

【예제 29】 $y=\sin(\sin x)$일 때 $y''+y'\tan x+y\cos^2 x=0$임을 증명하여라.

풀이 $y'=\cos(\sin x)\cdot\cos x$

$y''=-\sin(\sin x)\cdot\cos^2 x-\cos(\sin x)\cdot\sin x$이므로

$$\begin{aligned} y''+y'\tan x+y\cos^2 x&=-\sin(\sin x)\cdot\cos^2 x-\cos(\sin x)\sin x\\ &\quad+\cos(\sin x)\cos x\cdot\tan x+\sin(\sin x)\cdot\cos^2 x\\ &=-\cos(\sin x)\cdot\sin x+\cos(\sin x)\cdot\sin x\\ &=0 \end{aligned}$$ ■

정리 5.20 (Leibnitz의 정리)

함수 $f(x)$, $g(x)$가 어떤 구간에서 n회 미분가능하면 $\{f(x)\cdot g(x)\}$도 그 구간에서 n회 미분가능하며

$$\begin{aligned}\{f(x)\cdot g(x)\}^{(n)} &= f^{(n)}(x)g(x)+\frac{n}{1!}f^{(n-1)}(x)g'(x)\\ &\quad+\frac{n(n-1)}{2}f^{(n-2)}(x)g''(x)+\cdots\\ &\quad+\frac{n(n-1)\cdots(n-r+1)}{r!}f^{(n-r)}g^{(r)}(x)+\cdots\\ &\quad+f(x)g^{(n)}(x)\\ &=\sum_{r=0}^{n}{}_nC_rf^{(n-r)}(x)g^{(r)}(x)\end{aligned}$$

(단, $f^0(x)=f(x)$, $g^0(x)=g(x)$)

【예제 30】 $f(x)=x^3e^x$의 제n차 도함수를 구하여라.

풀이 $(e^x)'=(e^x)''=\cdots=e^x$이므로

$$\begin{aligned}f^{(n)}(x) &= e^xx^3+{}_nC_1e^x(x^3)'+{}_nC_2e^x(x^3)''+{}_nC_3e^x(x^3)'''\\ &=e^x\{x^3+3nx^2+3n(n-1)x+n(n-1)(n-2)\}\end{aligned}$$

■

【예제 31】 $y=x^2e^{kx}$의 제n차 도함수를 구하여라. $(n\geq 3)$

풀이 $f(x)=x^2$, $g(x)=e^{kx}$라 하면

$$f'(x)=2x,\ f''(x)=2,\ f'''(x)=f^{(4)}(x)=\cdots=f^{(n)}(x)=0$$
$$g'(x)=ke^{kx},\ g''(x)=k^2e^{kx},\ \cdots,\ g^{(n)}(x)=k^ne^{kx}$$

따라서

$$\begin{aligned}y^{(n)} &= \frac{n(n-1)\cdots4\cdot3\cdot2}{(n-2)!}k^{n-2}e^{kx}\\ &\quad+\frac{n(n-1)\cdots4\cdot3\cdot2}{(n-1)!}2x\cdot k^{n-1}e^{kx}+x^2k^n\cdot e^{kx}\\ &=k^{n-2}\cdot e^{kx}\{n(n-1)+2nkx+k^2x^2\}\end{aligned}$$

■

연습문제(5.1)

1. 다음에서 $\dfrac{dy}{dx}$를 구하여라.

(1) $y=2x^3-x^2+4x-3$

(2) $y=(x^2+x-1)(2x+1)^2$

(3) $y=\dfrac{2x+1}{x-1}$

(4) $y=\dfrac{y-1}{\sqrt{y}}$

(5) $y=t^2+t-1,\ x=2t^2$

(6) $y=(x+1)\sqrt{x^2+2x-1}$

(7) $x=\dfrac{3t}{1+t^3},\ y=\dfrac{3t^2}{1+t^3}$

(8) $x=y\sqrt{1-y^2}$

(9) $x^2+y^2=a^2$

(10) $axy^2+bx^2y=c$

2. 다음 함수를 미분하여라.

(1) $y=\cos^5 x$

(2) $y=\sin nx\cdot\sin^n x$

3. 다음 함수의 n차 도함수를 구하여라.

(1) $y=e^{ax}$

(2) $y=\ln x$

(3) $y=\cos ax$

(4) $y=a^x$

4. 다음 함수를 미분하여라.

(1) $y=\sin^{-1}\sqrt{x}$

(2) $y=\tan^{-1}\dfrac{x^2}{1-x^2}$

(3) $y=\tan^{-1}\sqrt{ax+b}$

(4) $y=\sec^{-1}\sqrt{1+x^2}$

5. 다음에서 $\dfrac{dy}{dx}$를 구하여라.

(1) $y=\ln\sin x$

(2) $y=2^x\sin x$

(3) $y=\sinh^2 x$

(4) $y=\sinh^{-1}3x$

제 6 장

적 분 법

6.1 부정적분과 기본공식

앞 장에서는 주어진 함수의 도함수를 구하는 방법을 알아보았다. 이번에는 어떤 함수의 도함수를 알고 있을 때 원래의 함수를 구하는 방법을 알아보자.

도함수가 x^5이 되는 함수를 구해보면

$$\frac{1}{6}x^6,\ \frac{1}{6}x^6+1,\ \frac{1}{6}x^6-1,\ \frac{1}{6}x^6+2,\ \cdots$$

등등 무수히 많다.

일반적으로, $f(x)$를 임의의 구간에서 정의된 함수라 하고, 이 구간의 모든 점 x에 대하여

$$F'(x)=f(x)$$

인 함수 $F(x)$가 정의될 때, 이 함수 $F(x)$를 $f(x)$의 원시함수라 한다.

$F(x)$를 함수 $f(x)$의 한 원시함수라 하면, 임의의 상수 C에 대하여

$$\frac{d}{dx}\{F(x)+C\}=F'(x)=f(x)$$

가 되므로, $F(x)+C$ 역시 $f(x)$의 또다른 원시함수이다. 반대로, $F(x)$가 $f(x)$의 한 원시함수일 때, $G(x)$를 $f(x)$의 또 다른 원시함수라 하면

$$\begin{aligned}\frac{d}{dx}\{G(x)+F(x)\} &= \frac{d}{dx}G(x)-\frac{d}{dx}F(x)\\ &=f(x)-f(x)\\ &=0\end{aligned}$$

그런데 도함수가 0이 되는 함수는 상수함수이므로, 그 상수를 C라고 하면

$$G(x)-F(x)=C$$

따라서 $G(x)$가 $f(x)$의 원시함수이면 $f(x)$의 또다른 원시함수는 $F(x)+C$의 모양이 된다.

〈정의 6.1〉

함수 $f(x)$가 임의의 구간에서 정의되고, 이 구간의 모든 점 x에 대하여 $F'(x)=f(x)$인 함수 $F(x)$가 정의될 때 $F(x)$를 $f(x)$의 부정적분이라 하고

$$\int f(x)dx=F(x)+C$$

로 나타낸다.

정의 6.1에서 $f(x)$를 피적분함수라 하고, C를 적분상수라 하고, $f(x)$의 부정적분을 구하는 것을 $f(x)$를 적분한다고 한다. 함수를 적분하려면 미분법의 역을 생각하면 된다.

【예제 1】 다음을 구하여라.

(1) $\int dx$ (2) $\int x\,dx$

풀이 (1) $\dfrac{d}{dx}(x)=1$이므로, 정의에 의하여

$$\int dx = x + C$$

(2) $\dfrac{d}{dx}\left(\dfrac{x^2}{2}\right)=x$이므로, 정의에 의하여

$$\int x\,dx = \frac{x^2}{2} + C$$

■

앞에서 배운 미분법의 공식에서 임의의 실수 n에 대하여

$$\frac{d}{dx}\left(\frac{1}{n+1}x^{n+1}\right)=x^n \quad (\text{단, } n \neq -1)$$

$$\frac{d}{dx}(\ln x)=\frac{1}{x}$$

이므로 다음의 정리를 얻을 수 있다.

정리 6.2 임의의 실수 n에 대하여

(1) $n \neq -1$일 때

$$\int x^n dx = \frac{1}{n+1}x^{n+1} + C$$

(2) $n=-1$일 때

$$\int x^{-1}dx = \int \frac{1}{x}dx = \ln x + C$$

일반적으로, x의 음·양에 관계없이

$$\int \frac{1}{x}dx = \ln|x| + C$$

라고 하는데, 함수 $\frac{1}{x}$과 $\ln x$는 $x=0$에서는 함수가 정의되지 않으므로 절대값 기호는 의미가 없다. 따라서

$$\int \frac{1}{x}dx=\ln|x|+C$$

대신에

$$x>0\text{이면 } \int \frac{1}{x}dx=\ln x+C$$

$$x<0\text{이면 } \int \frac{1}{x}dx=\ln(-x)+C$$

라고 해야 한다.

【예제 2】 다음 부정적분을 구하여라.

(1) $\int x^3 dx$　　　　(2) $\int \frac{dx}{\sqrt{x}}$

풀이 (1) $\int x^3 dx=\frac{1}{3+1}x^{3+1}+C=\frac{1}{4}x^4+C$

(2) $\int \frac{dx}{\sqrt{x}}=\int x^{-\frac{1}{2}}dx=\frac{1}{-\frac{1}{2}+1}x^{-\frac{1}{2}+1}+C=2\sqrt{x}+C$ ■

> **정리 6.3 (부정적분의 기본공식 ①)**
> 임의의 상수 k_1, k_2에 대하여
>
> $$\int \{k_1 \cdot f(x) \pm k_2 \cdot g(x)\}dx=k_1\int f(x)dx \pm k_2\int g(x)dx$$

증명 $\int f(x)dx=F(x)+C_1$, $\int g(x)dx=G(x)+C_2$라고 하면

$$\left.\begin{aligned} k_1\int f(x)dx&=k_1F(x)+k_1C_1 \\ k_2\int g(x)dx&=k_2G(x)+k_2C_2 \end{aligned}\right\} \cdots\cdots ①$$

또

$$\frac{d}{dx}\{k_1F(x)\}=k_1\frac{d}{dx}F(x)=k_1f(x)$$
$$\frac{d}{dx}\{k_2G(x)\}=k_2\frac{d}{dx}G(x)=k_2g(x)$$

이므로

$$\left.\begin{aligned}\int k_1f(x)dx=k_1F(x)+C_3\\ \int k_2g(x)dx=k_2G(x)+C_4\end{aligned}\right\}\cdots\cdots ②$$

여기서, 적분상수 C_1, C_2, C_3, C_4를 $k_1C_1=C_3$, $k_2C_2=C_4$라 하면 ①과 ②의 우변이 같으므로

$$\left.\begin{aligned}\int k_1f(x)dx=k_1\int f(x)dx\\ \int k_2g(x)dx=k_2\int g(x)dx\end{aligned}\right\}\cdots\cdots ③$$

이다. 또,

$$\int f(x)dx\pm\int g(x)dx=F(x)\pm G(x)+(C_1\pm C_2)\cdots\cdots ④$$
$$\frac{d}{dx}\{F(x)\pm G(x)\}=\frac{d}{dx}F(x)\pm\frac{d}{dx}G(x)=f(x)\pm g(x)$$

이므로

$$\int\{f(x)\pm g(x)\}dx=F(x)\pm G(x)+C_5\cdots\cdots ⑤$$

여기서, 적분상수 C_5를 $C_5=C_1\pm C_2$가 되게 정하면 ④, ⑤의 우변은 같다. 즉,

$$\int\{f(x)\pm g(x)\}dx=\int f(x)dx\pm\int g(x)dx\cdots\cdots ⑥$$

②, ⑥을 결합하면 다음을 얻을 수 있다.

$$\int\{k_1f(x)\pm k_2g(x)\}dx=k_1\int f(x)dx\pm k_2\int g(x)dx$$ □

【예제 3】 다음 부정적분을 구하여라.

(1) $\int (6x^5 - x^2 + 2x + 5)dx$ (2) $\int \frac{5x - \sqrt{x}}{x\sqrt{x}}dx$

풀이 (1)
$$\begin{aligned}\int (6x^5 - x^2 + 2x + 5)dx &= \int 6x^5\,dx - \int x^2\,dx + \int 2x\,dx + \int 5\,dx \\ &= 6\int x^5\,dx - \int x^2\,dx + 2\int x\,dx + 5\int dx \\ &= 6 \cdot \frac{1}{6}x^6 - \frac{1}{3}x^3 + 2 \cdot \frac{1}{2}x^2 + 5x + C \\ &= x^6 - \frac{1}{3}x^3 + x^2 + 5x + C\end{aligned}$$

(2)
$$\begin{aligned}\int \frac{5x - \sqrt{x}}{x\sqrt{x}}dx &= \int \frac{5x}{x\sqrt{x}}dx - \int \frac{\sqrt{x}}{x\sqrt{x}}dx \\ &= \int \frac{5}{\sqrt{x}}dx - \int \frac{1}{x}dx \\ &= 5\int x^{-\frac{1}{2}}dx - \int \frac{1}{x}dx \\ &= 5 \cdot 2x^{\frac{1}{2}} - \ln x + C \\ &= 10\sqrt{x} - \ln x + C\end{aligned}$$ ■

정리 6.4 (부정적분의 기본공식 ②)

(1) $\int \sin x\,dx = -\cos x + C$

(2) $\int \cos x\,dx = \sin x + C$

(3) $\int \sec^2 x\,dx = \tan x + C$

(4) $\int \csc^2 x\,dx = -\cot x + C$

(5) $\int a^x dx = \frac{a^x}{\ln a} + C \quad (a > 0,\ a \neq 1)$

증명 (1) $\frac{d}{dx}(-\cos x+C)=\sin x$

(2) $\frac{d}{dx}(\tan x+C)=\sec^2 x$

(5) $\frac{d}{dx}\left(\frac{a^x}{\ln a}+C\right)=\frac{1}{\ln a}\cdot a^x\ln a=a^x$ □

【예제 4】 다음 부정적분을 구하여라.

(1) $\int(\sin x-5\cos x)dx$　　　(2) $\int\tan^2 x\,dx$

풀이 (1) $\int(\sin x-5\cos x)dx=\int\sin x\,dx-5\int\cos x\,dx$

$$=-\cos x-5\sin x+C$$

(2) $\int\tan^2 x\,dx=\int(\sec^2 x-1)dx$

$$=\int\sec^2 x\,dx-\int dx$$

$$=\tan x-x+C$$ ■

【예제 5】 곡선 $y=f(x)$ 위의 임의의 점 (x, y)에서의 접선의 기울기가 $\sin x+5^x$인 곡선 중에서 점 (0, 1)을 지나는 곡선의 방정식을 구하여라.

풀이 곡선 $y=f(x)$ 위의 점 (x, y)에서의 접선의 기울기는

$$f'(x)=\sin x+5^x$$

이므로, 구하는 곡선 $y=f(x)$의 방정식은

$$f(x)=\int(\sin x+5^x)dx=-\cos x+\frac{5^x}{\ln 5}+C$$

이다. 그런데 이 곡선이 점 (0, 1)을 지나므로

$$f(0)=-\cos 0+\frac{5^0}{\ln 5}+C=1$$

따라서 $C=2-\frac{1}{\ln 5}$ 이다.

그러므로 구하는 곡선의 방정식은

$$\begin{aligned} y &= -\cos x + \frac{5^x}{\ln 5} + 2 - \frac{1}{\ln 5} \\ &= \frac{5^x - 1}{\ln 5} - \cos x + 2 \end{aligned}$$

이다. ■

6.2 치환적분법

부정적분 $F(x)=\int f(x)dx$에서 x를 t에 관한 함수 $x=g(t)$라 하면, $F(x)$는 t에 관한 함수가 된다. $F(x)$를 t에 관해 미분하면 연쇄법칙에 의하여

$$\frac{dF(x)}{dt} = \frac{dF(x)}{dx} \cdot \frac{dx}{dt} = f(x) \cdot \frac{d(x)}{dt} = f(g(t)) \cdot g'(t)$$

따라서 함수 $f(g(t)) \cdot g'(t)$가 t에 관하여 연속이면

$$\int f(x)dx = F(x) = \int f(g(t)) \cdot g'(t)dt$$

이다. 이것으로부터 다음 적분공식을 얻을 수 있다. 이와 같은 적분법을 치환적분법이라 한다.

> **정리 6.5 (치환적분법)**
> $x=g(t)$이고 $g(t)$가 t에 관하여 미분가능하면
>
> $$\int f(x)dx = \int f(g(t))g'(t)dt$$

【예제 6】 다음 부정적분을 구하여라.

(1) $\int (3x-4)^3 dx$ (2) $\int (x^3+1)^5 (3x^2) dx$

풀이 (1) $t=3x-4$라 하면 $dt=3dx$이므로

$$\begin{aligned}\int(3x-4)^3dx &= \int t^3\cdot\frac{1}{3}dt \\ &= \frac{1}{3}\int t^3dt \\ &= \frac{1}{3}\cdot\frac{1}{4}t^4+C \\ &= \frac{1}{12}(3x-4)^4+C\end{aligned}$$

(2) $t=x^3+1$이라 하면 $dt=3x^2dx$이므로

$$\begin{aligned}\int(x^3+1)^5(3x^2)dx &= \int t^5dt=\frac{1}{6}t^6+C \\ &= \frac{1}{6}(x^3+1)^6+C\end{aligned}$$ ■

치환적분법으로 부정적분을 구하였을 때의 예제 6에서와 같이 구한 결과를 처음의 적분변수로 바꾸어 나타내어야 한다는 점을 주의해야 한다.

정리 6.6 $\displaystyle\int\frac{f'(x)}{f(x)}dx=\ln f(x)+C$ (단, $f(x)\neq 0$)

증명 함수 $\dfrac{f'(x)}{f(x)}$에서 $t=f(x)$라 하면 $dt=f'(x)dx$이므로

$$\int\frac{f'(x)}{f(x)}dx=\int\frac{1}{f(x)}f'(x)dx=\int\frac{1}{t}dt=\ln t+C=\ln f(x)+C$$ □

【예제 7】 다음 부정적분을 구하여라.

(1) $\displaystyle\int\tan x\,dx$ (2) $\displaystyle\int\frac{e^{kx}}{1+e^{kx}}dx$ $(k\neq 0)$

풀이 (1) $\tan x=\dfrac{\sin x}{\cos x}$이므로 $\dfrac{\sin x}{\cos x}$에서 $t=\cos x$라 하면 $dt=-\sin x\,dx$이다. 따라서

$$\int \tan x\,dx = \int \frac{\sin x}{\cos x}dx = \int \frac{1}{\cos x}\cdot \sin x\,dx = \int \frac{1}{t}(-1)dt = -\int \frac{1}{t}dt$$
$$= -\ln t + C = -\ln \cos x + C$$

(2) $\dfrac{e^{kx}}{1+e^{kx}}$에서 $t=1+e^{kx}$라 하면 $dt = ke^{kx}dx$이므로

$$\int \frac{e^{kx}}{1+e^{kx}}dx = \int \frac{1}{1+e^{kx}}\cdot e^{kx}dx = \int \frac{1}{t}\cdot\frac{1}{k}dt = \frac{1}{k}\int \frac{1}{t}dt$$
$$= \frac{1}{k}\ln t + C$$
$$= \frac{1}{k}\ln(1+e^{kx}) + C$$

■

6.3 부분적분법

미분가능한 두 함수 $f(x)$와 $g(x)$에 대하여, 두 함수의 곱 $f(x)\cdot g(x)$를 미분하면

$$\frac{d}{dx}\{f(x)\cdot g(x)\} = f'(x)\cdot g(x) + f(x)\cdot g'(x)$$

이다. 이는 $f(x)\cdot g(x)$가 $f'(x)\cdot g(x)+f(x)\cdot g'(x)$의 부정적분임을 나타낸다.

따라서 적분의 선형성에 의하여

$$f(x)\cdot g(x) = \int \left[\frac{d}{dx}\{f(x)\cdot g(x)\}\right]dx$$
$$= \int \{f'(x)\cdot g(x) + f(x)\cdot g'(x)\}dx$$
$$= \int f'(x)\cdot g(x)dx + \int f(x)\cdot g'(x)dx$$

이다. 이로부터 다음의 부분적분의 공식을 얻을 수 있다.

정리 6.7 (부분적분법)

$$\int f(x)\cdot g'(x)dx = f(x)\cdot g(x) - \int f'(x)\cdot g(x)dx$$

【예제 8】 다음 부정적분을 구하여라.

(1) $\int x\cdot e^{2x}dx$ (2) $\int \ln x\, dx$

풀이 (1) $f(x)=x$, $g'(x)=e^{2x}$라 하면 $f'(x)=1$, $g(x)=\frac{1}{2}e^{2x}$이므로

$$\begin{aligned}\int x\cdot e^{2x}dx &= \frac{1}{2}x\cdot e^{2x} - \int \frac{1}{2}e^{2x}dx \\ &= \frac{1}{2}x\cdot e^{2x} - \frac{1}{4}e^{2x} + C\end{aligned}$$

(2) $\ln x = (\ln x)\cdot 1$이므로 $f(x)=\ln x$, $g'(x)=1$이라 하면 $f'(x)=\frac{1}{x}$이고 $g(x)=x$이다. 따라서

$$\int \ln x\, dx = \int 1\cdot \ln x\, dx = x\cdot \ln x - \int x\cdot \frac{1}{x}dx = x\cdot \ln x - x + C$$

【예제 9】 다음 부정적분을 구하여라.

$$I = \int e^x\cdot \cos x\, dx$$

풀이 $f(x)=\cos x$, $g'(x)=e^x$라 하면 $f'(x)=-\sin x$, $g(x)=e^x$이므로

$$\begin{aligned}I &= \cos x\cdot e^x - \int(-\sin x)\cdot e^x dx \\ &= e^x\cdot \cos x + \int e^x\cdot \sin x\, dx \cdots\cdots ①\end{aligned}$$

이다. 식 ①의 우변에 있는 적분은 I와 같은 꼴의 적분이므로 이를 다시 부분적분법을 사용하여 풀면

$$u(x)=\sin x,\ v'(x)=e^x\text{라 하면 } u'(x)=\cos x,\ v(x)=e^x$$

이다. 따라서,

$$\int e^x \cdot \sin x\, dx = e^x \cdot \sin x - \int e^x \cdot \cos x\, dx \cdots\cdots ②$$

식 ②를 ①에 대입하면

$$\begin{aligned} I &= e^x \cdot \cos x + e^x \cdot \sin x - \int e^x \cdot \cos x\, dx + 2C \\ &= e^x \cdot \cos x + e^x \cdot \sin x - I \end{aligned}$$

위의 식을 I에 관하여 정리하면

$$I = \int e^x \cdot \cos x\, dx = \frac{1}{2} e^x (\cos x + \sin x) + C$$

■

6.4 삼각함수의 적분법

sin이나 cos을 포함하는 함수의 적분에서의 삼각함수의 2배각 공식인

$$\sin 2x = 2 \sin x \cdot \cos x$$
$$\cos 2x = \cos^2 x - \sin^2 x = 1 - 2\sin^2 x$$

이 아주 유용하게 사용된다. 특히, 코사인의 2배각 공식으로부터 유도되는

$$\left.\begin{aligned} \sin^2 x &= \frac{1 - \cos 2x}{2} \\ \cos^2 x &= \frac{1 + \cos 2x}{2} \end{aligned}\right\} \cdots\cdots ③$$

는 주의해둘 만한 공식이다.

【예제 10】 다음 함수를 치환적분법과 2배각의 공식을 이용하여 각각 적분하여라.

$$f(x) = \sin x \cdot \cos x$$

풀이 ① 치환적분법을 이용한 해 ;

$t=\sin x$라 하면 $dt=\cos x\,dx$

$$\begin{aligned}\int f(x)dx &= \int \sin x \cdot \cos x\,dx\\ &= \int t\,dt\\ &= \frac{1}{2}t^2+C\\ &= \frac{1}{2}\sin^2 x+C\end{aligned}$$

② 2배각의 공식을 이용한 해 ;

사인의 2배각 공식에서 $\sin x \cdot \cos x=\frac{1}{2}\sin 2x$이므로

$$\int f(x)dx=\int \sin x\cos x\,dx=\frac{1}{2}\int \sin 2x\,dx=-\frac{1}{4}\cos 2x+C$$ ■

예제 10에서 치환적분법을 이용한 해의 결과 $\frac{1}{2}\sin^2 x+C$에서

$$\begin{aligned}\frac{1}{2}\sin^2 x+C &= \frac{1}{2}(1-\cos^2 x)+C\\ &= \frac{1}{2}-\frac{1}{2}\cos^2 x+C\\ &= \frac{1}{2}-\frac{1}{2}\left(\frac{1+\cos 2x}{2}\right)+C\\ &= -\frac{1}{4}\cos 2x+\frac{1}{4}+C\end{aligned}$$

이므로, 2배각의 공식을 이용한 해와 상수 $\frac{1}{4}$ 정도의 차이가 있으므로 두 풀이는 실질적으로 같다고 할 수 있다.

일반적으로 양의 정수 n에 대하여 $\sin^n x$와 $\cos^n x$의 부정적분을 유도해 보자. $n=2$인 경우는 앞의 공식 ③을 이용하면 가능하므로 $n=3$인 경우에 대하여 알아보면 $\sin^3 x=\sin^2 x \cdot \sin x$이므로

$$\int \sin^3 x\,dx=\int (\sin^2 x \cdot \sin x)dx$$

이다. $f(x)=\sin^2 x$, $g'(x)=\sin x$라 하면 $f'(x)=2\sin x\cdot\cos x$, $g(x)=-\cos x$이므로

$$\int(\sin^2 x\cdot\sin x)dx=\sin^2 x\cdot(-\cos x)-\int 2\sin x\cdot\cos x\cdot(-\cos x)dx$$

$$=\sin^2 x\cdot\cos x+2\int\cos^2 x\cdot\sin x\,dx \qquad \cdots\cdots④$$

이다. 한편, $\int\cos^2 x\cdot\sin x\,dx$에서 $t=\cos x$라 하면 $dt=-\sin x\,dx$이므로

$$\int\cos^2 x\cdot\sin x\,dx=-\int t^2 dt=-\frac{t^3}{3}+C=-\frac{1}{3}\cos^3 x+C \qquad \cdots\cdots⑤$$

식 ⑤를 식 ④에 대입하면

$$\int(\sin^2 x\cdot\sin x)dx=-\sin^2 x\cdot\cos x+2\left\{\left(-\frac{1}{3}\right)\cos^3 x+C\right\}$$

$$=-\sin^2 x\cdot\cos x-\frac{2}{3}(\cos^2 x\cdot\cos x)+C$$

$$=-\sin^2 x\cdot\cos x-\frac{2}{3}\{(1-\sin^2 x)\cos x\}+C$$

$$=-\frac{1}{3}\sin^2 x\cdot\cos x-\frac{2}{3}\cos x+C$$

양의 정수 n에 대하여 $\int\sin^n x\,dx$를 $\int\sin^{n-2}x\,dx$로 나타내는 점화공식을 구하여 보자.

정리 6.8 임의의 양의 정수 $n(\geq 2)$에 대하여

$$\int\sin^n x\,dx=-\frac{1}{n}\sin^{n-1}x\cdot\cos x+\frac{n-1}{n}\int\sin^{n-2}x\,dx$$

증명 구하는 적분을

$$I_n=\int\sin^n x\,dx=\int\sin^{n-1}x\cdot\sin x\,dx$$

라 하고, $f(x)=\sin^{n-1}x$, $g'(x)=\sin x$로 하여 부분적분법을 사용하면

$$\begin{aligned}I_n &= -\sin^{n-1}x\cdot\cos x-\int\{-(n-1)\cos x\cdot\sin^{n-2}x\cdot\cos x\}dx\\ &= -\sin^{n-1}x\cdot\cos x+(n-1)\int\sin^{n-2}x\cdot\cos^2 x\,dx\\ &= -\sin^{n-1}x\cdot\cos x+(n-1)\int\{\sin^{n-2}x(1-\sin^2 x)\}dx\\ &= -\sin^{n-1}x\cdot\cos x+(n-1)\int\sin^{n-2}x\,dx-(n-1)\int\sin^n x\,dx\\ &= -\sin^{n-1}x\cdot\cos x+(n-1)I_{n-2}-(n-1)\cdot I_n\end{aligned}$$

따라서

$$I_n=-\frac{1}{n}\sin^{n-1}x\cdot\cos x+\frac{n-1}{n}I_{n-2}$$

이다. □

같은 방법으로 cos에 대해서도 다음과 같은 정리를 얻을 수 있다.

정리 6.9 임의의 양의 정수 $n(\geq 2)$에 대하여

$$\int\cos^n x\,dx=-\frac{1}{n}\cos^{n-1}x\cdot\sin x+\frac{n-1}{n}\int\cos^{n-2}x\,dx$$

이번에는 삼각함수의 곱을 합 또는 차로 바꾸는 공식을 사용하여 풀 수 있는 몇 가지 예를 들어 보겠다.

먼저 곱을 합 또는 차로 고치는 공식부터 소개하면

$$\sin x\cdot\cos y=\frac{1}{2}\{\sin(x+y)+\sin(x-y)\}$$

$$\cos x\cdot\cos y=\frac{1}{2}\{\cos(x+y)+\cos(x-y)\}$$

$$\sin x\cdot\sin y=-\frac{1}{2}\{\cos(x+y)-\cos(x-y)\}$$

【예제 11】 다음 부정적분을 구하여라.

(1) $\int \sin 3x \cdot \cos 2x\, dx$　　　　(2) $\int \cos 3x \cdot \cos 3x\, dx$

풀이 (1) $\sin 3x \cdot \cos 2x = \frac{1}{2}\{\sin(3x+2x)+\sin(3x-2x)\}$

$$= \frac{1}{2}(\sin 5x + \sin x))$$

이므로

$$\int \sin 3x \cdot \cos 2x\, dx = \frac{1}{2}\int (\sin 5x + \sin x)dx$$

$$= -\frac{1}{10}\cos 5x + \frac{1}{2}\cos x + C$$

(2) $\cos x \cdot \cos 3x = \frac{1}{2}(\cos 4x + \cos 2x)$이므로

$$\int \cos x \cdot \cos 3x\, dx = \frac{1}{2}\int (\cos 4x + \cos 2x)dx$$

$$= \frac{1}{2}\left(\frac{\sin 4x}{4} + \frac{\sin 2x}{2}\right) + C$$

$$= \frac{\sin 4x}{8} + \frac{\sin 2x}{4} + C$$

■

피적분함수에 $\sqrt{a^2+x^2}$ 이나 $\sqrt{a^2-x^2}$ 또는 $\sqrt{x^2-a^2}$ 의 형태를 갖고 있을 때 삼각함수에 의한 치환적분법을 사용하면 쉽게 제곱근을 없앨 수 있다. 즉,

$\sqrt{a^2-x^2}$ 일 때는 $x = a\sin\theta,\ dx = a\cos\theta\, d\theta \left(-\frac{\pi}{2} \le \theta \le \frac{\pi}{2}\right)$

$\sqrt{a^2+x^2}$ 일 때는 $x = a\tan\theta,\ dx = a\sec^2\theta\, d\theta \left(-\frac{\pi}{2} < \theta < \frac{\pi}{2}\right)$

$\sqrt{x^2-a^2}$ 일 때는 $x = a\sec\theta,\ dx = a\sec\theta\tan\theta\, d\theta \left(0 \le \theta < \frac{\pi}{2},\ -\pi \le \theta < -\frac{\pi}{2}\right)$

로 치환하면 적분값을 쉽게 구할 수 있다.

【예제 12】 다음 부정적분을 구하여라.

$$\int \sqrt{a^2-x^2}\,dx$$

풀이 $x=a\sin\theta \left(\theta\in\left[0,\ \frac{\pi}{2}\right]\right)$라 하면 $dx=a\cos\theta\,d\theta$, $\sin^2\theta+\cos^2\theta=1$이므로

$$\begin{aligned}\int \sqrt{a^2-x^2}\,dx &= \int \sqrt{a^2-a^2\sin^2\theta}\cdot a\cos\theta\,d\theta \\ &= \int a^2\cdot\cos^2\theta\,d\theta \\ &= a^2\int \cos^2\theta\,d\theta \\ &= a^2\int \frac{1}{2}(1+\cos 2\theta)d\theta \\ &= \frac{a^2}{2}\left(\theta+\frac{\sin 2\theta}{2}\right)+C\end{aligned}$$

한편, 그림 6.1에서

$$\theta=\arcsin\frac{x}{a}$$

$$\sin 2\theta=2\sin\theta\cdot\cos\theta=2\cdot xa\cdot\frac{\sqrt{a^2-x^2}}{a}$$

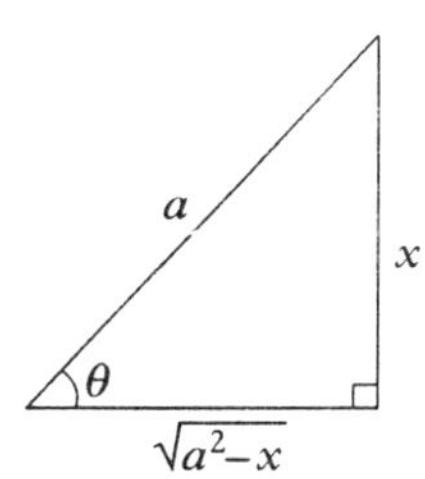

[그림 6.1]

이다. 따라서

$$\int \sqrt{a^2-x^2}\,dx=\frac{1}{2}a^2\cdot\arcsin\left(\frac{x}{a}\right)+\frac{1}{2}x\sqrt{a^2-x^2}+C$$ ■

1. 유리함수의 적분법

$f(x)$와 $g(x)$를 각각 x에 대한 다항식이라 하면, $\dfrac{g(x)}{f(x)}$를 x에 대한 유리함수(rational function)라 한다. 여기서 $f(x)\neq 0$이다.

유리함수 $\dfrac{g(x)}{f(x)}$의 부정적분 $\displaystyle\int \frac{g(x)}{f(x)}dx$를 구하기 위해서는 다음과 같은 과정을 통하여 계산할 수 있다.

첫째는 주어진 유리함수를 분자의 차수가 분모의 차수보다 낮은 유리함수로 만들어서 적분하는 방법이고,

둘째는 첫 번째에서 구해진 유리함수를 적분하기 위하여 이 유리함수를 간단한 유리함수들의 합으로 고치는 것이다. 이것을 부분분수로 분해한다고 한다.

이를 좀 더 자세히 설명하면, 유리함수 $\dfrac{g(x)}{f(x)}$에서 $g(x)$의 차수가 $f(x)$의 차수보다 클 때는 $g(x)$를 $f(x)$로 나누어 나머지에 대한 분자의 차수가 분모의 차수보다 낮게 고칠 수 있다. 즉,

$$\frac{g(x)}{f(x)}=q(x)+\frac{r(x)}{f(x)}$$

여기서 $q(x)$는 정함수이고 $r(x)$는 $f(x)$보다 차수가 낮다.

따라서 $\displaystyle\int \frac{g(x)}{f(x)}dx$를 구하는 것은 $\displaystyle\int \frac{r(x)}{f(x)}dx$를 구하는 것으로 귀착된다. 이렇게 해서 구해진 $\displaystyle\int \frac{r(x)}{f(x)}dx$의 계산은 피적분함수의 분모의 형태에 따라 다음의 몇 가지 기본적인 경우로 나누어진다.

정리 6.10 임의의 실수 a와 양의 정수 n에 대하여

(1) $$\int \frac{1}{(x-a)^n}dx=\begin{cases}\ln(x-a)+C, & n=1\\ \dfrac{1}{-n+1}\cdot\dfrac{1}{(x-a)^{n-1}}+C, & n\neq 1\end{cases}$$

(2) $$\int \frac{1}{(x^2+1)^n}dx=\begin{cases}\arctan x+C, & n=1\\ \dfrac{1}{2(n-1)}\cdot\dfrac{x}{(x^2+1)^{n-1}}+\dfrac{2n-3}{2(n-1)}\cdot\displaystyle\int\frac{1}{(x^2+1)^{n-1}}dx, & n\neq 1\end{cases}$$

(3) $\int \frac{x}{(x^2+a^2)^n}dx = \begin{cases} \frac{1}{2}\ln(x^2+b^2)+C, \ x=1 \\ \frac{1}{2(-n+1)} \cdot \frac{1}{(x^2+a^2)^{n-1}}+C, \ n \neq 1 \end{cases}$

증명 (2) $n=1$이면 준식$=\int \frac{dx}{x^2+1}$이다.

$\frac{d}{dx}(\arctan x) = \frac{1}{1+x^2}$이므로, $\int \frac{dx}{x^2+1} = \arctan x + C$

$n \neq 1$일 때,

$I_n = \int \frac{dx}{(x^2+1)^n}$이라 하면 $I_{n-1} = \int \frac{dx}{(x^2+1)^{n-1}}$이다.

$f(x) = \frac{1}{(x^2+1)^{n-1}}$, $g'(x)=1$이라 하면

$f'(x) = -(n-1)\frac{2x}{(x^2+1)^n}$, $g(x)=x$이므로

$$\begin{aligned} I_{n-1} &= \frac{x}{(x^2+1)^{n-1}} + 2(n-1)\int \frac{x^2}{(x^2+1)^n}dx \\ &= \frac{x}{(x^2+1)^{n-1}} + 2(n-1)\int \frac{(x^2+1)-1}{(x^2+1)^n}dx \\ &= \frac{x}{(x^2+1)^{n-1}} + 2(n-1)\int \frac{x}{(x^2+1)^{n-1}}dx - 2(n-1)\int \frac{1}{(x^2+1)^n}dx \\ &= \frac{x}{(x^2+1)^{n-1}} + 2(n-1)\cdot I_{n-1} - 2(n-1)\cdot I_n \end{aligned}$$

따라서

$$I_n = \frac{1}{2n-2}\cdot\frac{x}{(x^2+1)^{n-1}} + \frac{2n-3}{2n-2}\cdot I_{n-1}$$ □

【예제 13】 다음 부정적분을 구하여라.

(1) $\int \frac{x^3+2}{x-1}dx$　　　　(2) $\int \frac{x-7}{(x+3)(x-2)}dx$

풀이 (1) 주어진 피적분함수 $\frac{x^3+2}{x-1}$의 분자의 차수가 분모의 차수보다 높으므로 x^3+2를 $x-1$로 나누어

$$\frac{x^3+2}{x-1}=(x^2+x+1)+\frac{3}{x-1}$$

을 얻을 수 있다. 따라서

$$\begin{aligned}\int\frac{x^3+2}{x-1}dx&=\int\left\{(x^2+x+1)+\frac{3}{x-1}\right\}dx\\&=\int(x^2+x+1)dx+\int\frac{3}{x-1}dx\\&=\frac{x^3}{3}+\frac{1}{2}\cdot x^2+x+3\ln(x-1)+C\end{aligned}$$

(2) 피적분함수 $\frac{x-7}{(x+3)(x-2)}$은 분모의 차수가 모두 1차이므로

$$\frac{x-7}{(x+3)(x-2)}=\frac{A}{x+3}+\frac{B}{x-2}$$

와 같이 부분분수로 분해된다. 상수 A, B를 구하기 위하여 윗 식에서 분모를 없애면

$$x-7=A(x-2)+B(x+3)=(A+B)x-(2A-3B)$$

이고, 이 방정식이 항상 성립해야 하므로 $A+B=1$, $2A-3B=7$이다. 이것을 풀면 $A=2$, $B=-1$이다. 따라서

$$\begin{aligned}\int\frac{x-7}{(x+3)(x-2)}dx&=\int\left(\frac{2}{x+3}+\frac{-1}{x-2}\right)dx\\&=2\int\frac{1}{x+3}dx-\int\frac{1}{x-2}dx\\&=2\ln(x+3)-\ln(x-2)+C\\&=\ln\left(\frac{(x+3)^2}{x-2}\right)+C\end{aligned}$$

■

【예제 14】 다음 부정적분을 구하여라.

(1) $\displaystyle\int \frac{4}{x(x+2)^2}dx$　　　(2) $\displaystyle\int \frac{6x^2-15x-22}{(x+3)(x^2+2)^2}dx$

풀이 (1) 피적분함수는

$$\frac{4}{x(x+2)^2}=\frac{A}{x}+\frac{B}{x+2}+\frac{D}{(x+2)^2}$$

와 같이 부분분수로 분해되므로, 예제 13에서와 같이 분모를 없애면

$$\begin{aligned}4&=A(x+2)^2+Bx(x+2)+Dx\\&=(A+B)x^2+(4A+2B+D)x+4A\end{aligned}$$

따라서 $A+B=0$, $4A+2B+D=0$, $4A=4$

즉, $A=1$, $B=-1$, $D=-2$

그러므로

$$\begin{aligned}\int \frac{4}{x(x+2)^2}dx&=\int \frac{1}{x}dx-\int \frac{1}{x+2}dx-\int \frac{2}{(x+2)}dx\\&=\ln x-\ln(x+2)+\frac{2}{x+2}+C\end{aligned}$$

(2) 분모가 1차 인수와 2차 인수를 갖고 있으므로

$$\frac{6x^2-15x-22}{(x+3)(x^2+2)^2}=\frac{A}{x+3}+\frac{Bx+D}{x^2+2}+\frac{Ex+F}{(x^2+2)^2}$$

와 같이 부분분수로 분해되므로, 앞의 풀이에서와 같이 분모를 없애면

$$6x^2-15x+22=A(x^2+2)^2+(Bx+D)(x+3)(x^2+2)+(Ex+F)(x+3)$$

따라서,

$$A+B=0$$

$$3B+D=0$$

$$4A+2B+3D+E=6$$

$$4A+6D+3F=22$$

즉, $A=1$, $B=-1$, $D=3$, $E=-5$, $F=0$이므로

$$\int \frac{6x^2-15x-22}{(x+3)(x^2+2)^2}dx=\int \frac{1}{x+3}dx-\int \frac{x-3}{x^2+2}dx-\int \frac{5x}{(x^2+2)^2}dx$$

$$=\ln(x+3)-\frac{1}{2}\int \frac{2x}{x^2+2}dx+3\int \frac{dx}{x^2+2}$$

$$-\frac{5}{2}\int \{(x^2+2)^{-2}(2x)\}dx$$

$$=\ln(x+3)-\frac{1}{2}\ln(x^2+2)+\frac{3\sqrt{2}}{2}\arctan\left(\frac{x}{\sqrt{2}}\right)$$

$$+\frac{5}{2(x^2+2)}+C$$

연습문제(6.1)

1. 다음 부정적분을 구하여라.

(1) $\int 5dx$

(2) $\int x^5dx$

(3) $\int (x^2-\sqrt{x})^2dx$

(4) $\int \frac{x^2}{x-1}dx-\int \frac{1}{x-1}dx$

(5) $\int e^{3x-2}dx$

(6) $\int \frac{e^{2x}+e^{-2x}+2}{e^x}dx$

(7) $\int 5^xdx$

(8) $\int (\sin x-\sqrt{3}\cos x)dx$

2. a, b가 상수이고 $a\neq 0$일 때, 다음이 성립함을 보여라.

(1) $\int (ax+b)^r dx=\frac{(ax+b)^{r+1}}{a(r+1)}+C \ (r\neq -1)$

(2) $\int \frac{1}{ax+b}dx=\frac{1}{a}\ln(ax+b)+C$

(3) $\int \frac{d}{dx}\{f(x)dx\}=f(x)$

(4) $\int \left\{\frac{d}{dx}f(x)\right\}dx=f(x)+C$

3. 다음 부정적분을 구하여라.

(1) $\int (1+\sec x)^2 dx$

(2) $\int \frac{1}{x^2+2x+5}dx$

(3) $\int \sin x \cdot e^{\cos x}dx$

(4) $\int \sin^3 x dx$

(5) $\int \sqrt{x^2+5}\,dx$

(6) $\int \tan^{-1} x dx$

(7) $\int e^x \cos x dx$

(8) $\int \sin^3 x \cos^2 x dx$

(9) $\int \cos^4 2x dx$

제 7 장

정 적 분

7.1 정적분의 정의

다음과 같은 모양의 도형 A의 넓이를 구하기 위하여

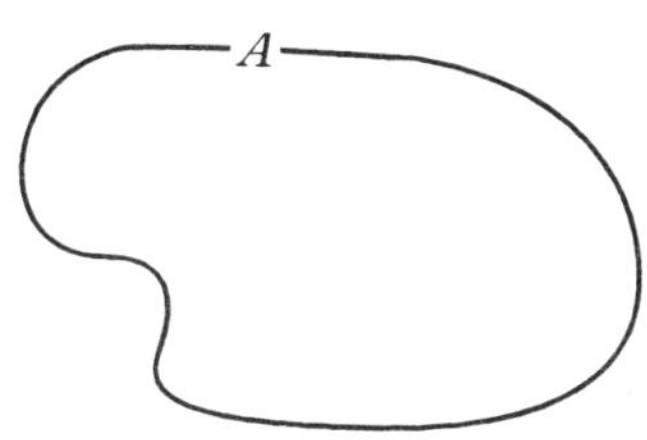

[그림 7.1]

다음과 같이 같은 크기의 정사각형들로 도형 A를 나누어 보면 그림 7.2에서 보듯이, 도형 A의 내부에 포함되는 정사각형들의 넓이의 합을 s, 도형 A와 공통부분을 갖는 정사각형의 넓이의 합을 S라 하면,

$$s \leq A\text{의 넓이 } \leq S$$

가 된다. 이 때, 정사각형의 크기를 더 작게 하면 할수록 s와 S는 도형 A의 넓이에

근접함을 알 수 있다. 그러므로 s 또는 S의 극한값을 구하는 것으로 A의 넓이를 구할 수 있다.

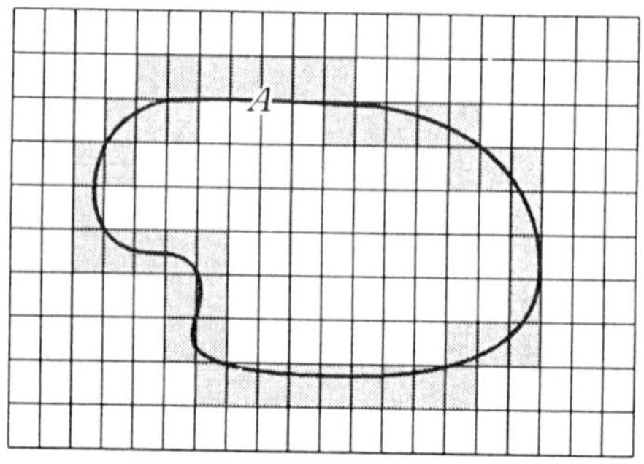

[그림 7.2]

【예제 1】 곡선 $y=x^2$과 x축 및 직선 $x=1$로 둘러싸인 도형의 넓이를 구하여라.

풀이 구간 $[0, 1]$을 n등분하면, 각 분점의 x좌표는

$$0, \frac{1}{n}, \frac{2}{n}, \cdots, \frac{n-1}{n}, 1$$

이 된다. 그림 7.3과 같이 외접하는 사각형의 합 S_n은

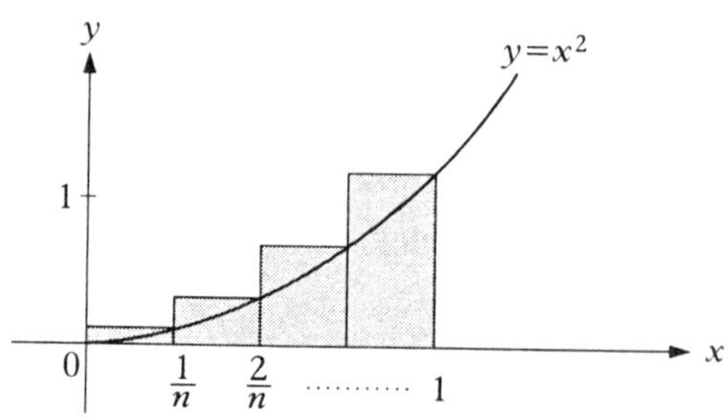

[그림 7.3]

밑변의 길이가 $\frac{1}{n}$, 높이가 각각 $\left(\frac{1}{n}\right)^2$, $\left(\frac{2}{n}\right)^2$, $\cdots$, 1^2인 직사각형의 넓이의 합이므로

$$S_n = \frac{1}{n}\cdot\left(\frac{1}{n}\right)^2 + \frac{1}{n}\left(\frac{2}{n}\right)^2 + \cdots + \frac{1}{n}\cdot(1)^2$$
$$= \frac{1}{n^3}(1^2+2^2+\cdots+n^2)$$
$$= \frac{1}{6}\left(1+\frac{1}{n}\right)\left(2+\frac{1}{n}\right)$$

따라서, $\lim_{n\to\infty} S_n = \lim_{n\to\infty}\frac{1}{6}\left(1+\frac{1}{n}\right)\left(2+\frac{1}{n}\right) = \frac{1}{3}$ ■

【예제 2】 예제 1의 풀이에서 직사각형을 내접사각형으로 만들어서 이들의 합을 s_n 이라 할 때, s_n을 이용하여 도형의 넓이를 구하여라.

풀이

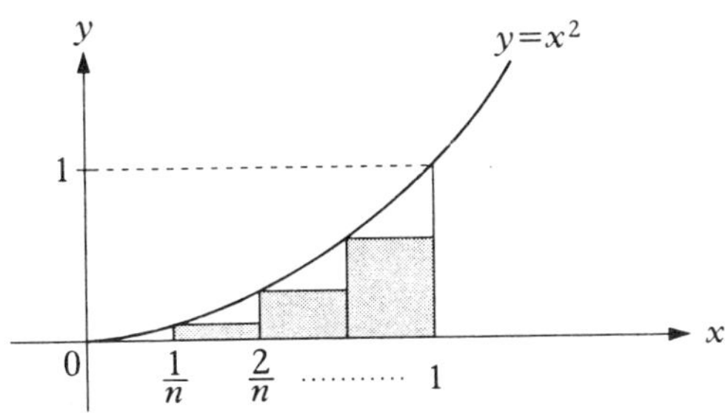

[그림 7.4]

그림 7.4에서 내접하는 직사각형의 합 s_n은

$$s_n = \frac{1}{n}\left(\frac{0}{n}\right)^2 + \frac{1}{n}\left(\frac{1}{n}\right)^2 + \cdots + \frac{1}{n}\left(\frac{n-1}{n}\right)^2$$
$$= \frac{1}{n^3}\{(0^2+1^2+\cdots+(n-1)^2\}$$
$$= \frac{1}{6}\left(1-\frac{1}{n}\right)\left(2-\frac{1}{n}\right)$$

따라서

$$\lim_{n\to\infty} s_n = \lim_{n\to\infty}\left\{\frac{1}{6}\left(1-\frac{1}{n}\right)\left(2-\frac{1}{n}\right)\right\} = \frac{1}{3}$$ ■

앞의 두 예제에서 보듯이, 몇 개의 연속인 곡선으로 둘러싸인 도형에 있어서는 도형 외부로부터의 넓이의 근사값 S_n과 내부로부터의 넓이의 근사값 s_n에 대하여 $\lim_{n \to \infty} S_n = \lim_{n \to \infty} s_n$임을 알 수 있다.

이 극한값이 바로 연속인 곡선으로 둘러싸인 도형의 넓이이며, 이와 같이 근사값의 극한값으로 도형의 넓이를 구하는 방법을 구분구적법이라고 한다.

함수 $f(x)$가 구간 $[a, b]$에서 연속이고 $f(x) \geq 0$이라 하자. 구간 $[a, b]$를 n등분하여 각 분점을 각각 $a=x_0, x_1, x_2, \cdots, x_{n-1}, x_n=b$라 하면 $[a, b]$는 n개의 소구간 $[x_{i-1}, x_i](i=1, 2, \cdots, n)$로 나누어진다.

이때 집합 $P=\{x_0, x_1, \cdots, x_{n-1}, x_n\}$을 구간 $[a, b]$의 분할이라 한다. 각 소구간의 길이 Δx는 $\dfrac{b-a}{n}$이고 그림 7.5와 같은 n개의 사각형의 넓이의 합 S_n은

$$S_n = \sum_{i=1}^{n} f(x_{i-1}) \cdot \Delta x$$

이때, $n \to \infty$이면 $\Delta x \to 0$이므로 사각형들의 합 S_n은 곡선 $y=f(x)$와 x축 그리고 $x=a$, $x=b$로 둘러싸인 도형의 넓이 S에 접근한다.

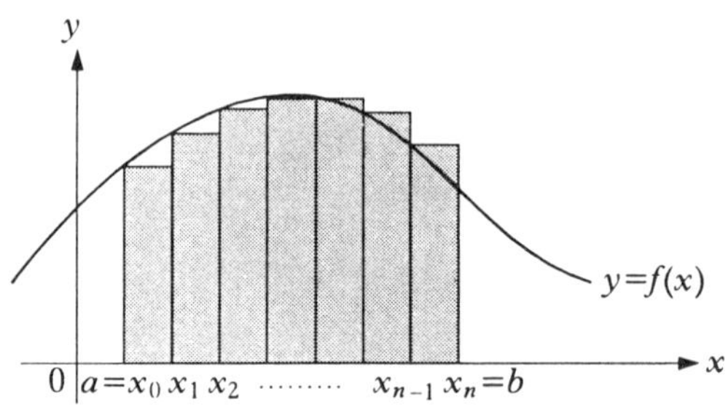

[그림 7.5]

따라서

$$\lim_{n \to \infty} S_n = \lim_{n \to \infty} \sum_{i=1}^{n} f(x_{i-1}) \cdot \Delta x = S$$

일반적으로, 함수 $f(x)$가 주어진 구간 $[a, b]$에서 연속이면 극한값

$$\lim_{n\to\infty}\sum_{i=1}^{n} f(x_{i-1})\cdot\Delta x$$

이 항상 존재하는 것으로 알려졌다. 이것을 a에서 b까지의 함수 $f(x)$의 정적분이라 한다.

〈정의 7.1〉 (정적분)

함수 $f(x)$가 구간 $[a, b]$에서 연속이고 극한값 $\lim_{n\to\infty}\sum_{i=1}^{n} f(x_{i-1})\cdot\Delta x$가 존재하면, 이 극한값을 a에서 b까지 함수 $f(x)$의 정적분이라 하고

$$\int_a^b f(x)dx$$

로 표시한다.

정적분 $\int_a^b f(x)dx$의 값을 구하는 것을 함수 $f(x)$를 a에서 b까지 적분한다고 하고, a를 하한, b를 상한이라고 한다. 또, 구간 $[a, b]$를 적분구간이라 하고 $f(x)$를 부정적분에서와 마찬가지로 피적분함수, x를 적분변수라고 한다.

【예제 3】 함수 $f(x)$가 구간 $[a, b]$에서 상수함수 $f(x)=5$일 때, $\int_a^b f(x)dx$를 구하여라.

풀이 함수 $f(x)$가 주어진 구간 $[a, b]$에서 상수함수이므로, 임의의 분할 P에 대하여 각 소구간에서 x_{i-1}에 상관없이

$$\begin{aligned}\sum_{i=1}^{n} f(x_{i-1})\cdot\Delta x &= \sum_{i=1}^{n} 5\cdot\Delta x = 5\sum_{i=1}^{n}\Delta x\\ &= 5(b-a)\end{aligned}$$

따라서,

$$\int_a^b f(x)dx = \lim_{n\to\infty}\sum_{i=1}^{n} f(x_{i-1})\cdot \Delta x = \lim_{n\to\infty} 5(b-a) = 5(b-a)$$ ■

함수 $f(x)$가 구간 $[a, b]$에서 연속이고 $f(x) \geq 0$이라 할 때, $S(x)$를 a에서 x까지 곡선 $y=f(x)$와 x축 사이의 도형의 넓이라 하면

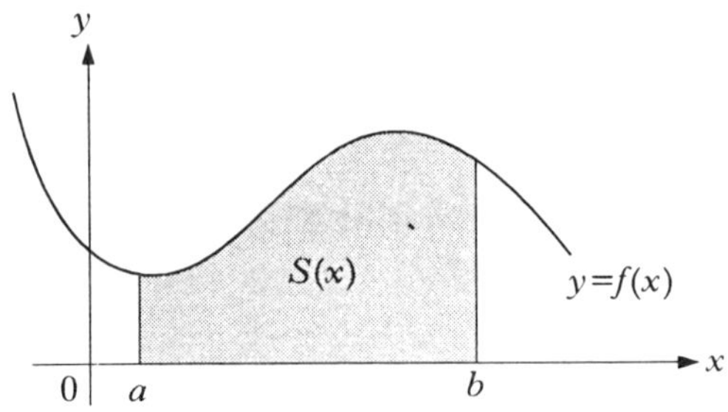

[그림 7.6]

$$S(x) = \int_a^x f(t)dt$$

이다. 또 Δx를 x의 증분이라 하고 ΔS를 $S(x)$의 증분이라 하면

(i) $\Delta x > 0$일 때

ΔS는 x에서 $x+\Delta x$까지의 곡선 $f(x)$와 x축 사이의 도형의 넓이이다. 따라서 x와 $x+\Delta x$ 사이에서는

$$\Delta S = S(x+\Delta x) - S(x) = f(c)\cdot \Delta x$$

를 만족하는 c가 $x+\Delta x$ 사이에서 존재한다.

(ii) $\Delta x < 0$일 때

위에서와 마찬가지로 $x+\Delta x$와 x 사이에는

$$\Delta S = S(x) - S(x+\Delta x) = f(c)\cdot(-\Delta x)$$

을 만족하는 c가 존재한다.

그러므로

$$\frac{\Delta S}{\Delta x}=\frac{S(x+\Delta x)-S(x)}{\Delta x}=f(c)$$

한편, $\Delta x \to 0$일 때 $c \to x$이다. 함수 $f(x)$가 연속함수이므로

$$\frac{dS}{dx}=\lim_{\Delta x \to 0}\frac{\Delta S}{\Delta x}=f(x)$$

따라서 $S'(x)=f(x)$이다. 그러므로 다음의 정리를 얻을 수 있다.

정리 7.2 (미적분학의 기본정리 Ⅰ)

함수 $f(x)$가 구간 $[a, b]$에서 연속이면, $S(x)=\int^{x} f(t)dt$는 미분가능하고 $\frac{d}{dx}S(x)=f(x)$이다.

정리 7.2에 의해, 함수 $S(x)$는

$$\frac{d}{dx}S(x)=f(x),\ S(a)=0$$

을 만족하는 함수이다.

$F(x)$와 $S(x)$를 $f(x)$의 두개의 부정적분이라 하면, 적당한 상수 C가 존재하여

$$S(x)=F(x)+C$$

이다. 그런데 $S(a)=0$이므로

$$0=S(a)=F(a)+C$$

이다. 따라서

$$C=-F(a)$$

이다. 그러므로

$$S(x)=\int_{a}^{x} f(t)dt=F(x)-F(a)$$

이다. 만약 $x=b$이면,

$$\int_a^b f(t)dt=F(b)-F(a)$$

이다.

정리 7.3 (미적분학의 기본정리 Ⅱ)

$\dfrac{d}{dx}F(x)=f(x)$이면,

$$\int_a^b f(x)dx=[F(x)]_b^a=F(b)-F(a)$$

【예제 4】 다음 정적분의 값을 구하여라.

(1) $\displaystyle\int_0^1 2x^3dx$ (2) $\displaystyle\int_0^{\frac{\pi}{2}} \sin x dx$

풀이 (1) $\displaystyle\int 2x^3dx=\frac{2}{4}x^4+C$이므로

$$\int_0^1 2x^3dx=\left[\frac{1}{2}x^4\right]_0^1=\frac{1}{2}-0=\frac{1}{2}$$

(2) $\displaystyle\int \sin x dx=-\cos x+C$이므로

$$\int_0^{\frac{\pi}{2}} \sin x dx=[-\cos x]_0^{\frac{\pi}{2}}=-\cos\frac{\pi}{2}-(-\cos 0)=1$$

■

7.2 정적분의 성질

정적분에서도 부정적분의 경우에서와 마찬가지로 다음 정리가 성립한다.

> **정리 7.4 (정적분의 기본공식)**
>
> 함수 $f(x)$와 $g(x)$가 구간 $[a, b]$에서 연속일 때
>
> (1) $\int_a^b k \cdot f(x)dx = k \cdot \int_a^b f(x)dx$ (k는 상수)
>
> (2) $\int_a^b \{f(x) \pm g(x)\}dx = \int_a^b f(x)dx \pm \int_a^b g(x)dx$ (복호동순)
>
> (3) $f(x) \le g(x)$이면 $\int_a^b f(x)dx \le \int_a^b g(x)dx$
>
> (4) $\int_a^b f(x)dx = \int_a^c f(x)dx + \int_c^b f(x)dx$ (단, $a < c < b$)

증명 (2) $\int f(x)dx = F(x) + C$, $\int g(x)dx = G(x) + C$라고 하면,

$$\int \{f(x) \pm g(x)\}dx = \{F(x) \pm G(x)\} + C$$

따라서

$$\begin{aligned}\int_a^b \{f(x) \pm g(x)\}dx &= [F(x) \pm G(x)]_a^b \\ &= \{F(b) \pm G(b)\} - \{G(a) \pm G(a)\} \\ &= \{F(b) - F(a)\} \pm \{G(b) - G(a)\} \\ &= \int_a^b f(x)dx \pm \int_a^b g(x)dx\end{aligned}$$

(4) $F'(x) = f(x)$이면

$$\begin{aligned}\int_a^c f(x)dx + \int_c^b f(x)dx &= [F(x)]_a^c + [F(x)]_c^b \\ &= \{F(c) - F(a)\} + \{F(b) - F(c)\}\end{aligned}$$

$$= F(b) - F(a)$$
$$= \int_a^b f(x)dx$$

【예제 5】 다음 정적분을 구하여라.

(1) $\int_{-1}^{2}(x^2+x)dx - \int_{-1}^{2}(x^2-x)dx$ (2) $\int_1^4 \left(\sqrt{x} - \frac{5}{x}\right)dx$

풀이 (1) $\int_{-1}^{2}(x^2+x)dx - \int_{-1}^{2}(x^2-x)dx = \int_{-1}^{2}\{(x^2+x)-(x^2-x)\}dx$

$$= \int_{-1}^{2} 2xdx = [x^2]_{-1}^{2} = 3$$

(2) $\int_1^4 \left(\sqrt{x} - \frac{5}{x}\right) = \int_1^4 \sqrt{x}\,dx - \int_1^4 \frac{5}{x}dx$

$$= \int_1^4 \sqrt{x}\,dx - 5\int_1^4 \frac{1}{x}dx$$

$$= \left[\frac{2}{3}x^{\frac{3}{2}}\right]_1^4 - 5\left[\ln x\right]_1^4$$

$$= \frac{14}{3} - 5\ln 4 = \frac{14}{3} - 10\ln 2$$ ■

7.3 정적분의 계산

앞에서 배운 부정적분의 치환적분법과 부분적분법을 정적분의 계산에 이용하는 방법에 대하여 알아보자.

먼저 부정적분의 치환적분법에서

$$F(x) = \int f(x)dx \quad \cdots\cdots \text{①}$$

를 구할 때, $x=g(t)$라고 하면

$$F(x)=F(g(t))=\int f(g(t))g'(t)dt \quad \cdots\cdots ②$$

와 같이 계산하였다.

여기서

$$a=g(\alpha), \quad b=g(\beta)$$

인 t의 값 α, β를 잡으면, ②에서

$$\begin{aligned}\int_\alpha^\beta f(g(t))g'(t)dt &= [F(g(t))]_\alpha^\beta \\ &=F(b)-F(a) \quad \cdots\cdots ③\end{aligned}$$

한편, ①에서

$$\int_a^b f(x)dx=F(b)-F(a) \quad \cdots\cdots ④$$

따라서 ③, ④로부터 다음 공식을 얻을 수 있다.

정리 7.5 (정적분의 치환적분법)

함수 $f(x)$가 $[a, b]$에서 연속이고 $g(t)$ 및 $g'(t)$도 연속이면 t가 α에서 β까지 변할 때 $x=g(t)$가 a에서 b까지 변한다고 하면,

$$\int_a^b f(x)dx=\int_\alpha^\beta f(g(t))g'(t)dt$$

증명 $f(x)$의 원시함수를 $F(x)$라 하면

$$\begin{aligned}\int_a^b f(x)dx &=F(b)-F(a) \\ &=F(g(\beta))-F(g(\alpha)) \\ &=[F(g(t))]_\alpha^\beta \\ &=\int_\alpha^\beta f(g(t))g'(t)dt\end{aligned}$$

【예제 6】 $\int_{-1}^{2} \sqrt{x+2}\,dx$를 구하여라.

풀이 $t=x+2$라 하면 $dt=dx$이다.
또,

x	-1	2
t	1	4

따라서

$$\int_{-1}^{2} \sqrt{x+2}\,dx = \int_{1}^{4} \sqrt{t}\,dt = \frac{2}{3}\left[t^{\frac{3}{2}}\right]_{1}^{4} = \frac{14}{3}$$ ■

【예제 7】 $\int_{0}^{\frac{\pi}{4}} \sin^2 x \cdot \cos x\,dx$를 구하여라.

풀이 $t=\sin x$라 하면 $dt=\cos x\,dx$이다.
또,

x	0	$\frac{\pi}{4}$
t	1	$\frac{1}{\sqrt{2}}$

따라서

$$\int_{0}^{\frac{\pi}{4}} \sin^2 x \cdot \cos x\,dx = \int_{0}^{\frac{1}{\sqrt{2}}} t^2 dt = \frac{1}{3}\left[t^3\right]_{0}^{\frac{1}{\sqrt{2}}} = \frac{\sqrt{2}}{12}$$ ■

다음의 예제는 부정적분에서 삼각치환법을 정적분에 도입한 것이다. 참고로 피적분함수가 $\sqrt{a^2+x^2}$을 포함하고 있으면 $x=a\sin\theta\left(-\frac{\pi}{2}\le\theta\le\frac{\pi}{2}\right)$로 치환하고 $\sqrt{x^2+a^2}$을 포함하고 있으면 $x=a\tan\theta\left(-\frac{\pi}{2}<\theta<\frac{\pi}{2}\right)$로 치환하면 된다.

【예제 8】 $\int_0^3 \sqrt{9-x^2}\,dx$를 구하여라.

풀이 피적분함수 $\sqrt{9-x^2}=\sqrt{3^2-x^2}$ 이므로 $x=3\sin\theta\left(\theta\in\left[-\frac{\pi}{2},\ \frac{\pi}{2}\right]\right)$라 하면 $dx=3\cos\theta d\theta$이다.

또,

x	0	3
θ	0	$\frac{\pi}{2}$

따라서

$$\begin{aligned}\int_0^3 \sqrt{9-x^2}\,dx &= \int_0^{\frac{\pi}{2}} 3\cos\theta\cdot 3\cos\theta d\theta\\ &=9\int_0^{\frac{\pi}{2}}\cos^2\theta d\theta\\ &=9\int_0^{\frac{\pi}{2}}\frac{1}{2}(1+\cos 2\theta)d\theta\\ &=\frac{9}{2}\left[\theta+\frac{\sin 2\theta}{2}\right]_0^{\frac{\pi}{2}}\\ &=\frac{9}{4}\pi\end{aligned}$$

■

임의의 x에 관하여 $f(-x)=f(x)$인 함수를 우함수라 하고 $f(-x)=-f(x)$인 함수를 기함수라고 한다. 예를 들어 $f(x)=x^2$, $f(x)=\cos x$ 등의 함수가 우함수의 대표적인 함수들이고 $f(x)=x$, $f(x)=\sin x$ 등의 함수가 기함수의 대표적인 함수들이다.

구간 $[a,\ -a]$에서 정적분을 구하는데 짝함수와 기함수의 성질을 이용하면 다음과 같은 정리가 유도되어진다.

정리 7.6 함수 $f(x)$가 구간 $[-a, a]$에서 연속이고 적분가능하다고 하자.

(1) $f(x)$가 우함수이면 $\int_{-a}^{a} f(x)dx=2\int_{0}^{a} f(x)dx$

(2) $f(x)$가 기함수이면 $\int_{-a}^{a} f(x)dx=0$

증명 (1) 정리 7.3의 (4)에 의하여 $\int_{-a}^{a} f(x)dx=\int_{-a}^{0} f(x)dx+\int_{0}^{a} f(x)dx$이다.

$\int_{-a}^{0} f(x)dx$에서 $t=-x$라 하면 $dt=-dx$이다. $f(x)$가 우함수이므로, $f(-t)=f(t)$이므로

$$\int_{-a}^{0} f(x)dx=\int_{a}^{0} f(-t)(-1)dt=-\int_{a}^{0} f(-t)dt$$
$$=-\int_{a}^{0} f(t)dt=\int_{0}^{a} f(t)dt$$

따라서

$$\int_{-a}^{a} f(x)dx=\int_{-a}^{0} f(x)dx+\int_{0}^{a} f(x)dx=2\int_{0}^{a} f(x)dx$$

이다.

(2) $\int_{-a}^{a} f(x)dx=\int_{-a}^{0} f(x)dx+\int_{0}^{a} f(x)dx$이다. $\int_{-a}^{a} f(x)dx$에서 $t=-x$라 하면 $dt=-dx$이다. $f(x)$가 기함수이므로

$$\int_{-a}^{0} f(x)dx=\int_{a}^{0} f(-t)(-1)dt=\int_{a}^{0} f(t)dt=-\int_{0}^{a} f(x)dx$$

따라서

$$\int_{-a}^{0} f(x)dx=\int_{0}^{a} f(x)dx+\int_{0}^{a} f(x)dx=0$$

■

【예제 9】 $\int_{-e}^{e} x^3 \cdot e^{x^2} dx$를 구하여라.

풀이 $f(x)=x^3 \cdot e^{x^2}$이라 하면 $f(-x)=-f(x)$이다. 즉, 기함수이다. 그러므로 정리 7.6에 의하여

$$\int_{-e}^{e} f(x)dx=0$$

이다. ■

치환적분법에서와 마찬가지로 부정적분의 부분적분법의 공식

$$\int f(x) \cdot g'(x)dx=f(x) \cdot g(x)-\int f'(x) \cdot g(x)dx$$

로부터 다음과 같은 정적분에서의 부분적분법을 얻을 수 있다.

> 정리 7.7 (정적분의 부분적분법)
> 함수 $f(x)$, $g(x)$와 이들의 도함수 $f'(x)$, $g'(x)$가 구간 $[a, b]$에서 연속이면
>
> $$\int_a^b f(x) \cdot g'(x)dx=[f(x) \cdot g(x)]_a^b-\int_a^b f'(x) \cdot g(x)dx$$

증명 $F(x)=f(x) \cdot g(x)$라 하면 $F'(x)=f'(x) \cdot g(x)+f(x) \cdot g'(x)$이다. 따라서 $F'(x)$는 적분가능하고 $F(x)$는 연속이다.

$$\begin{aligned} F(b)-F(a) &= \int_a^b \{f'(x) \cdot g(x)+f(x) \cdot g'(x)\}dx \\ &= \int_a^b f(x) \cdot g(x)dx+\int_a^b f(x) \cdot g'(x)dx \end{aligned}$$

그러므로

$$\int_a^b f(x) \cdot g'(x)dx=[f(x) \cdot g(x)]_a^b-\int_a^b \{f'(x) \cdot g(x)\}dx$$ ■

【예제 10】 다음 정적분의 값을 구하여라.

(1) $\int_0^1 x \cdot e^{2x} dx$　　　　(2) $\int_1^e \ln x \, dx$

풀이 (1) $f(x)=x$, $g'(x)=e^{2x}$라 하면 $f'(x)=1$, $g(x)=\frac{1}{2}e^{2x}$이므로

$$\begin{aligned}\int_0^1 x \cdot e^{2x} dx &= \left[\frac{1}{2}x \cdot e^{2x}\right]_0^1 - \int_0^1 \frac{1}{2}e^{2x} dx \\ &= \frac{1}{2}\left[x \cdot e^{2x}\right]_0^1 - \frac{1}{2}\int_0^1 e^{2x} dx \\ &= \frac{e^2}{2} - \frac{e^2}{4} + \frac{1}{4} = \frac{e^2}{4} + \frac{1}{4}\end{aligned}$$

(2) $f(x)=\ln x$, $g'(x)=1$이라 하면 $f'(x)=\frac{1}{x}$, $g(x)=x$이므로

$$\begin{aligned}\int_1^e \ln x \, dx &= [x \cdot \ln x]_1^e - \int_1^e \frac{1}{x} \cdot x \, dx \\ &= [x \cdot \ln x]_1^e - [x]_1^e \\ &= e - (e-1) = 1\end{aligned}$$

■

7.4 이상적분

정적분 $\int_a^b f(x)dx$의 정의에서 정적분은 적분구간이 유계이고 피적분함수 $f(x)$는 구간 $[a, b]$에서 연속임을 가정하였다. 여기서는 이 조건을 만족하지 않은 함수에 대해서 정적분의 정의를 확장하기로 한다. 이러한 정적분을 이상적분(improper integral)이라고 한다.

다음은 적분구간이 유한이 아닌 경우의 이상적분의 정의이다.

정리 7.8 (1) 함수 $f(x)$가 $[a, \infty)$에서 연속이고 $\lim_{c \to \infty} \int_a^c f(x)dx$가 존재할 때,

$$\int_a^{\infty} f(x)dx = \lim_{c \to \infty} \int_a^c f(x)dx$$

(2) 함수 $f(x)$가 $(-\infty, b]$에서 연속이고 $\lim_{c \to -\infty} \int_c^b f(x)dx$가 존재할 때,

$$\int_{-\infty}^{b} f(x)dx = \lim_{c \to -\infty} \int_c^b f(x)dx$$

(3) 함수 $f(x)$가 $(-\infty, \infty)$에서 연속이고 $\lim_{c_1 \to -\infty} \int_{c_1}^0 f(x)dx$와 $\lim_{c_2 \to \infty} \int_0^{c_2} f(x)dx$가 존재할 때,

$$\begin{aligned}\int_{-\infty}^{\infty} f(x)dx &= \int_{-\infty}^{0} f(x)dx + \int_0^{\infty} f(x)dx \\ &= \lim_{c_1 \to -\infty} \int_{c_1}^0 f(x)dx + \lim_{c_2 \to \infty} \int_0^{c_2} f(x)dx\end{aligned}$$

로 정의한다.

【예제 11】 $\int_1^{\infty} \frac{1}{e^x} dx$의 값을 구하여라.

풀이 임의의 $c(\geq 1)$에 대하여

$$\int_1^c \frac{1}{e^x} dx = \left[-\frac{1}{e^x}\right]_1^c = -e^{-c} + \frac{1}{e}$$

이고

$$\lim_{c \to \infty} \int_1^c \frac{1}{e^x} dx = \lim_{c \to \infty} \left(\frac{1}{e} - e^{-c}\right) = \frac{1}{e}$$

■

정리 7.9 (1) 함수 $f(x)$가 $(a, b]$에서 연속이고 $\lim_{\varepsilon \to 0^+}\int_{a+\varepsilon}^{b} f(x)dx$가 존재할 때,

$$\int_a^b f(x)dx = \lim_{\varepsilon \to 0^+}\int_{a+\varepsilon}^{b} f(x)dx$$

(2) 함수 $f(x)$가 $(a, b]$에서 연속이고 $\lim_{\varepsilon \to 0^+}\int_{a}^{b-\varepsilon} f(x)dx$가 존재할 때,

$$\int_a^b f(x)dx = \lim_{\varepsilon \to 0^+}\int_{a}^{b-\varepsilon} f(x)dx$$

(3) 함수 $f(x)$가 (a, b)에서 연속이고 $\lim_{\substack{\varepsilon_1 \to 0^+ \\ \varepsilon_2 \to 0^+}}\int_{a+\varepsilon_1}^{b-\varepsilon_2} f(x)dx$가 존재할 때,

$$\int_a^b f(x)dx = \lim_{\substack{\varepsilon_1 \to 0^+ \\ \varepsilon_2 \to 0^+}}\int_{a+\varepsilon_1}^{b-\varepsilon_2} f(x)dx$$

로 정의한다.

【예제 12】 $\int_0^1 \frac{1}{x}dx$를 구하여라.

풀이 $f(x) = \frac{1}{x}$은 구간 $(0, 1]$에서 연속이고 0 근처에서 유계가 아니므로

$$\int_{0+\varepsilon}^{1} f(x)dx = \int_{0+\varepsilon}^{1} \frac{1}{x}dx = [\ln x]_{\varepsilon}^{1} = -\ln \varepsilon$$

이고

$$\lim_{\varepsilon \to 0^+}\int_{0+\varepsilon}^{1} f(x)dx = \lim_{\varepsilon \to 0^+}\int_{\varepsilon}^{1} \frac{1}{x}dx = \lim_{\varepsilon \to 0^+}(-\ln \varepsilon) = \infty(\text{정의되지 않음})$$

따라서 정적분의 값은 존재하지 않는다. ■

7.5 정적분의 응용

정적분의 공식을 이용하여 평면도형의 면적, 입체도형의 부피, 속도 및 곡선의 길이에 대하여 알아보자.

1. 면 적

(1) 곡선과 x축 사이의 면적

함수 $f(x)$가 구간 $[a, b]$에서 연속일 때, 곡선 $y=f(x)$와 x축 및 두 직선 $x=a$와 $x=b$로 둘러싸인 부분의 면적 S는

① $f(x) \geq 0$이면

$$S=\int_a^b f(x)dx$$

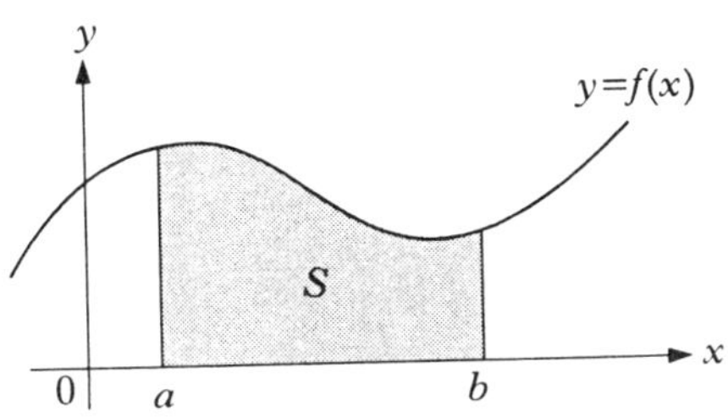

[그림 7.7]

② $f(x) \leq 0$이면

$$S=\int_a^b \{-f(x)\}dx=-\int_a^b f(x)dx$$

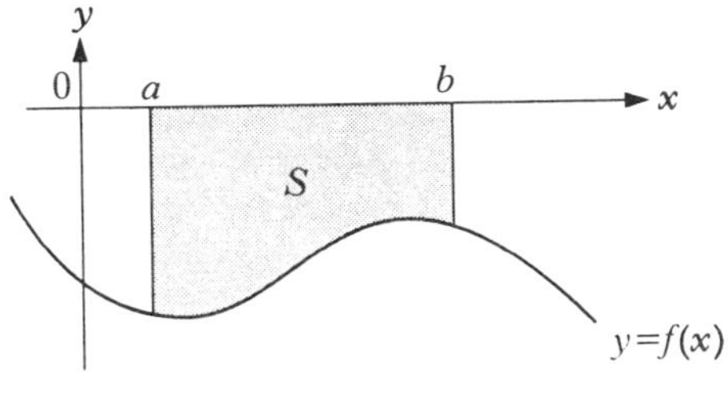

[그림 7.8]

【예제 13】 구간 $[1, e]$에서 곡선 $y=\frac{1}{x}$과 x축 사이의 도형의 면적을 구하여라.

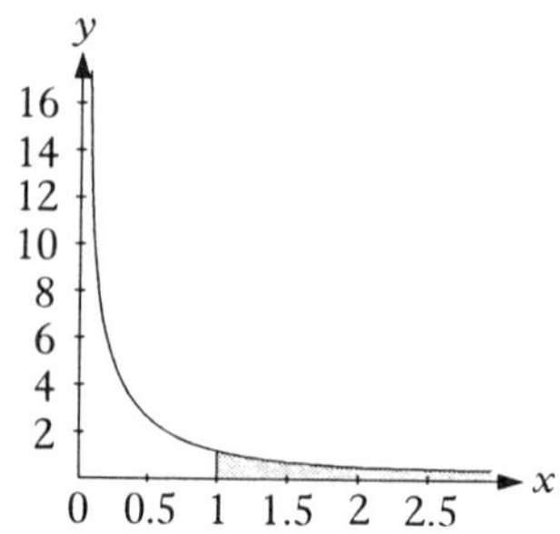

[그림 7.9]

풀이 먼저 곡선 $y=\frac{1}{x}$의 그래프를 그려보면 그림 7.9와 같다. 구하는 면적을 S라 하면

$$S=\int_1^e \frac{1}{x}dx=[\ln x]_1^e=1$$

■

(2) 곡선과 y축 사이의 면적

함수 $x=f(y)$가 구간 $[c, d]$에서 연속일 때, 곡선 $x=f(y)$와 y축 및 두 직선 $y=c$와 $y=d$로 둘러싸인 면적 S는

$$S=\int_c^d |f(y)|dy$$

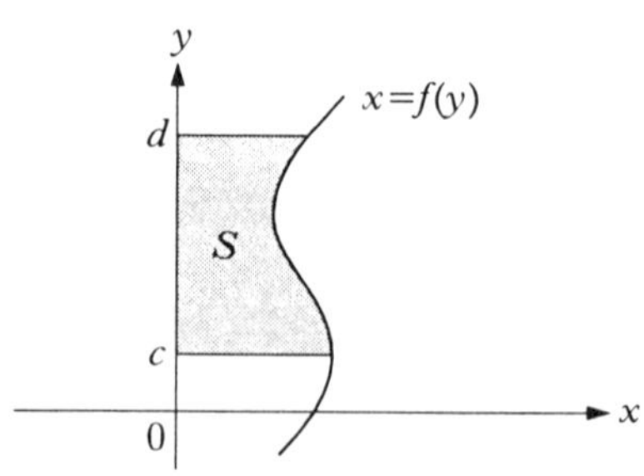

[그림 7.10]

여기서 정적분의 피적분 함수에 절대값을 취한 이유는 함수 $f(y)$가 $f(y) \geq 0$와 $f(y) \leq 0$인 두 가지 경우가 발생하므로 이를 통합하기 위해서 절대값을 취했다. 따라서 앞의 (1) 곡선과 x축 사이의 면적 공식은 $S=\int_a^b |f(x)|dx$로 쓸 수 있다.

【예제 14】 곡선 $f(y)=y^2+1$과 직선 $x=5$로 둘러싸인 도형의 면적을 구하여라.

풀이 곡선과 직선의 교점의 y좌표는 $y^2+1=5$이므로 $y=\pm 2$이다. 따라서 도형의 면적 S는

$$S=\int_{-2}^{2}\{5-(y^2+1)\}dy=2\int_0^2(4-y^2)dy=\frac{32}{3}$$ ■

(3) 두 곡선 사이의 면적

구간 $[a, b]$에서 연속이고 $f(x) \leq g(x)$인 두 함수 $f(x)$와 $g(x)$에 대하여, 두 곡선 $y=f(x)$와 $y=g(x)$ 사이의 도형의 면적 S는

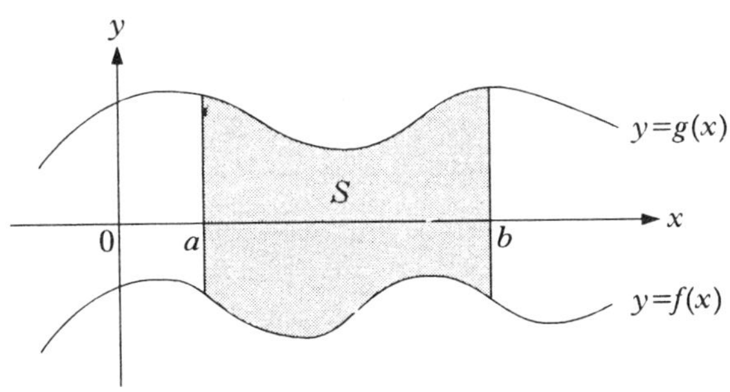

[그림 7.11]

$$S=\int_a^b\{g(x)-f(x)\}dx$$

이다.

【예제 15】 두 곡선 $y_1=\sin x(0 \leq x \leq \pi)$, $y_2=\cos x(0 \leq x \leq \pi)$와 x축으로 둘러싸인 도형의 면적 S를 구하여라.

풀이 두 곡선의 교점의 x좌표를 구하기 위하여 $\sin x = \cos x$라 하면, $\dfrac{\sin x}{\cos x} = \tan x = 1$에서 교점의 x좌표를 θ라 하면 $\tan\theta = 1$에서 θ는 $\dfrac{\pi}{4}$이므로 두 곡선의 교점의 x좌표는 $\dfrac{\pi}{4}$이다.

그림 7.12에 의해서 두 곡선과 x축으로 둘러싸인 도형의 면적 $S = S_1 + S_2$이고

$$S_1 = \int_0^{\frac{\pi}{4}} (\cos x - \sin x)\,dx = \Big[\sin x + \cos x\Big]_0^{\frac{\pi}{4}} = \sqrt{2} - 1$$

$$S_2 = \int_{\frac{\pi}{4}}^{0} (\sin x - \cos x)\,dx = \Big[-\cos x - \sin x\Big]_{\frac{\pi}{4}}^{\pi} = 1 + \sqrt{2}$$

따라서, $S = S_1 + S_2 = (\sqrt{2} - 1) + (1 + \sqrt{2}) = 2\sqrt{2}$

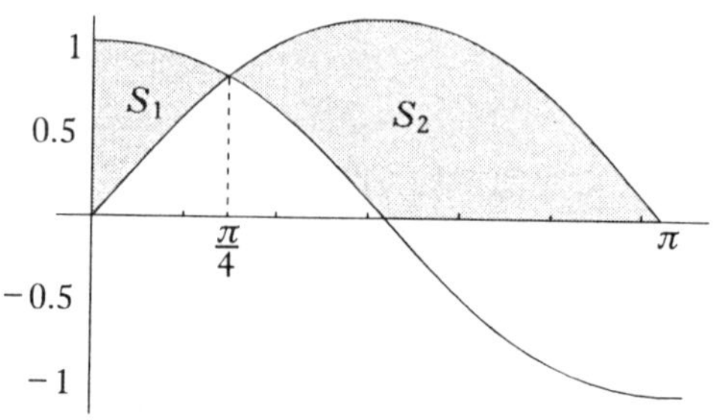

[그림 7.12] ■

2. 회전체의 부피

그림 7.13과 같이 구간 $[a, b]$ 사이의 점 x에서 x축에 수직인 평면으로 자른 단면의 넓이가 x의 함수 $S(x)$로 주어질 때, x좌표가 a, b인 두 점을 지나 x축에 수직인 두 평면 사이에 있는 부분의 부피 V를 구하여 보자.

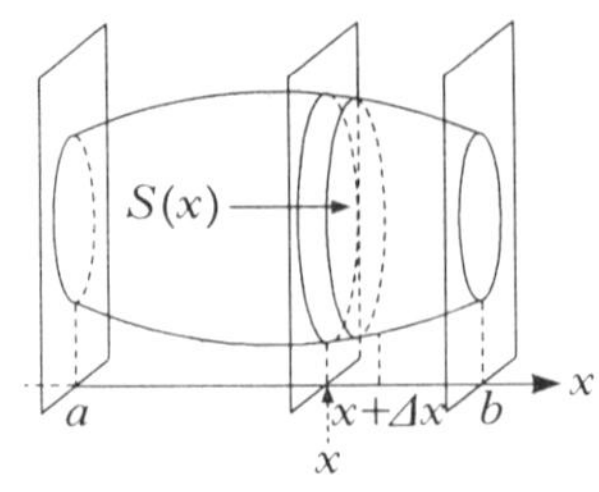

[그림 7.13]

구간 $[a, b]$ 사이의 점의 좌표 x에 대하여 a에서 x까지 사이에 있는 부분의 부피를 $V(x)$라 하면, x의 증분 Δx에 대한 $V(x)$의 증분 ΔV는

$$\Delta V = V(x+\Delta x) - V(x)$$

이므로, x와 $x+\Delta x$ 사이에

$$\Delta V = S(u) \cdot \Delta x$$

인 u가 존재한다. $\Delta x \to 0$이면 $u \to x$이다. 미적분학의 기본정리 I 에 의하여

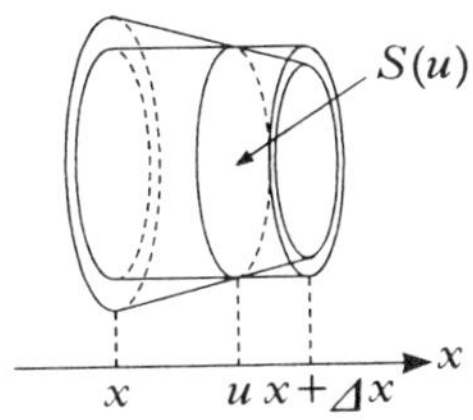

[그림 7.14]

$$V'(x) = \lim_{\Delta x \to 0} \frac{\Delta V}{\Delta x} = \lim_{u \to x} S(u) = S(x)$$

따라서

$$\int_a^b S(x)dx = [V(x)]_a^b = V(b) - V(a)$$

$V(a)=0$이므로

$$V = V(b) = V(a) + \int_a^b S(x)dx = \int_a^b S(x)dx$$

이다.

【예제 16】 물통에 물을 채우려고 하는데 물의 깊이가 $x$cm일 때 수면의 넓이가 x^2 cm^{2}라고 하면, 깊이가 5cm일 때의 물의 부피를 구하여라.

풀이 물의 깊이 x에 대한 수면의 넓이의 관계를 함수 $S(x)$라 하면 $S(x)=x^2$이므로 깊이가 5cm일 때의 물의 부피 V는

$$V=\int_0^5 S(x)dx=\int_0^5 x^2dx=\frac{125}{3}(\text{cm}^3)$$

이다. ■

이제 회전체의 부피를 구하여 보자. 회전체의 부피를 구하는 방법은 기본적으로 두 가지가 있다. 첫 번째는 원판이용법(method of disks)이고 다른 하나는 원기둥이용법(method of cylindrical shells)이다. 먼저 원판이용법부터 알아보자.

구간 $[a, b]$에서 곡선 $y=f(x)$를 x축의 둘레로 회전시킬 때 생기는 회전체의 부피를 생각하여 보자.

구간 $[a, b]$ 사이의 임의의 점 x에서의 회전체의 단면의 넓이 $S(x)$는 반지름의 길이가 $|f(x)|$인 원의 넓이가 되므로,

$$S(x)=\pi\{f(x)\}^2$$

이다.

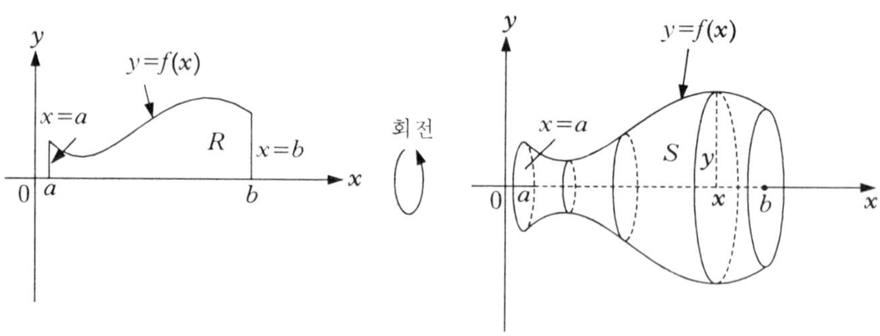

[그림 7.15]

따라서, 구하는 회전체의 부피 V는

$$V=\int_a^b S(x)dx=\pi\int_a^b \{f(x)\}^2dx$$

이다. 마찬가지로 구간 $[c, d]$에서 곡선 $x=g(y)$를 y축의 둘레로 회전시킬 때 생기는 회전체의 부피 V는

$$V=\pi\int_c^d x^2dy=\pi\int_c^d \{g(y)\}^2dy$$

가 된다.

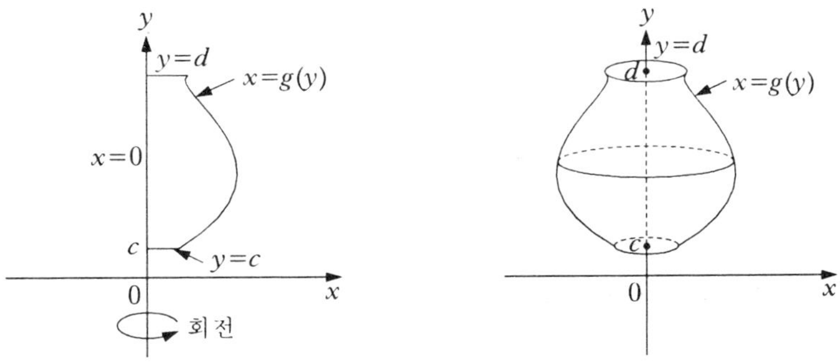

[그림 7.16]

【예제 17】 구간 [0, 1]에서 곡선 $y=x^3$와 x축으로 둘러싸인 도형을 x축의 둘레로 회전시킬 때 생기는 회전체의 부피를 구하여라.

풀이 먼저 함수 $f(x)=x^3$이라 하고 구간 [0, 1]에서 함수의 그래프를 그려보면

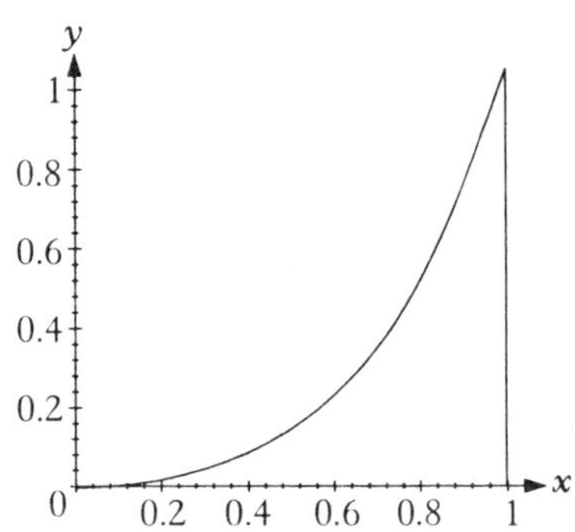

[그림 7.17]

이다. x축의 둘레로 회전시킬 회전체의 부피 V는

$$V=\pi\int_0^1\{f(x)\}^2dx$$

이므로

$$\begin{aligned}V&=\pi\int_0^1(x^3)^2dx\\&=\pi\left[\frac{1}{7}x^7\right]_0^1\\&=\frac{\pi}{7}(1-0)\\&=\frac{\pi}{7}\end{aligned}$$

이다.

예제 5의 회전체의 그래프는 다음과 같다.

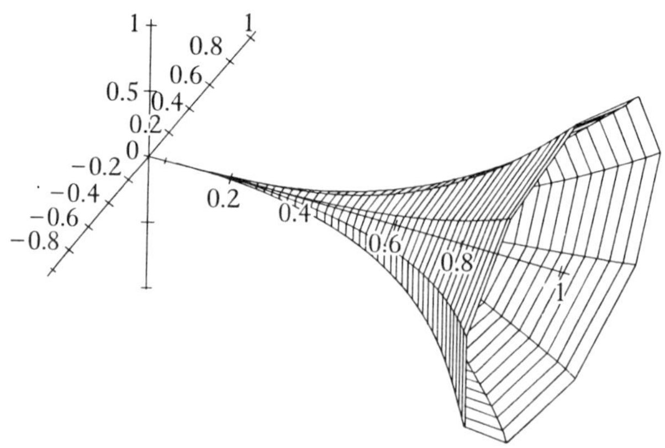

[그림 7.18] ■

【예제 18】 곡선 $y=x^2+1$과 직선 $y=x+3$으로 둘러싸인 부분을 y축 둘레로 회전시킬 때 생기는 회전체의 부피를 구하여라.

풀이 곡선 $y=x^2+1$과 직선 $y=x+3$의 교점을 구하기 위하여

$$x^2+1=x+3$$

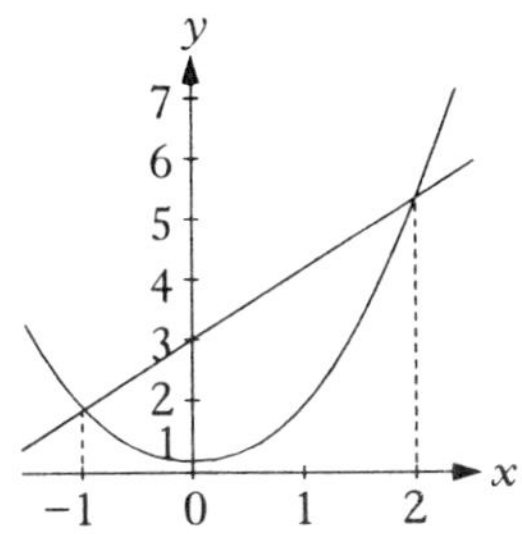

[그림 7.19]

이라 하면 교점의 x좌표는 -1, 2이므로 y좌표는 2, 5이다. 따라서 구하는 회전체의 부피 V는

$$V=\pi\int_1^5 (y-1)\,dy-\pi\int_3^5 (y-3)^2 dy$$

$$=\pi\left[\frac{(y-1)^2}{2}\right]_1^5-\pi\left[\frac{(y-3)^3}{3}\right]_3^5$$

$$=\frac{16}{3}\pi$$

■

어떤 입체의 부피를 구하는 문제는 앞서 다루었던 방법으로 구하기 힘든 경우가 있다. 예를 들어 곡선 $y=x(x-1)^2$과 x축으로 둘러싸인 부분을 y축 둘레로 회전시킬 때 생기는 회전체의 부피를 구하기 위해서는 먼저 주어진 곡선의 극대점 (a, b)를 구해서 방정식 $y=x(x-1)^2$으로부터 그림 7.20에서와 같이 함수 $x=g_1(y)$와 $x=g_2(y)$를 구해야만 한다.

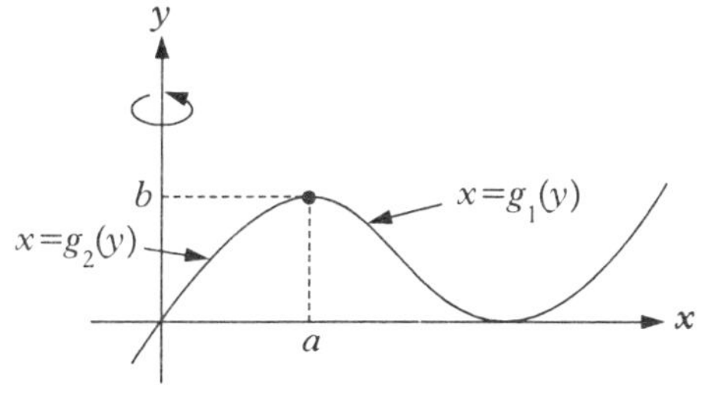

[그림 7.20]

방정식 $y=x(x-1)^2$이 x에 관한 3차방정식이므로 이 두 함수 g_1과 g_2를 쉽게 구할 수 없다. 따라서

$$V=\pi\int_0^b\left[\{g_1(y)\}^2-\{g_2(y)\}^2\right]dy$$

를 이용하여 부피를 구할 수 있다. 다행히 이런 경우 보다 쉬운 방법이 있는데 이를 원기둥 이용법이라 한다.

이 방법은 그림 7.21에서 내경이 r_1, 외경이 r_2 그리고 높이가 h인 원기둥을 볼 수 있다.

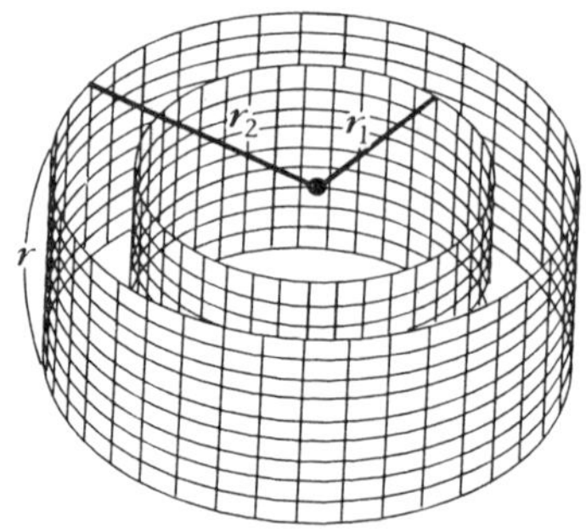

[그림 7.21]

이 원기둥의 부피 V는 외부 원기둥의 부피 V_2에서 내부 원기둥의 부피 V_1을 빼면 된다. 즉

$$\begin{aligned}V&=V_2-V_1\\&=\pi r_2^2h-\pi r_1^2h\\&=\pi(r_2^2-r_1^2)h\\&=2\pi\cdot\frac{r_2+r_1}{2}h(r_2-r_1)\end{aligned}$$

여기서, $\varDelta r=r_2-r_1$이고 $r=\frac{1}{2}(r_2+r_1)$이라 하면, 원기둥의 부피를 구하는 공식은

$$V=2\pi rh\cdot\varDelta r$$

따라서, 곡선 $y=f(x)(\geq 0)$와 x축 그리고 $x=a$, $x=b$로 둘러싸인 부분을 y축 둘레로 회전시킬 때 생기는 회전체의 부피는 정적분의 정의로부터

$$V=\int_a^b 2\pi x f(x)dx \quad (0 \leq a \leq b)$$

이다.

【예제 19】 곡선 $y=x(x-1)^2$과 x축으로 둘러싸인 부분을 y축 둘레로 회전시킬 때 생기는 회전체의 부피를 구하여라.

풀이 그림 7.21을 참조하면,

$$\begin{aligned} V &= \int_0^1 2\pi x\{x(x-1)^2\}dx \\ &= 2\pi\int_0^1 (x^4-2x^3+x^2)dx \\ &= 2\pi\left[\frac{x^5}{5}-2\frac{x^4}{4}+\frac{x^3}{3}\right]_0^1 \\ &= \frac{\pi}{15} \end{aligned}$$

■

3. 곡선의 길이

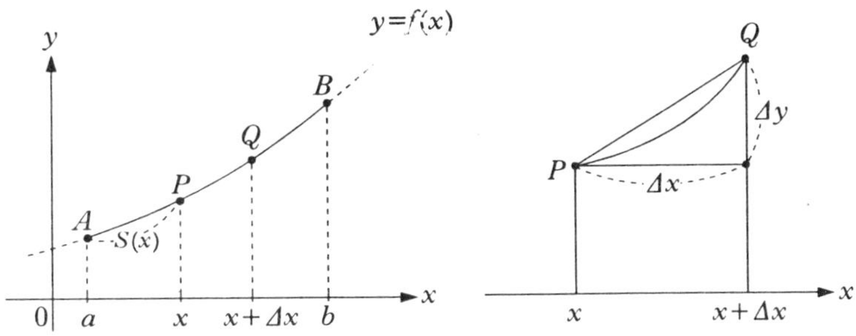

[그림 7.22]

그림 7.22에서 보듯이 폐구간 $[a, b]$ 안의 점을 x라 하고 고정점 A와 점 $P(x, f(x))$ 사이의 곡선의 호 $\widehat{AP}$의 길이를 $S(x)$라 하면 $S(x)$는 x에 대한 함수이다.

곡선 위의 P 이외의 또 다른 점 Q를 잡고 P에 무한히 접근시키면 호 $\widehat{PQ}$의 길이는 현 $\overline{PQ}$의 길이와 같아진다. 즉,

$$\lim_{\Delta x \to 0} \frac{|\widehat{PQ}|}{m(\overline{PQ})} = 1$$

한편,

$$\widehat{PQ} = \Delta S = S(x+\Delta x) - S(x)$$
$$m(\overline{PQ}) = \sqrt{(\Delta x)^2 + (\Delta y)^2}$$

그러므로

$$\begin{aligned}
\lim_{\Delta x \to 0} \frac{\Delta S}{\Delta x} &= \lim_{\Delta x \to 0} \frac{\widehat{PQ}}{m(\overline{PQ})} \cdot \frac{m(\overline{PQ})}{\Delta x} \\
&= \lim_{\Delta x \to 0} \frac{\widehat{PQ}}{m(\overline{PQ})} \cdot \frac{\sqrt{(\Delta x)^2 + \{f(x+\Delta x) - f(x)\}^2}}{\Delta x} \\
&= \lim_{\Delta x \to 0} \frac{|\widehat{PQ}|}{m(\overline{PQ})} \cdot \sqrt{1 + \left\{\lim_{\Delta x \to 0} \frac{f(x+\Delta x) - f(x)}{\Delta x}\right\}^2}
\end{aligned}$$

즉,

$$\frac{dS}{dx} = \sqrt{1 + \{f'(x)\}^2}$$

따라서,

$$S = m(\widehat{AB}) = \int_a^b \sqrt{1 + \left(\frac{dy}{dx}\right)^2}\, dx$$

【예제 20】 두 점 (0, 0), (4, 8) 사이의 곡선 $y = x\sqrt{x}$ 의 호의 길이를 구하여라.

풀이 $y = x\sqrt{x} = x^{\frac{3}{2}}$ 에서 $\frac{dy}{dx} = \frac{3}{2}x^{\frac{1}{2}}$ 이므로 구하는 호의 길이 S는

$$S=\int_0^4\sqrt{1+\left(\frac{3}{2}x^{\frac{1}{2}}\right)^2}\,dx$$
$$=\int_0^4\sqrt{1+\left(\frac{9}{4}x\right)}dx$$
$$=\frac{8}{27}(10\sqrt{10}-1)$$ ■

4. 회전면의 표면적

회전체를 만들 때와 마찬가지로 곡선의 호 $\widehat{AB}$가 x축의 둘레로 회전해서 생기는 곡면을 회전면이라 한다. 이 회전면의 면적 S는 굴절선 $AP_1P_2 \cdots P_{n-1}B$을 x축의 둘레로 회전했을 때 생기는 회전면의 넓이의 극한값으로 정의한다.

구간 $[a, b]$에서 $y=f(x)$는 $f(x)\geq 0$이고 연속인 도함수를 갖는다고 하자. 주어진 구간의 분할

$$a=x_0<x_1<\cdots<x_{n-1}<x_n=b$$

에서 각 점 $x_0, x_1, \cdots, x_{n-1}, x_n$에 대응하는 곡선 위의 점을

$$A=P_0,\ P_1,\ P_2,\ \cdots,\ P_{n-1},\ P_n=B$$

라 하면

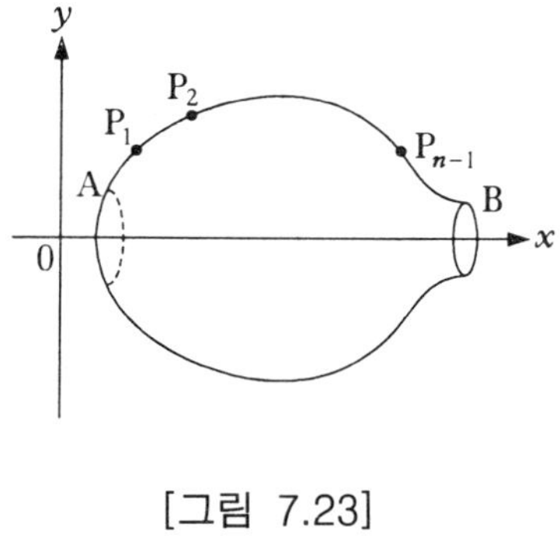

[그림 7.23]

선분 $P_{i-1}P_i$에 의해서 생기는 회전면의 표면적

$$\pi\{f(x_{i-1})+f(x_i)\}\sqrt{(\Delta x_i)^2+(\Delta y_i)^2}$$

이다. 여기서 $\Delta x_i=x_i-x_{i-1}$이다.

평균값 정리에 의해서

$$\Delta y_i=f(x_i)-f(x_{i-1})=f'(c_i)\Delta x_i,\ c_i\in[x_{i-1},\ x_i]$$

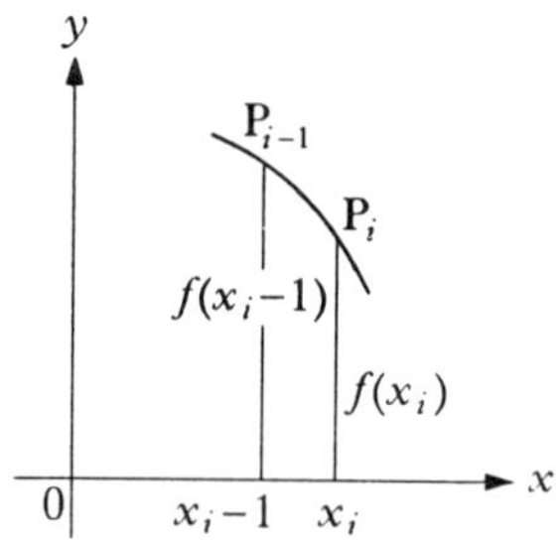

[그림 7.24]

이므로

$$\pi\{f(x_{i-1})+f(x_i)\}\sqrt{(\Delta x_i)^2+(\Delta y_i)^2}$$
$$=\pi\{f(x_{i-1})+f(x_i)\}\sqrt{1+\{f'(c_i)\}^2}\,\Delta x_i$$

이 된다.

따라서 굴절선 $P_0P_1\cdots P_{n-1}P_n$에 의해서 생기는 회전면의 표면적 S_n은

$$S_n=\sum_{i=1}^{n}\pi f(x_{i-1})\sqrt{1+\{f'(c_i)\}^2}\,\Delta x_i+\sum_{i=1}^{n}\pi f(x_i)\sqrt{1+\{f'(c_i)\}^2}\,\Delta x_i$$

이다. 그러므로 회전면의 표면적 S는

$$S=\lim_{n\to\infty}S_n=2\pi\int_a^b f(x)\sqrt{1+\{f'(x)\}^2}\,dx$$

이다.

【예제 21】 곡선 $y=\sin x$에서 $x=0$에서 $x=\pi$까지의 호를 x축의 둘레로 회전하여

생긴 회전면의 표면적을 구하여라.

풀이 $y = \sin x$이므로 $y' = \cos x$

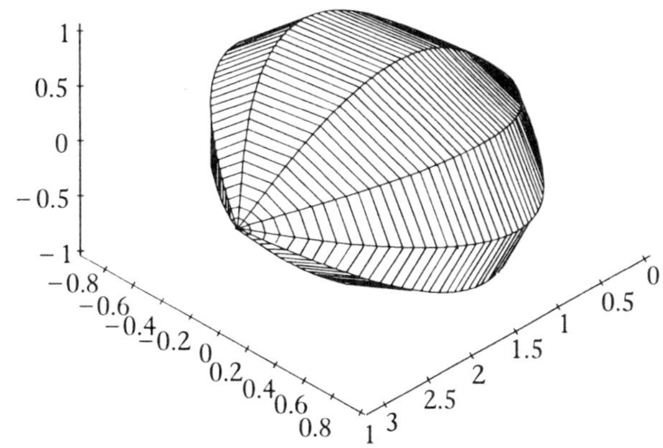

[그림 7.25]

따라서

$$S = \int_0^{\pi} 2\pi \cdot \sin x \sqrt{1+\cos^2 x}\, dx$$
$$= 2\pi \int_0^{\pi} \sin x \sqrt{1+\cos^2 x}\, dx$$
$$= 2\pi \{\sqrt{2} + \ln(1+\sqrt{2})\}$$ ■

5. 정적분의 근사값

함수 $f(x)$가 구간 $[a, b]$에서 연속이고 $f(x) \geq 0$일 때, 정적분 $\int_a^b f(x)dx$의 근사값을 구하여 보자. 앞에서는 피적분함수 $f(x)$의 부정적분 $F(x)$를 구하여 $F(b)-F(a)$를 계산하여 그 값을 구하였다. 하지만 실생활에 있어서는 피적분 함수 $f(x)$의 구체적인 모습이나 그 함수의 부정적분을 구할 수 없어 정적분 $\int_a^b f(x)dx$을 계산하지 못하는 경우가 있다. 이러한 경우에는 정적분 $\int_a^b f(x)dx$의 근사값을 구할 수밖에 없다. 이러한 근사값을 구하는 방법에는 사다리꼴 공식과 심프슨의 공식이 있다. 먼저 사다리꼴공식부터 알아보자.

사다리꼴 공식은 구간 $[a, b]$를 n등분하고 각 분점에 대응하는 함수값을 각각

$$y_0,\ y_1,\ y_2,\ \cdots,\ y_{n-1},\ y_n$$

이라고 하자.

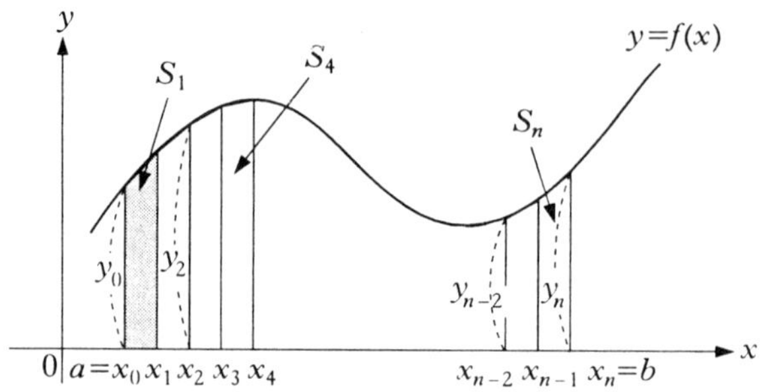

[그림 7.26]

그림 7.26에서와 같이 넓이 S는

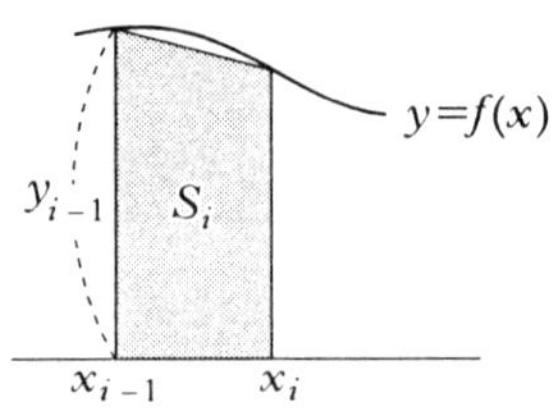

[그림 7.27]

$$S=\int_a^b f(x)dx \fallingdotseq S_1+S_2+\cdots+S_n$$

이다. 분점 사이의 간격을 $h=\dfrac{b-a}{n}$라고 하면

$$S_1=\frac{h(y_0+y_1)}{2},\ S_2=\frac{h(y_1+y_2)}{2},\ \cdots,\ S_n=\frac{h(y_{n-1}+y_n)}{2}$$

이므로,

$$S=\int_a^b f(x)dx \fallingdotseq \frac{h}{2}\{y_0+2(y_1+y_2+\cdots+y_{n-1})+y_n\}$$

이다.

이번에는 심프슨의 공식에 대하여 알아보자.

구간 $[a, b]$를 $2n$등분하고 분점

$$a=x_0,\ x_1,\ x_2,\ \cdots,\ x_n,\ x_{n-1},\ \cdots,\ x_{2n-1},\ x_{2n}=b$$

에 대응하는 함수값을 각각

$$y_0,\ y_1,\ y_2,\ \cdots,\ y_n,\ y_{n+1},\ \cdots,\ y_{2n-1},\ y_{2n}$$

이라고 하자.

그림 7.28과 같이 곡선 $y=f(x)$ 위의 세 점

$$(x_0,\ y_0),\ (x_1,\ y_1),\ (x_2,\ y_2)$$

을 지나는 포물선을 $g(x)=ax^2+bx+c$라 하면

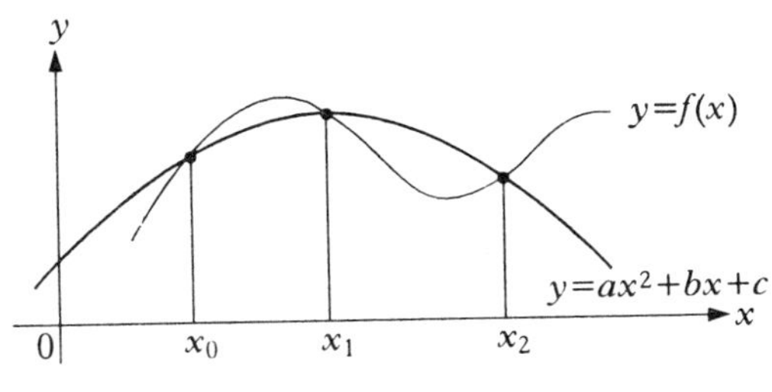

[그림 7.28]

$$\int_{x_0}^{x_2} f(x)dx \fallingdotseq \int_{x_0}^{x_2}(ax^2+bx+c)dx$$

로 계산할 수 있다.

그런데 구간 $[x_0,\ x_2]$의 길이를 $h=\dfrac{x_2-x_0}{2}$라고 하면

$$\int_{x_0}^{x_2}(ax^2+bx+c)dx$$

$$=\left[\frac{a}{3}x^3+\frac{b}{2}x^2+cx\right]_{x_0}^{x_2}$$

$$=\frac{a}{3}(x_2^3-x_0^3)+\frac{b}{2}(x_2^2-x_0^2)+c(x_2-x_0)$$

$$=\frac{x_2-x_0}{6}\{2a(x_0^2+x_0x_2+x_2^2)+3b(x_0+x_2)+6c$$

$$=\frac{x_2-x_0}{6}\{ax_0^2+bx_0+c)+(ax_2^2+bx_2+c)+(x_0+x_2)^2+2b(x_0+x_2)+4c\}$$

그런데 $y_0=ax_0^2+bx_0+c$, $y_2=ax_2^2+bx_2+c$이고

$$a(x_0+x_2)^2+2b(x_0+x_2)+4c=4(ax_1^2+bx_1+c)=4y_1$$

이고, 따라서

$$\int_{x_0}^{x_2}(ax^2+bx+c)dx=\frac{h}{3}(y_0+4y_1+y_2)$$

그러므로

$$\int_a^b f(x)dx \fallingdotseq \frac{h}{3}\{y_0+y_{2n}+4(y_1+y_3+\cdots+y_{2n-1})+2(y_2+y_4+\cdots+y_{2n-2})\}$$

이다.

【예제 22】 $\int_0^1 \frac{1}{1+x^2}dx$의 근사값을 10등분하여 사다리꼴 공식과 심프슨의 공식을 이용하여 구하여라.

풀이 (1) 사다리꼴 공식 이용 ;

$n=10$이므로 $h=\frac{1}{10}$이다.

$y_0=1$ $y_6=0.73529411$

$y_1 = 0.99009900$ $\qquad$ $y_7 = 0.67114093$

$y_2 = 0.96153846$ $\qquad$ $y_8 = 0.60975609$

$y_3 = 0.91743119$ $\qquad$ $y_9 = 0.55248618$

$y_4 = 0.86206896$ $\qquad$ $y_{10} = 0.5$

$y_5 = 0.8$

따라서

$$\int_0^1 \frac{1}{1+x^2}dx \fallingdotseq \frac{1}{20}(y_0 + 2(y_1 + y_2 + \cdots + y_9) + y_{10})$$
$$\fallingdotseq 0.7849$$

(2) 심프슨의 공식 이용 ;

$n=5$이고 $h=\frac{1}{10}$이다.

$$\int_0^1 \frac{1}{1+x^2}dx \fallingdotseq \frac{0.1}{3}\{y_0 + y_{10}) + 2(y_2 + y_4 + y_6 + y_8) + 4(y_1 + y_3 + y_5 + y_7 + y_9)\}$$
$$\fallingdotseq 0.78539814$$

■

연습문제(7.1)

1. 다음을 계산하여라.

(1) $\int_0^1 xe^x dx$ $\qquad$ (2) $\int_0^a \frac{dx}{\sqrt{a^2-x^2}}$

(3) $\int_1^2 x \ln x dx$ $\qquad$ (4) $\int_0^{\frac{1}{2}} \sin^{-1} x dx$

(5) $\int_0^\infty \frac{1}{1+x^2}dx$ $\qquad$ (6) $\int_0^{\frac{\pi}{4}} \frac{1}{1+\cos x}dx$

(7) $\int_0^{\frac{\pi}{2}} e^{\sin x} \cos x dx$ $\qquad$ (8) $\int_0^1 xe^{-x^2}dx$

(9) $\int_0^{\frac{\pi}{2}} \cos^3 x\sqrt{\sin x}\,dx$ (10) $\int_1^{\infty} \frac{1}{x^3}dx$

(11) $\int_2^3 \frac{2x^2+5x+9}{x-2}dx$ (12) $\int_{-1}^1 |x|\,dx$

(13) $\int_2^{\infty} \frac{x}{\sqrt{x^2-4}}dx$ (14) $\int_0^1 \frac{1}{x^2-x+1}dx$

2. 다음 문제에서 둘러싸인 영역의 넓이를 구하여라.

(1) $y=x^2$, $y=\sqrt{x}$, $x=\frac{1}{4}$, $x=1$

(2) $y^2=-x$, $y=x-b$, $y=-1$, $y=4$

3. $r=2a\cos\theta(a>0)$로 둘러싸인 넓이를 구하여라.

4. 곡선 $r=a(1+\cos\theta)(a>0)$의 전체의 길이를 구하여라.

5. x축과 곡선 $y=\sin x$로 둘러싸인 도형의 넓이를 구하여라.

6. 다음을 계산하여라.

(1) 사다리꼴의 공식을 이용하여 $\int_0^2 x^2dx$의 근사값($n=5$)

(2) Simpson의 공식을 이용하여 $\int_0^1 \frac{1}{1+x^2}dx$의 근사값($n=10$)

7. 곡선 $y=x^2$의 $x=0$에서 $x=3$까지의 호의 길이를 구하여라.

8. 파선 $x=a(\theta-\sin\theta)$, $y=a(1-\cos\theta)\,(a>0,\ 0\leq\theta\leq 2\pi)$이 x축으로 둘러싸인 도형의 넓이를 구하여라.

제 8 장

복 소 수

8.1 복소수

어떤 실수로도 만족하지 않은 다음과 같은 식이 있다는 사실로부터 복소수가 도입되었다.

$$x^2+3=0$$

과 같은 해는 실수의 체계 안에서 구할 수 없다.

즉, $x^2+3=0$일 때에는 $x=\pm\sqrt{-3}$이 된다.

어떠한 실수라도 제곱하면 언제나 양수가 되지만 $\pm\sqrt{-3}$은 그렇지 않으므로 실수가 아니다.

방정식 $x^2+1=0$에 관한 근의 하나인 $\sqrt{-1}$을, 즉 제곱하면 -1이 되는 수를 편의상 기호로서

$$i=\sqrt{-1}$$

로 표시하며, 이것을 허수 단위라고 한다.

복소수는 다음에 정의하는 것처럼 산술 연산법을 따르는 순서있는 실수의 쌍으로

구성된다.

즉, 일반적으로 복소수는 $a+ib(a+bi)$형으로 쓰지만 문자 z로 쓰기도 한다.

즉,

$$z=a+bi$$

이다. 여기서 i는 허수 단위라 하며 실수 a는 복소수 z의 실수부, 실수 b는 복소수 z의 허수부라 하며, 각각 $R(z)$, $I(z)$로 나타낸다.

$$\text{Re}\, z=x, \quad \text{Im}\, z=y$$

예를 들면 $z=5-3i$에서 $\text{Re}(5-3i)=5$, $\text{Im}(5-3i)=-3$이라 쓴다.

1. 복소수의 사칙 연산

$z_i=a+bi$, $z_2=c+di$라 할 때

① 상등조건

$a+bi=c+di$인 것은 $a=c$, $b=d$일 때이며, 그 때에 한해서 성립한다.

② 가감법

$$z_1 \pm z_2=(a+bi) \pm (c+di)=(a \pm c)+(b \pm d)i$$

③ 곱셈

$$z_1 z_2=(a+bi)(c+di)=(ac-bd)+(ad+bc)i$$

④ 나눗셈

$$\frac{z_1}{z_2}=\frac{a+bi}{c+di}=\frac{(a+bi)(c-di)}{(c+di)(c-di)}$$

$$=\frac{ac+bd}{c^2+d^2}+i\frac{bc-ad}{c^2+d^2}$$

(단, $c^2+d^2=0$)

임의의 복소수 z_1, z_2, z_3가 있을 때 대수학의 기본적인 사항이 성립된다.

① 결합 법칙

$$(z_1+z_2)+z_3=z_1+(z_2+z_3)$$

② 교환 법칙

$z_1+z_2=z_2+z_1$, $z_1z_2=z_2z_1$

③ 분배 법칙

$z_1(z_2+z_3)=z_1z_2+z_1z_3$

8.2 켤레 복소수의 성질

$z=a+bi$에 대하여 $\bar{b}=a-bi$인 복소수를 z의 켤레 복소수라고 하며, z와 $\bar{z}$는 서로 켤레라고 한다. 따라서,

$$z=a+bi, \quad \bar{z}=a-bi$$

이다.

① $z+\bar{z}=$실수

$(\because)$ $(a+bi)+(a-bi)=2a$

② $z\cdot\bar{z}=$실수

$(\because)$ $(a+bi)(a-bi)=a^2+b^2$

③ 두 복소수의 합과 곱이 실수이면 그들은 서로 켤레이다.

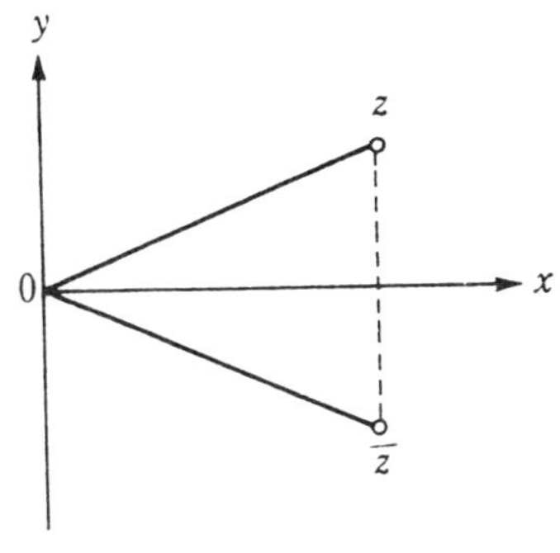

[그림 8.1]

$$(\because)\ (a+bi)+(c+di)=(a+c)+(b+d)i$$
$$(a+bi)(c+di)=(ac-bd)+(ad+bc)i$$

가 다 같이 실수가 되기 위해서는

$$b+d=0, \quad ad+bc=0$$

따라서 $d=-b$이며, 이것을 제2식에 대입하면 $b(c-a)=0$, 즉 $b\neq 0$이므로 $c=a$, 따라서 $c+di=a-bi$로 된다.

연습문제(8.1)

1. 다음 식의 값을 간단히 하여라.

(1) $\sqrt{-2}+\sqrt{-8}-\sqrt{-16}$

(2) $(3+\sqrt{-9})(4-\sqrt{-16})$

(3) $(3-\sqrt{-9})(4-\sqrt{-16})$

(4) $(\sqrt{3}-j)^{10}$

(5) $(5+\sqrt{3}\,j)^2$

(6) $\dfrac{\sqrt{6}-\sqrt{2}}{\sqrt{6}+\sqrt{-2}}$

(7) $\dfrac{\sqrt{2}-\sqrt{-1}}{\sqrt{2}+\sqrt{-1}}$

(8) $\dfrac{2+3j}{3-2j}+\dfrac{2-3j}{3+2j}$

(9) $\left(\dfrac{1+j}{1-j}\right)^{99}$

(10) $\left(\dfrac{1-j}{1+j}\right)^{100}$

(11) $\dfrac{(1+j)^{2n}}{\sqrt{2}}+\left(\dfrac{1-j}{\sqrt{2}}\right)^{2n}$ (단, n는 홀수)

2. $z=2+3j$일 때 다음 복소수의 컬레복소수를 구하여라.

(1) $\dfrac{1}{z}$

(2) $2z^2-z+1$

(3) $\dfrac{3z-1}{z+1}$

3. $x^2+ax+b=0$의 한 근이 $2+\sqrt{5}j$일 때 실수 a의 값을 구하여라.

4. $x^2+ax+b=0$ (a, b는 실수)의 한 근이 $\alpha+\beta j$이면 $\alpha-\beta j$도 근임을 보여라.
(단, α, β는 실수)

5. 다음 식을 만족하는 실수의 값을 구하여라.

(1) $(x+2j)(3+4j)=5(yj-1)$ (2) $\dfrac{x}{1+j}+\dfrac{y}{1-j}=2-j$

6. (1) $x=1+2j$일 때 x^2-x+1의 값을 구하여라.

(2) $x=\dfrac{1+\sqrt{3}j}{2}$, $y=\dfrac{1-\sqrt{3}j}{2}$일 때, $\dfrac{x^2}{y}+\dfrac{y^2}{x}$의 값을 구하여라.

7. $a=1+2j$, $b=1-2j$일 때 다음의 각 값을 구하여라.

(1) $3a^2+2ab+3b^2$ (2) $a^3+a^2b+ab^2+b^3$

8.3 복소수의 기하학적 표시

한 평면상에 직각 좌표를 정하고, 이에 대한 한 점 P의 좌표 (a, b)로서 $z=a+bi$를 표시할 수 있는 것으로 생각할 수 있다.

왜냐하면, 좌표가 주어지면 이것에 대응하는 복소수가 하나 정해지며, 역으로 복소수가 주어지면 여기에 대응하는 좌표가 하나 정해진다. 즉, 좌표와 복소수와는 1:1로 대응한다.

그림 8.2와 같은 평면을 복소수 평면 또는 가우스 평면이라 한다.

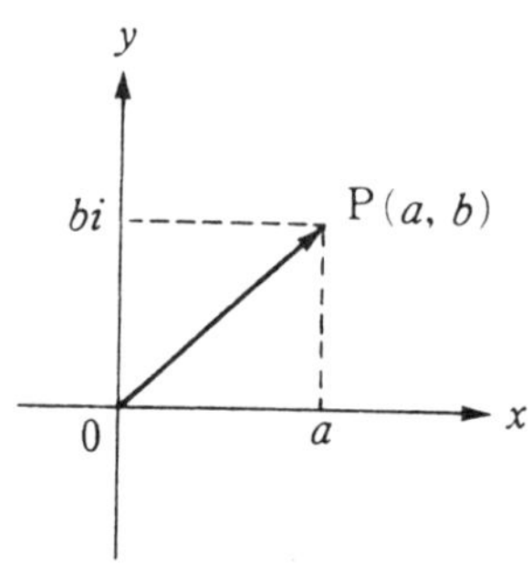

[그림 8.2]

8.4 복소수의 극형식

복소수 $z=a+bi$를 표시하는 점을 P라 하고 $\overline{OP}=r$, $\angle POA=\theta$라 하면

$$\frac{\overline{OA}}{\overline{OP}}=\frac{a}{r}=\cos\theta \quad a=r\cos\theta$$

$$\frac{\overline{AP}}{\overline{OP}}=\frac{b}{r}=\sin\theta \quad b=r\sin\theta$$

로 된다. 이 때 r을 z의 절대값, θ를 z의 편각이라 하며 다음과 같이 표시한다.

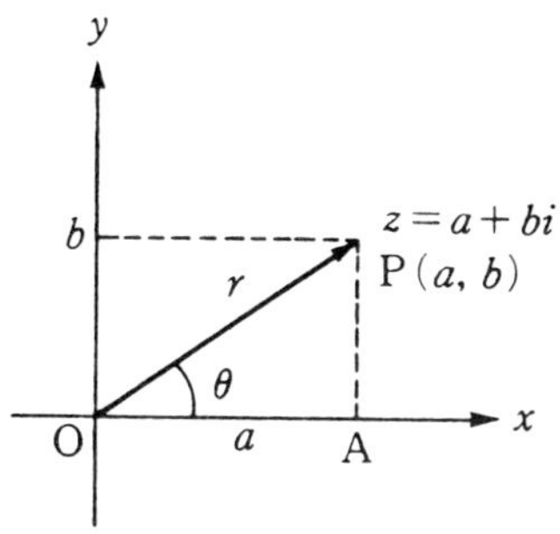

[그림 8.3]

$$r = |z| = \sqrt{a^2 + b^2}$$

$$\theta = \arg|z| = \tan^{-1}\frac{b}{a}$$

앞의 식에서 복소수 $z = a + bi$는 r의 θ를 사용해서

$$\begin{aligned} z &= a + bi \\ &= r\cos\theta + r\sin\theta i \\ &= r(\cos\theta + i\sin\theta) \end{aligned}$$

로 된다. 이것을 복소수 z의 극형식이라고 한다.

【예제 1】 다음 복소수를 극형식으로 표시하여라.

(1) $z = -\sqrt{3} - i$　　　(2) $z = 1 + i$

풀이 (1) $r = \sqrt{(-\sqrt{3})^2 + (-1)^2} = 2$

$\theta = \tan^{-1}\dfrac{-1}{-\sqrt{3}} = \dfrac{\pi}{6}\left(\tan\theta = \dfrac{1}{\sqrt{3}}\text{이 되는 }\theta\right)$

$\therefore\ z = -\sqrt{3} - i = 2\left(\cos\dfrac{\pi}{6} + i\sin\dfrac{\pi}{6}\right)$

(2) $z = 1 + i$

$r = \sqrt{(1)^2 + (1)^2} = \sqrt{2}$

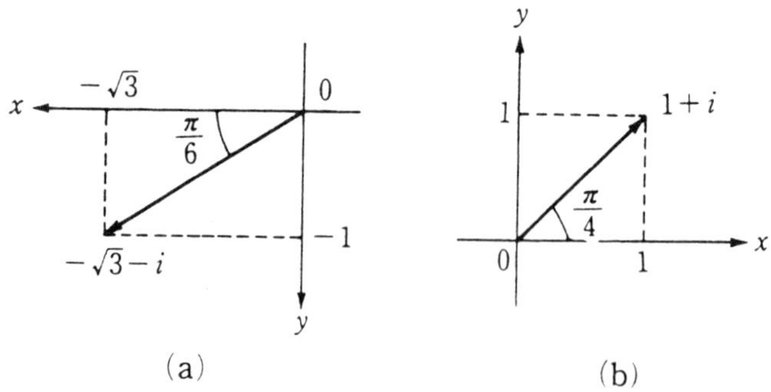

[그림 8.4]

$$\theta = \tan^{-1}\frac{1}{1} = \frac{\pi}{4}$$

$$\therefore \ z = 1 + i = \sqrt{2}\left(\cos\frac{\pi}{4} + i\sin\frac{\pi}{4}\right)$$ ■

【예제 2】 $|z| = 1$, $\arg z = -\frac{5\pi}{6}$인 복소수를 구하여라.

풀이 $z = 1\left\{\cos\left(-\frac{5\pi}{6}\right) + i\sin\left(-\frac{5\pi}{6}\right)\right\} = 1\left\{\cos\frac{\pi}{6} + i\sin\frac{\pi}{6}\right\}$

$= -\frac{\sqrt{3}}{2} - \frac{i}{1}$

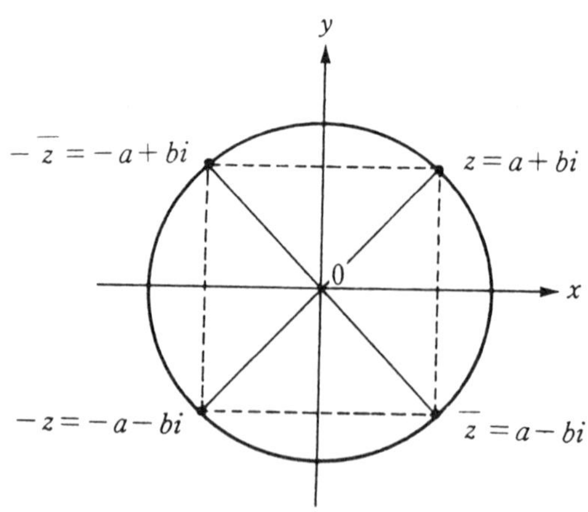

[그림 8.5] ■

8.5 복소수의 합과 차

두 복소수 z_1, z_2가

$$z_1=a_1+ib_1,\quad z_2=a_2+ib_2$$

라 하면, 두 복소수의 합은 다음과 같다.

$$\begin{aligned} z&=z_1+z_2=(a_1+ib_1)+(a_2+ib_2)\\ &=(a_1+a_2)+i(b_1+b_2)\\ &=\sqrt{(a_1+a_2)^2+(b_1+b_2)^2}\angle\tan^{-1}\frac{b_1+b_2}{a_1+a_2} \end{aligned}$$

점 A가 표시하는 점은 선분 OA_1과 OA_2를 두 변으로 하는 평행사변형의 대각선 끝점이므로 $z=z_1+z_2$를 표시한다.

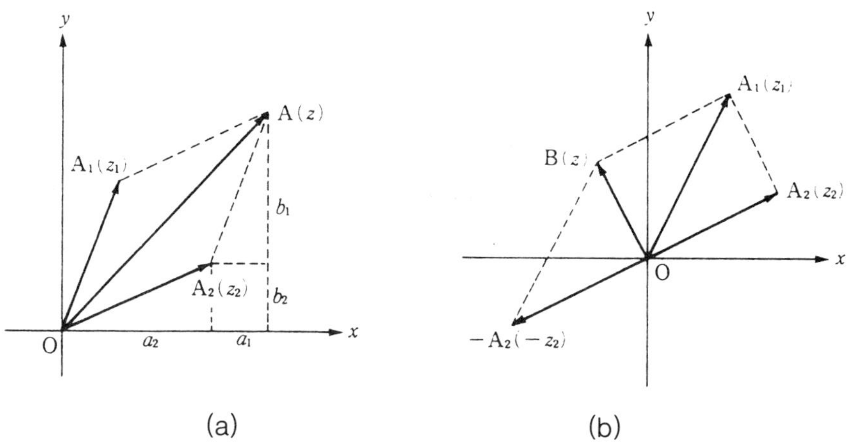

[그림 8.6]

두 복소수의 차는 다음과 같다.

$$\begin{aligned} z&=z_1-z_2=(a_1+ib_1)-(a_2+ib_2)\\ &=(a_1-a_2)+i(b_1-b_2)\\ &=\sqrt{(a_1-a_2)^2+(b_1-b_2)^2}\angle\tan^{-1}\frac{b_1-b_2}{a_1-a_2} \end{aligned}$$

점 B가 표시하는 점은 A_2를 원점에 대하여 대칭으로 이동한 점 $-A_2$에서 선분 OA_1과 OA_2를 두 변으로 하는 평행사변형의 대각선 끝점 B를 표시한다.

8.6 복소수의 곱과 몫

두 복소수 z_1, z_2를 극형식을 이용하여

$$z_1 = r_1(\cos\theta_1 + i\sin\theta_1)$$
$$z_2 = r_2(\cos\theta_2 + i\sin\theta_2)$$

라 하면

1. 곱$(z = z_1 \cdot z_2)$

$$\begin{aligned} z &= z_1 \cdot z_2 \\ &= r_1 r_2(\cos\theta_1 + i\sin\theta_1)(\cos\theta_2 + i\sin\theta_2) \\ &= r_1 r_2\{(\cos\theta_1\cos\theta_2 - \sin\theta_1\sin\theta_2) + i(\sin\theta_1\cos\theta_2 + \cos\theta_1\cos\theta_2)\} \\ &= r_1 r_2\{\cos(\theta_1+\theta_2) + i\sin(\theta_1+\theta_2)\} \end{aligned}$$

로 된다.

〈정의 8.1〉

두 복소수에 대한 곱의 절대값은 각 복소수에 대한 절대값의 곱과 같으며, 그 편각은 각 복소수 편각의 합과 같다. 즉,

$$|z_1 \cdot z_2| = |z_1||z_2|$$
$$\arg(z_1 \cdot z_2) = \arg z_1 + \arg z_2$$

이 정리 3개 이상의 경우도 성립된다. 즉,

$$|z_1 \cdot z_2 \cdot z_3 \cdots z_n| = |z_1| \cdot |z_2| \cdot |z_3| \cdots |z_n|$$
$$\arg(z_1 \cdot z_2 \cdot z_3 \cdots z_n) = \arg z_1 + \arg z_2 + \arg z_3 + \cdots + \arg z_n$$

【예제 3】 $(1+i)(2-2i)(\sqrt{3}+i)$를 계산하여라.

풀이

$$|z_1| = |1+i| = \sqrt{2} \qquad \arg(1+i) = \frac{\pi}{4}$$
$$|z_2| = |2-2i| = 2\sqrt{2} \qquad \arg(2-2i) = -\frac{\pi}{4}$$
$$|z_3| = |\sqrt{3}+i| = 2 \qquad \arg(\sqrt{3}+i) = \frac{\pi}{6}$$

따라서

$$\begin{aligned} z &= (1+i)(2-2i)(\sqrt{3}+i) \\ &= \sqrt{2} \cdot 2\sqrt{2} \cdot 2\left\{\cos\left(\frac{\pi}{4} - \frac{\pi}{4} + \frac{\pi}{6}\right) + i\sin\left(\frac{\pi}{4} - \frac{\pi}{4} + \frac{\pi}{6}\right)\right\} \\ &= 8\left(\cos\frac{\pi}{6} + i\sin\frac{\pi}{6}\right) \\ &= 8\left(\frac{\sqrt{3}}{2} + i\frac{1}{2}\right) \\ &= 4\sqrt{3} + 4i \end{aligned}$$
$$\therefore\ (1+i)(2-2i)(\sqrt{3}+i) = 4\sqrt{3} + 4i$$

■

2. 몫 $\left(z = \frac{z_1}{z_2}\right)$

$$z = \frac{z_1}{z_2} = z_1 \cdot \frac{1}{z_2}$$

에서

$$\frac{1}{z_2} = \frac{1}{r_2(\cos\theta_2 + i\sin\theta_2)}$$

$$=\frac{1}{r_2}\cdot\frac{(\cos\theta_2-i\sin\theta_2)}{(\cos\theta_2+i\sin\theta_2)(\cos\theta_2-i\sin\theta_2)}$$

$$=\frac{1}{r_2}(\cos\theta_2-i\sin\theta_2)$$

이므로

$$z=r_1(\cos\theta_1+i\sin\theta_1)\cdot\frac{1}{r_2}(\cos\theta_2-i\sin\theta_2)$$

$$=\frac{r_1}{r_2}(\cos\theta_1\cos\theta_2-i\cos\theta_1\sin\theta_2+i\sin\theta_1\cos\theta_2-i^2\sin\theta_1\sin\theta_2)$$

$$=\frac{r_1}{r_2}\{(\cos\theta_1\cos\theta_2+\sin\theta_1\sin\theta_2)+i(\sin\theta_1\cos\theta_2-\cos\theta_1\sin\theta_2)\}$$

$$=\frac{r_1}{r_2}\{\cos(\theta_1-\theta_2)+i\sin(\theta_1-\theta_2)$$

로 된다.

> **정리 8.2** 복소수의 절대값은 각 절대값의 몫과 같으며, 그 편각은 피젯수의 편각에서 제수의 편각을 빼는 것과 같다. 즉,
>
> $$|z|=\left|\frac{z_1}{z_2}\right|=\frac{|z_1|}{|z_2|}$$
>
> $$\arg z=\arg\frac{z_1}{z_2}=\arg z_1-\arg z_2$$

【예제 4】 $\dfrac{1-i}{1+i}$를 계산하여라.

풀이 $|1-i|=\sqrt{2}$ $\qquad \arg(1-i)=-\dfrac{\pi}{4}$

$|1+i|=\sqrt{2}$ $\qquad \arg(1+i)=\dfrac{\pi}{4}$

$$\therefore \ \frac{1-i}{1+i} = \frac{\sqrt{2}}{\sqrt{2}}\left\{\cos\left(-\frac{\pi}{4}-\frac{\pi}{4}\right)+i\sin\left(-\frac{\pi}{4}-\frac{\pi}{4}\right)\right\}$$
$$=\cos\left(-\frac{\pi}{2}\right)+i\sin\left(-\frac{\pi}{2}\right)$$
$$=-i$$

■

8.7 드 무아브르(De Moivre) 정리와 복소수의 *n*곱근

1. 드 무아브르(De Moivre)의 정리

정리 8.3 드 무아브르의 정리

$$z=r(\cos\theta+i\sin\theta)$$

일 때

$$z^n=r^n(\cos\theta+i\sin\theta)^n$$
$$=r^n(\cos n\theta+i\sin n\theta)\ (n\text{은 정수})$$

이다. 위 식에서 드 무아브르의 정리를 얻는다.

$$z^n=r^n(\cos n\theta+i\sin n\theta)$$

증명 ① $n=0$일 때 양변은 모두 1로서 성립

② n이 양의 정수일 때

$n=1$일 때도 등식은 성립

$n=k$일 때 $z^k=r^k(\cos k\theta+i\sin k\theta)$가 성립함을 가정하면, $n=k+1$일 때

$$z^{k+1}=z^kz$$
$$=r^k(\cos k\theta+i\sin k\theta)\cdot r(\cos\theta+i\sin\theta)$$
$$=r^{k+1}\{\cos(k\theta+\theta)+i\sin(k\theta+\theta)\}$$

$$=r^{k+1}\{\cos(k+1)\theta+i\sin(k+1)\theta\}$$

즉, $n=k+1$에 대해서도 성립하므로 수학적 귀납법에 의해서 n이 0 및 임의의 정수값에 대해서 성립한다.

③ n이 음의 정수일 때

$n=-m$이라 하면 m은 양의 정수

$$z^n=z^{-m}=\frac{1}{z^m}$$
$$=\frac{1}{r^m(\cos m\theta+i\sin m\theta)}$$
$$=r^{-m}\{\cos(-m\theta)+i\sin(-m\theta)\}$$

이것은 $n=-m$, 즉 n이 음의 정수일 때도 성립함을 말한다. 따라서, 이 정리는 n의 모든 정수값에 대해서 성립한다. □

【예제 5】 다음 식을 계산하여라.

(1) $(1+\sqrt{3}i)^5$ (2) $(1+i)^{-3}$

풀이 (1) $1+\sqrt{3}i=2\left(\cos\frac{\pi}{3}+i\sin\frac{\pi}{3}\right)$

이므로

$$(1+\sqrt{3}i)^5=\left\{2\left(\cos\frac{\pi}{3}+i\sin\frac{\pi}{3}\right)\right\}^5$$
$$=2^5\left\{\cos\left(\frac{5\pi}{3}\right)+i\sin\left(\frac{5\pi}{3}\right)\right\}$$
$$=32\left(\frac{1}{2}-\frac{\sqrt{3}}{1}i\right)$$
$$=16(1-\sqrt{3}i)$$

(2) $(1+i)^{-3}=\left\{\sqrt{2}\left(\cos\frac{\pi}{4}+i\sin\frac{\pi}{4}\right)\right\}^{-3}$

$$=\frac{1}{2\sqrt{2}}\left\{\cos\left(-\frac{3\pi}{4}\right)+i\sin\left(-\frac{3\pi}{4}\right)\right\}$$
$$=\frac{1}{2\sqrt{2}}\left\{-\frac{1}{\sqrt{2}}+i\left(-\frac{1}{\sqrt{2}}\right)\right\}$$

$$= -\frac{1}{4} - \frac{1}{4}i$$

$$= -\frac{1}{4}(1+i) \qquad \blacksquare$$

2. 복소수의 n곱근

$z=z^n (n=1, 2, 3, \cdots)$이라면 $\mathbf{z}$의 각 값에 대응하는 z의 값이 존재한다. 주어진 $z\neq0$에 대하여 $\mathbf{z}$의 n개로 된 별개의 값이 대응한다는 것을 알 수 있다. 이러한 각 값들을 z의 n개근(n th root)이라 한다.

$$z=\sqrt[n]{z}$$

$\sqrt[n]{z}$의 n개값은 다음과 같이 쉽게 결정할 수 있다.

$$\mathbf{z}=R(\cos\phi+i\sin n\phi) \quad z=r(\cos\theta+i\sin\theta)$$

라 하면, 드 무아브르의 정리에 의하여 이것은 다음과 같은 식이 된다.

$$z=\mathbf{z}^n=R^n(\cos n\phi+i\sin n\phi)=r(\cos\theta+i\sin\theta)$$

양변의 절대값은 같으므로

$$R^n=r, \quad n\phi=\theta+2k\pi \ (k\text{는 정수})$$

$$R=\sqrt[n]{r}, \quad \phi=\frac{\theta+2k\pi}{n}$$

즉, 그러므로

$$\begin{aligned} \mathbf{z}_k &= \sqrt[n]{z} \\ &= \sqrt[n]{r}\left(\cos\frac{\theta+2k\pi}{n}+i\sin\frac{\theta+2k\pi}{n}\right) \\ &\quad (k=0, 1, 2, \cdots, n-1) \end{aligned}$$

는

$$\mathbf{z}^n-z=0$$

의 근이다. 이들을 z의 n곱근(거듭 제곱근)이라 한다.

z의 n곱근은 반지름이 $\sqrt[n]{r}$인 원주를 n등분한 점을 표시한다. 즉, n변을 가진 정다각형의 꼭지점을 구성한다.

> **정리 8.4** 복소수 z의 n곱근
>
> $$z^n - z = 0, \quad z = r(\cos\theta + i\sin\theta)$$
>
> 다음과 같은 n개의 상이한 근을 가진다.
>
> $$z_R = \sqrt[n]{r}\left(\cos\frac{\theta+2k\pi}{n} + i\sin\frac{\theta+2k\pi}{n}\right)$$
>
> ($k=0,\ 1,\ 2,\ \cdots,\ n-1$이며, $\sqrt[n]{r}$은 양의 실수)

【예제 6】 $z^4-1=0$의 근(1의 4곱근)을 구하여라.

풀이

$$\begin{aligned} z^4 &= 1 \\ &= 1(\cos 0 + i\sin 0) \end{aligned}$$

이므로 4곱근은

$$z_k = \sqrt[4]{1}\left(\cos\frac{k\pi}{2} + i\sin\frac{k\pi}{2}\right)$$
$$(k=0,\ 1,\ 2,\ 3)$$

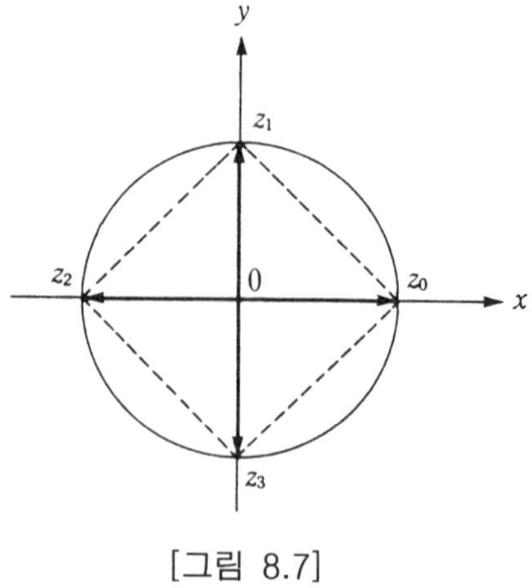

[그림 8.7]

으로 주어진다. 즉

$$z_0 = \cos 0 + i \sin 0 = 1$$

$$z_1 = \cos \frac{\pi}{2} + i \sin \frac{\pi}{2} = i$$

$$z_2 = \cos \pi + i \sin \pi = -1$$

$$z_3 = \cos \frac{3\pi}{2} + i \sin \frac{3\pi}{2} = -i$$

그러므로 근은 ± 1, $\pm i$ ■

【예제 7】 $z^6 + 64 = 0$의 근을 구하여라.

풀이

$$\begin{aligned} z^6 &= -64 \\ &= 64(\cos \pi + i \sin \pi) \end{aligned}$$

이므로 6곱근은

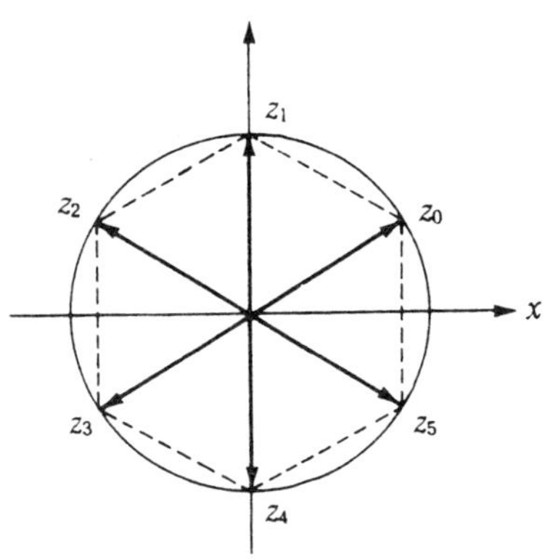

[그림 8.8]

$$z_k = \sqrt[n]{r}\left(\cos \frac{\theta + 2k\pi}{n} + i \sin \frac{\theta + 2k\pi}{n}\right)$$

에서

$$z_k = \sqrt[6]{64}\left(\cos \frac{\pi + 2k\pi}{6} + i \sin \frac{\pi + 2k\pi}{6}\right)$$

$$(k = 0,\ 1,\ 2,\ 3,\ 4,\ 5)$$

로 주어진다. 즉

$$z_0=2\left(\cos\frac{\pi}{6}+i\sin\frac{\pi}{6}\right)=2\left(\frac{\sqrt{3}}{2}+i\frac{1}{2}\right)=\sqrt{3}+i$$

$$z_1=2\left(\cos\frac{\pi}{2}+i\sin\frac{\pi}{2}\right)=2(0+i)=2i$$

$$z_2=2\left(\cos\frac{5\pi}{6}+i\sin\frac{5\pi}{6}\right)=2\left(-\frac{\sqrt{3}}{2}+i\frac{1}{2}\right)=-\sqrt{3}+i$$

$$z_3=2\left(\cos\frac{7\pi}{6}+i\sin\frac{7\pi}{6}\right)=2\left(-\frac{\sqrt{3}}{2}-i\frac{1}{2}\right)=-\sqrt{3}-i$$

$$z_4=2\left(\cos\frac{3\pi}{2}+i\sin\frac{3\pi}{2}\right)=2(0-i)=-2i$$

$$z_5=2\left(\cos\frac{11\pi}{6}+i\sin\frac{11\pi}{6}\right)=2\left(\frac{\sqrt{3}}{2}-i\frac{1}{2}\right)=\sqrt{3}-i$$ ■

연습문제(8.2)

1. 다음의 복소수를 극형식으로 나타내어라. (단, 편각 θ는 $-\pi<\theta\le\pi$)

(1) $1+i$

(2) $\sqrt{3}-i$

(3) 2

(4) $\dfrac{1+i}{1-i}$

2. 다음의 복소수를 극형식으로 나타내어라. (단, 편각 θ는 $-\pi<\theta\le\pi$)

(1) $\sin\theta+i\cos\theta$

(2) $-2(\cos\pi+i\sin\pi)$

(3) $-2\left(\cos\dfrac{\pi}{4}+i\sin\dfrac{\pi}{4}\right)$

(4) $\sin\dfrac{\pi}{13}$

(5) $-2\left(\cos\dfrac{\pi}{3}-i\sin\dfrac{\pi}{3}\right)$

(6) $\sin\theta+i\cos\theta$

3. $z=r(\cos\theta+i\sin\theta)$ $(r>0)$일 때 다음의 복소수를 극형식으로 나타내어라.

(1) iz

(2) $-\bar{z}$

(3) $\dfrac{z}{i}$ (4) $\dfrac{i}{z}$

4. $z_1=1-i$, $z_2=-1+\sqrt{3}\,i$일 때, 다음 복소수를 극형식으로 나타내어라.

(1) z_1z_2 (2) z_2^2

(3) $\dfrac{z_1}{z_2}$ (4) $\dfrac{\overline{z_1}}{z_2}$

5. 다음의 값을 구하여라.

(1) $(\sqrt{3}-i)^6$ (2) $(1+i)^{10}$

(3) $\left(\dfrac{1+\sqrt{3}\,i}{1+i}\right)^6$ (4) $(1-i)^{-7}$

(5) $(1+i)^4(\sqrt{3}-i)^3$ (6) $(\sqrt{3}+i)^{-10}$

(7) $\left(\dfrac{3+\sqrt{3}\,i}{1+\sqrt{3}\,i}\right)^6$ (8) $\{2(\cos 10°+i\sin 10°)\}^2$

(9) $(-\sin 15°+i\cos 15°)^6$ (10) $\left(\dfrac{1+i}{2}\right)^{12}-\left(\dfrac{1-i}{2}\right)^{12}$

6. 다음의 방정식을 풀어라.

(1) $z^5=1$ (2) $z^6=-1$

(3) $z^4=i$ (4) $z^3=8i$

(5) $z^4=1+\sqrt{3}\,i$ (6) $z^3=2+2i$

8.8 지수 함수

실지수 함수 e^x(또는 $\exp x$)는 다음과 같은 성질을 갖는다.

$$(e^x)'=e^x \qquad \cdots ①$$

$$e^{x_1+x_2}=e^{x_1}e^{x_2} \qquad \cdots ②$$

또한 매클로린(Maclaurin) 급수는

$$e^x=1+x+\frac{x^2}{3!}+\frac{x^3}{2!}+\cdots \qquad \cdots ③$$

복소수 $z=x+iy$에 대한 지수 함수는 e^z으로 표시하고 실함수 e^x, $\cos y$, $\sin y$의 항으로 표시된다.

$$e^z=e^x(\cos y+i\sin y)=\exp z \qquad \cdots ④$$

한편 $z_1=x_1+iy_1$, $z_2=x_2+iy_2$라 놓고 사인과 코사인의 덧셈 공식을 적용하면 식 ②와 비슷한 다음 식을 구할 수 있다.

$$e^{z_1+z_2}=e^{z_1}\cdot e^{z_2} \qquad \cdots ⑤$$

특히 $z_1=x$, $z_2=iy$일 때는

$$e^z=e^{x+iy}=e^xe^{iy} \qquad \cdots ⑥$$

이다.

식 ④에서 오일러(Euler) 공식을 얻는다.

$$e^{iy}=\cos y+i\sin y \qquad \cdots ⑦$$

복소수 $x+iy$의 극형식이 다음으로 표시된다는 것을 앞 식에서 알 수 있다.

$$z=r(\cos\theta+i\sin\theta)=re^{i\theta} \qquad \cdots ⑧$$

그러므로 켤레 복소수 $\bar{z}$의 경우도 같은 방법에 의하여

$$\bar{z}=x-iy=r(\cos\theta-i\sin\theta)=re^{-i\theta} \qquad \cdots ⑨$$

로 된다.

【예제 8】 다음 식을 극형식과 지수 함수로 고쳐라.

(1) $z=3+4i$ (2) $z=2-2i$

풀이 (1) $r=|3+4i|=5,\ \theta=\tan^{-1}\dfrac{4}{3}$

$$z=5\left\{\cos\left(\tan^{-1}\frac{4}{3}\right)+i\sin\left(\tan^{-1}\frac{4}{3}\right)\right\}$$

$$=5\exp\left(i\tan^{-1}\frac{4}{3}\right)$$

(2) $r=|2-2i|=2\sqrt{2},\ \theta=\tan^{-1}(-1)=-\dfrac{\pi}{4}$

$$z=2\sqrt{2}\left\{\cos\left(-\frac{\pi}{4}\right)+i\sin\left(-\frac{\pi}{4}\right)\right\}$$

$$=2\sqrt{2}\,e^{-\frac{\pi}{4}}$$

■

【예제 9】 z가 다음과 같을 때 e^z의 값을 구하여라.

(1) $-\dfrac{\pi}{4}i$ (2) $-\dfrac{\pi}{3}i$

(3) $1+i$ (4) $2+5\pi i$

풀이 (1) $e^z=e^{-\frac{\pi}{4}i}=\cos\dfrac{\pi}{4}-i\sin\dfrac{\pi}{4}=\dfrac{1}{\sqrt{2}}-i\dfrac{1}{\sqrt{2}}$

(2) $e^z=e^{-\frac{\pi}{3}i}=\cos\dfrac{\pi}{3}-i\sin\dfrac{\pi}{3}=\dfrac{1}{2}-i\dfrac{\sqrt{3}}{2}$

(3) $e^z=e^{1+i}=e\cdot e^i=e(\cos 1+i\sin 1)$

(4) $e^z=e^{2+5\pi i}=e^2\cdot e^{5\pi i}=e^2(\cos 5\pi+i\sin 5\pi)$

■

【예제 10】 다음 식의 실수부와 허수부를 구하여라.

(1) e^{-3z} (2) e^{z^3}

풀이 (1) $e^{-3z}=e^{-3(x+iy)}=e^{-3x}\cdot e^{-i3y}=e^{-3x}(\cos 3y-i\sin 3y)$

$Re(e^{-3z})=e^{-3x}\cos 3y$

$I_m(e^{-3z})=-e^{-3x}\sin 3y$

(2) $e^{z^3}=e^{(x+iy)^3}=e^{(x^3-3xy^2)+i(3x^2y-y^3)}$

$=e^{(x^3-3xy^2)}\{\cos(3x^2y-y^3)+i\sin(3x^2y-y^3)\}$

$Re(e^{z^3})=\exp(x^3-3xy^2)\cos(3x^2y-y^3)$

$I_m(e^{z^3})=\exp(x^3-3xy^2)\sin(3x^2y-y^3)$ ■

8.9 3각 함수

앞 절의 오일러(Euler) 공식에서

$$e^{ix}=\cos x+i\sin x,\quad e^{-ix}=\cos x-i\sin x$$

로부터 다음 식을 얻는다.

$$\cos x=\frac{1}{2}(e^{ix}+e^{-ix})$$

$$\sin x=\frac{1}{2}(e^{ix}-e^{-ix})$$

(x는 실수)

여기서, 복소수 $z=x+iy$에 대해서도

$$\cos z=\frac{1}{2}(e^{iz}+e^{-iz}),\quad \sin z=\frac{1}{2i}(e^{iz}-e^{-iz}) \qquad \cdots ⑩$$

로 정의할 수 있다.

$$\tan z=\frac{\sin z}{\cos z},\quad \cot z=\frac{\cos z}{\sin z} \qquad \cdots ⑪$$

$$\sec z = \frac{1}{\cos z}, \quad \operatorname{cosec} z = \frac{1}{\sin z} \qquad \cdots ⑫$$

이다. e^z은 모든 z에 대하여 해석적이므로 같은 원리가 $\cos z$와 $\sin z$에 대해서도 성립한다. $\tan z$와 $\sec z$는 $\cos z$가 0 이외의 모든 구간에서 또한 $\cot z$와 $\sec z$는 $\sin z$가 0 이외의 모든 구간에서 해석적이며, $\cos z$와 $\sec z$는 우함수이고 나머지는 기함수이므로

$$\left.\begin{array}{ll} \cos(-z) = \cos z & \sin(-z) = -\sin z \\ \cot(-z) = -\cot z & \tan(-z) = -\tan z \end{array}\right\} \qquad \cdots ⑬$$

이다. 지수 함수는 주기 함수이므로 3각 함수 역시 주기 함수이다.

$$\left.\begin{array}{ll} \cos(z \pm 2n\pi) = \cos z & \sin(z \pm 2n\pi) = \sin z \\ \tan(z \pm n\pi) = \tan z & \cot(z \pm n\pi) = \cot z \end{array}\right\} \ (n = 0,\ 1,\ \cdots) \qquad \cdots ⑭$$

정의로부터 실 3각 함수에 적용되는 공식들이 복소 함수에 대해서도 성립된다.

$$\left.\begin{array}{l} \dfrac{d}{dz} \cos z = -\sin z \\ \dfrac{d}{dz} \sin z = \cos z \\ \dfrac{d}{dz} \tan z = \sec^2 z \\ \cos(z_1 \pm z_2) = \cos z_1 \cos z_2 \mp \sin z_1 \sin z_2 \\ \sin(z_1 \pm z_2) = \sin z_1 \cos z_2 \pm \cos z_1 \sin z_2 \\ \sin^2 z + \cos^2 z = 1 \end{array}\right\} \qquad \cdots ⑮$$

식 ⑩으로부터 오일러(Euler) 공식은 복소 함수에 대하여 성립한다는 것을 알 수 있다.

$$e^{iz} = \cos z + i \sin z \qquad \cdots ⑯$$

식 ⑯을 사용하면 실함수형으로 $\sin z$와 $\cos z$를 표시할 수 있으며

$$\left.\begin{array}{l} \cos z = \cos(x+iy) = \cos x \cos iy - \sin x \sin iy \\ \sin z = \sin(x+iy) = \sin x \cos iy + \cos x \sin iy \end{array}\right\} \qquad \cdots ⑰$$

과 같다.

식 ⑩의 정의에서

$$\left.\begin{aligned}\cos z &= \cos(x+iy)\\ &= \frac{1}{2}\left\{e^{i(x+iy)}+e^{-i(x+iy)}\right\}\\ &= \frac{1}{2}e^{-y}(\cos x+i\sin x)+\frac{1}{2}e^{y}(\cos x-i\sin x)\\ &= \frac{1}{2}(e^{y}+e^{-y})\cos x+i\,\frac{1}{2}(e^{-y}-e^{y})\sin x\\ &= \frac{1}{2}(e^{y}+e^{-y})\cos x-\frac{1}{2i}(e^{-y}-e^{y})\sin x\end{aligned}\right\} \quad \cdots ⑱$$

가 된다. 그러므로 식 ⑱, ⑲와 쌍곡 사인과 쌍곡 코사인의 정의에 의하여

$$\cos iy=\frac{1}{2}(e^{-y}+e^{y})=\cosh y$$

$$\sin iy=\frac{1}{2i}(e^{-y}-e^{y})=i\sinh y$$

이다.

위 식으로부터 $\cos z$와 $\sin z$의 수치 계산에 유용한 다음 식을 얻는다.

$$\left.\begin{aligned}\cos z&=\cos(x+iy)=\cos x\cosh y-i\sin x\sinh y\\ \sin z&=\sin(x+iy)=\sin x\cosh y+i\cos x\sinh y\end{aligned}\right\} \quad \cdots ⑲$$

복소수 z의 쌍곡 코사인, 쌍곡 사인 함수는 다음과 같이 정의된다.

$$\cosh z=\frac{1}{2}(e^{z}+e^{-z}), \quad \sinh z=\frac{1}{2}(e^{z}-e^{-z}) \quad \cdots ⑳$$

이러한 함수들은 전 평면에서 해석적이다.

식 ⑳과 ⑩에서

$$\cosh z=\cos(iz), \quad \sinh z=-i\sin(iz) \quad \cdots ㉑$$

이고

$$\tanh z=\frac{\sinh z}{\cosh z}, \quad \coth z=\frac{\cosh z}{\sinh z} \quad \cdots ㉒$$

$$\text{sech}\, z=\frac{1}{\cosh z}, \quad \text{cosech}\, z=\frac{1}{\sinh z} \qquad \cdots ㉓$$

이다.

8.10 로그·일반멱

1. 로 그

$z=x+iy$의 자연 로그(natural logarithm)를 $\ln z$(또는 $\log z$)라 쓰고 역지수 함수로 정의된다. 즉, $\omega=\ln z$는 다음으로 정의된다.

$$e^{\omega}=z \qquad \cdots ㉔$$
$$(z\neq 0)$$

식 ㉔에서 $\omega=u+iv$, $z=|z|e^{i\theta}=re^{i\theta}$라고 놓으면

$$e^{\omega}=e^{u+iv}=e^{u}e^{iv}=re^{i\theta}$$

로 된다. 여기서

$$e^{u}=|z|=r \quad \text{또는} \quad u=\ln|z|$$
$$u=\theta=\arg z$$

이다. 그러므로 결과식은 다음과 같다.

$$\ln z=\ln|z|+i\arg z=\ln\sqrt{x^2+y^2}+i\arg(x+iy) \qquad \cdots ㉕$$

z의 편각은 2π의 정수배이므로 복소 자연 로그는 무한히 많은 값을 갖게 된다. 즉, $\arg z$의 주값(principal value)

$$-\pi<\arg z\leq\pi$$

에 해당하는 $\ln z$의 값을 $\ln z$의 주값이라 하고 $\text{Ln}\, z$로 쓴다. 이외의 값은 다음과 같

이 표시하며

$$\ln z = \text{Ln}\, z \pm 2n\pi i \qquad \cdots ㉖$$
$$(n=1,\ 2,\ 3,\ \cdots)$$

이것은 실수부는 같으나 허수부는 2π 정수배만큼 다르다. z가 양의 실수일 때 $\arg z$의 주값은 0이고 주값 $\text{Ln}\, z$는 실수인 자연 로그의 주값과 동일하며, z가 음수일 때 편각은 π이고

$$\text{Ln}\, z = \ln|z| + \pi i$$

이다.

역시 자연 로그에 적용되는 관계식을 복소수에 대하여 적용하여 보면, 즉

$$\left.\begin{aligned} &\text{(a)}\ \ln(z_1 z_2) = \ln z_1 + \ln z_2 \\ &\text{(b)}\ \ln\left(\frac{z_1}{z_2}\right) = \ln z_1 - \ln z_2 \end{aligned}\right\} \qquad \cdots ㉗$$

이다.

그러나 이러한 관계식은 한 변의 각 값들이 다른 변의 값중에 포함되어 있다는 점에서 이해될 수 있다.

【예제 11】 $\ln(-1) = \pm\pi i,\ \pm 3\pi i,\ \pm 5\pi i,\ \cdots,\ \text{Ln}(-1) = \pi i$

$$\ln(i) = \frac{\pi}{2}i,\ -\frac{3\pi}{2}i,\ \frac{5\pi}{2}i,\ -\frac{7\pi}{2}i,\ \frac{9\pi}{2}i,\ \cdots,\ \text{Ln}\, i = \frac{\pi}{2}i$$

$$\text{Ln}(-i) = -\frac{\pi}{2}i$$

$$\text{Ln}(-2-2i) = \ln\sqrt{8} - \frac{3}{4}\pi i$$

【예제 12】 $z_1 = z_2 = e^{\pi i} = -1$일 때, $\ln z_1 = \ln z_2 = \pi i$라면

(a) $\ln(z_1 z_2) = 2\pi i = \ln 1$

(b) $\text{Ln}(z_1 z_2) = \ln 1 = 0$ (성립하지 않는다)

2. 일반멱

복소수 $z=x+iy\neq 0$의 일반멱(general power)은 다음과 같이 정의된다.

$$z^c=e^{c\ln z} \quad \cdots ㉘$$
$$(c\text{는 복소수},\ z\neq 0)$$

$\ln z$는 무한개의 값을 가지므로 z^c 역시 무한개의 값을 가진다.

$$z^c=e^{c\,\mathrm{Ln}\,z}$$

를 z^c의 주값이라 한다.

$c=n=1,\ 2,\ 3,\ \cdots$이라면 z^c는 단가 함수이고 z의 $c=\dfrac{1}{n}$이고 $n=2,\ 3,\ \cdots$이라면

$$z^c=\sqrt[n]{z}=e^{(1/n)\ln z}$$
$$(z\neq 0)$$

로 되는데 지수는 $\dfrac{2\pi i}{n}$의 배수로 되고 n개근의 값은 서로 다른 n개의 값을 가진다. 또한 c가 두 양의 정수몫 $c=\dfrac{p}{q}$일 때도 $c=\dfrac{1}{n}$일 때와 비슷하며 z^c은 유한개의 서로 다른 값을 가진다. 그러나 c가 무리수나 복소수일 때는 z^c은 무한개의 값을 가진다.

【예제 13】 $i^i=e^{i\ln i}=e^{i\left(\frac{\pi}{2}i\pm 2n\pi i\right)}=e^{-\left(\frac{\pi}{2}\right)\mp 2n\pi}$의 모든 값은 실수이며 주값은 $e^{-\frac{\pi}{2}}$이다.

$z=x$인 양의 정수에 대하여 식 z^c는 $e^{c\ln x}$와 동일하며 여기서 $\ln x$는 초등 실자연로그로 $\ln z$의 주값이다. 또한 $z=e$일 때는 $z^c=e^c$으로 된다. 임의 복소수 a에 대해서는 식 ㉘로부터 다음과 같이 된다.

$$a^z=e^{z\ln a} \quad \cdots ㉙$$

【예제 14】 다음 복소수의 주값을 구하여라.

(1) $(1+i)^i$ (2) 3^{3-i}

풀이 (1) $(1+i)^i = \exp\{i \ln(1+i)\}$

$$= \exp\left\{i\left(\ln\sqrt{2} + i\frac{\pi}{4}\right)\right\}$$

$$= \exp\left(-\frac{\pi}{4} + i\ln\sqrt{2}\right)$$

$$= e^{-\frac{\pi}{4}}\{\cos(\ln\sqrt{2}) + i\sin(\ln\sqrt{2})\}$$

(2) $3^{3-i} = \exp\{(3-i)\ln 3\}$

$$= \exp\{(3-i)(\ln 3 + 0\cdot i)\}$$

$$= \exp(3\ln 3 - i\ln 3)$$

$$= \exp(\ln 27 - i\ln 3)$$

$$= 27\{\cos(\ln 3) - i\sin(\ln 3)\}$$

■

연습문제(8.3)

1. 다음 복소수를 극형식과 지수함수로 나타내어라.

(1) $1-i$ (2) $\left(\cos\frac{\pi}{3} + i\sin\frac{\pi}{3}\right)^6$

(3) $(\cos 10° - i\sin 10°)^6$ (4) $\{\sqrt{2}(\cos 15° + i\sin 15°)\}^{-6}$

2. z가 다음과 같을 때 e^z의 값을 구하여라.

(1) $z=\frac{\pi}{3}i$ (2) $z=-\frac{\pi}{4}i$

(3) $z=3+2\pi i$ (4) $z=-3+\pi i$

3. z가 다음과 같을 때 $\ln z$, $\mathrm{Ln}\, z$의 값을 구하라.

(1) $z=1$ (2) $z=-3$

(3) $z=\dfrac{i}{2}$

(4) $z=1+i$

4. 다음 복소수의 주값을 구하여라.

(1) 3^i

(2) 2^{1+i}

(3) i^{1-i}

(4) $(1+i)^{1+i}$

5. 전류 $I_1=40\angle 100°$, $I_2=10\angle 40°$일 때 전류 $I=\dfrac{I_1}{I_2}$을 직각 좌표 형식으로 표시하라.

제 9 장

벡　　터

9.1 벡터의 정의와 연산

수학이나 물리학, 공학에 나타나는 갖가지 양에는 크기 뿐만 아니라 방향을 함께 가지고 있는 양이 있다. 이러한 양을 벡터(vector)라 하고 이와는 달리 크기만 가지고 있는 양을 스칼라(scalar)라 한다. 예컨대 힘, 속도, 가속도, 변위, 운동량, 충격량, 전기장 세기, 자기장 세기, 힘의 모멘트 등은 벡터이고 길이, 시간, 질량, 온도, 속력, 에너지 등은 스칼라이다.

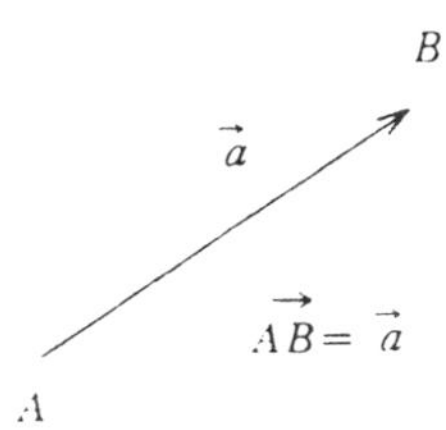

[그림 9.1]

일반적으로 벡터는 유향성분으로써 표시하게 된다. 평면 또는 공간상의 점 A, B를 A에서 B방향으로 잇는 선분을 유향선분(directed segment)이라 하고 $\overrightarrow{AB}$로 표시한다. 이때 A를 유향성분 $\overrightarrow{AB}$의 시점(initial point) B를 $\overrightarrow{AB}$의 종점(terminal point)이라 한다.

벡터는 $\boldsymbol{a}, \boldsymbol{b}, \boldsymbol{c}, \cdots, \boldsymbol{x}, \boldsymbol{y}, \boldsymbol{z}, \cdots$, $\vec{a}, \vec{b}, \vec{c}, \cdots, \vec{x}, \vec{y}, \vec{z}, \cdots$, 스칼라는 $a, b, c, \cdots, x, y, z, \cdots, \alpha, \beta, \gamma, \cdots$ 등의 문자를 사용하여 나타낸다.

벡터 $\vec{a}$의 크기(norm)를 $\|\vec{a}\|$와 같이 나타내고, 크기와 방향이 각각 같은 두 벡터, $\vec{a}, \vec{b}$는 서로 같다고 하며 $\vec{a}=\vec{b}$라고 쓴다.

크기가 0인 즉, 시점과 종점이 일치하는 벡터 $\vec{a}$를 영 벡터(zero vector)라고 하며 $\vec{a}=\vec{0}$라고 쓴다. 크기가 1인 벡터를 단위벡터(unit vetor)라고 한다.

▶ 벡터의 연산 ◀

1. 벡터의 합과 차

합(sum) : 두 벡터 $\vec{a}, \vec{b}$를 적당히 평행이동하여 그림과 같이 $\vec{a}, \vec{b}$의 시점을 한점 O에 모아 평행사변형 $OACB$를 만들 때 그 대각선 $\overrightarrow{OC}$를 $\vec{a}, \vec{b}$의 합(sum)이라 하고 $\vec{a}+\vec{b}$로 정의한다.

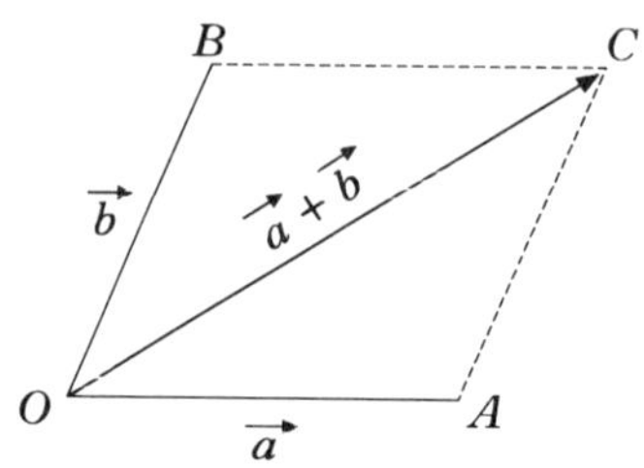

[그림 9.2]

또는 벡터 $\vec{b}$를 평행이동시켜 그 시점을 벡터 $\vec{a}$의 종점에 오도록 하여 그림과 같이 삼각형 OAB를 만들때 벡터 $\overrightarrow{OB}$를 $\vec{a}+\vec{b}$로 정의한다.

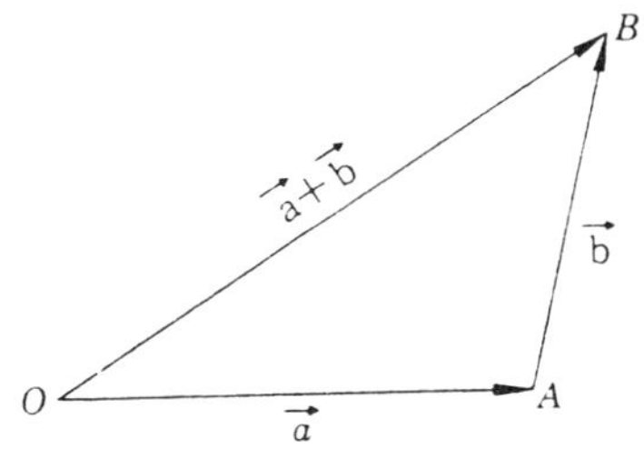

[그림 9.3]

차(Difference) : $(-1)\vec{b}=-\vec{b}$로 표시하고 $-\vec{b}$는 $\vec{b}$와 크기는 같고 방향은 반대인 것으로 정의한다. 그러면 $\vec{a}+(-\vec{b})$를 $\vec{a}-\vec{b}$로 정의한다.

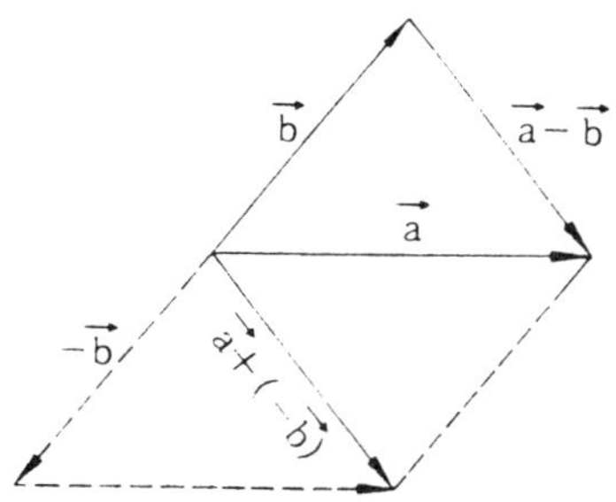

[그림 9.4]

2. 실수와 벡터와의 곱

실수 k와 벡터 $\vec{a}$와의 곱 $\overrightarrow{ka}$를 다음과 같이 정의한다.

(i) $k>0$이면 $\vec{a}$와 같은 방향이고, 크기 $|k|\,\|\vec{a}\|$

(ii) $k=0$이면 영벡터

(iii) $k<0$이면 $\vec{a}$와 반대 방향이고, 크기는 $|k|\,\|\vec{a}\|$

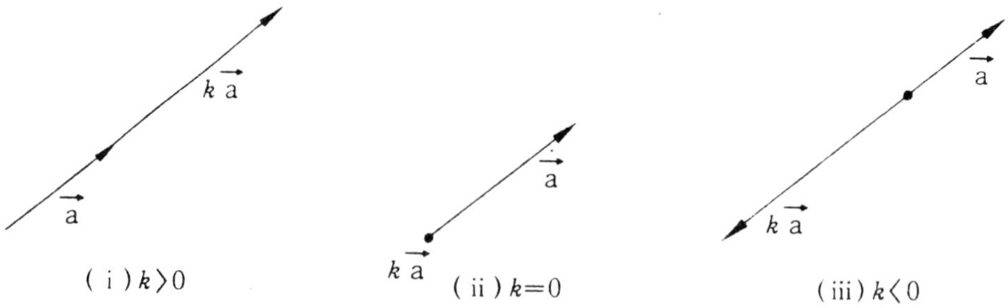

[그림 9.5]

정리 9.1 임의의 벡터 $\vec{a}$, $\vec{b}$, $\vec{c}$와 실수 α, β에 대하여

(i) $\vec{a}+\vec{b}=\vec{b}+\vec{a}$ (교환법칙)

(ii) $\vec{a}+(\vec{b}+\vec{c})=(\vec{a}+\vec{b})+\vec{c}$ (결합법칙)

$\vec{a}+(\vec{b}+\vec{c})=\vec{a}+\vec{b}+\vec{c}$로 표시한다.

(iii) $\vec{a}+\vec{0}=\vec{0}+\vec{a}=\vec{a}$ (항등원 존재)

(iv) $\vec{a}+(-\vec{a})=(-\vec{a})+\vec{a}=\vec{0}$ (역원존재)

(v) $\alpha(\beta\vec{a})=(\alpha\beta)\vec{a}$ (결합법칙)

(vi) $\alpha(\vec{a}+\vec{b})=\overrightarrow{\alpha a}+\overrightarrow{\alpha b}$ (분배법칙)

(vii) $(\alpha+\beta)\vec{a}=\overrightarrow{\alpha a}+\overrightarrow{\beta a}$ (분배법칙)

(viii) $1\vec{a}=\vec{a}$ (1의 존재)

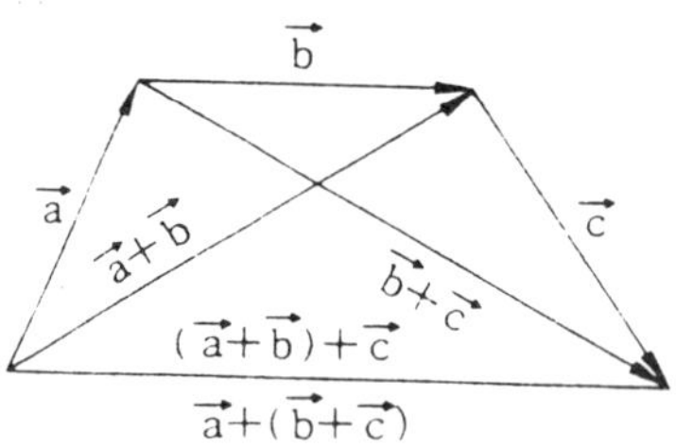

[그림 9.6]

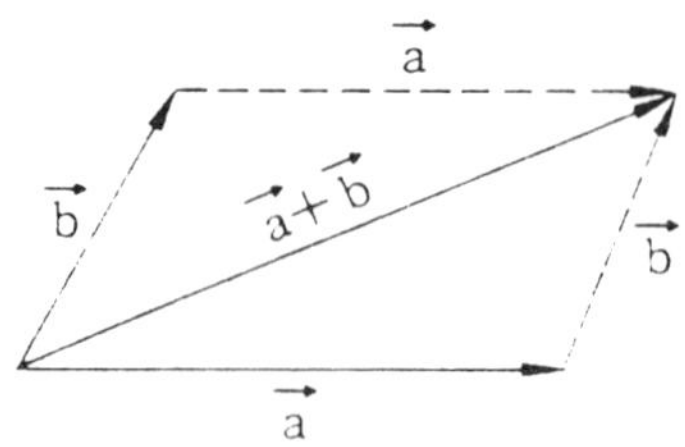

[그림 9.7]

실수체 R위에서 벡터공간(vector space)이란 두 개의 연산이 함께 주어진 집합으로써 위의 정리의 8가지 조건을 만족하는 대상(objects)들의 모임이다. 그리고 그 대상들, 즉 원소를 벡터라 부른다.

지금까지는 벡터를 기하학적으로 고찰하였으나 좌표를 도입하여 해석학적으로 나타내는 것이 편리할 때도 있다.

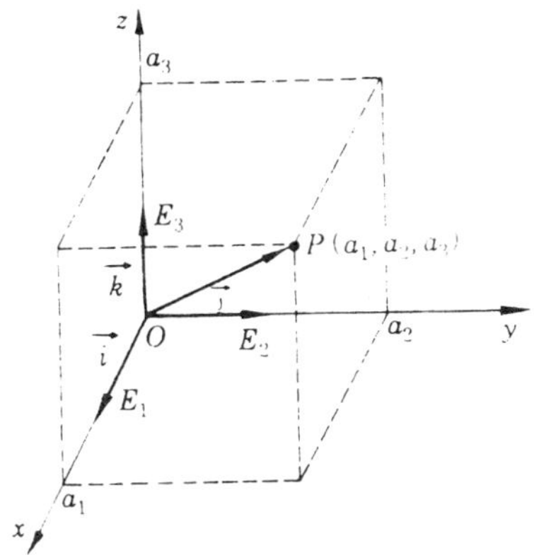

[그림 9.8]

공간상에 직교 좌표축을 정하고 원점을 O, 좌표축상의 점 $E_1(1, 0, 0)$, $E_2(0, 1, 0)$, $E_3(0, 0, 1)$을 잡아 $\vec{i}=\overrightarrow{OE_1}$, $\vec{j}=\overrightarrow{OE_2}$, $\vec{k}=\overrightarrow{OE_3}$라 둔다. 즉, $\vec{i}$, $\vec{j}$, $\vec{k}$는 각각 x, y, z 좌표축상의 단위벡터이다. 이때 $\vec{i}$, $\vec{j}$, $\vec{k}$를 기본단위벡터(fundamental unit vector)라 부른다.

임의의 벡터 $\vec{a}$에 대하여 $\vec{a}=\overrightarrow{OP}$인 점 P의 좌표를 (a_1, a_2, a_3)라고 하면 $\vec{a}=a_1\vec{i}+a_2\vec{j}+a_3\vec{k}$로 나타낼 수 있다. 따라서 벡터 $\vec{a}$를 $\vec{a}=(a_1, a_2, a_3)$로 나타내고, a_1, a_2, a_3를 각각 $\vec{a}$의 x성분(x-component), y성분(y-component), z성분(z-component)이라고 부른다.

$\vec{a}=\overrightarrow{OP}$이고 $P(x_1, y_1, z_1)$, $Q(x_2, y_2, z_2)$일 때 $\overrightarrow{PQ}=\overrightarrow{OA}$인 점 A의 좌표는 $a_1=x_2-x_1$, $a_2=y_2-y_1$, $a_3=z_2-z_1$이고 이것은 벡터 $\vec{a}$의 성분이다.

벡터 $\vec{a}$의 크기는 $\|\vec{a}\|=\sqrt{a_1^2+a_2^2+a_3^2}=\sqrt{(x_2-x_1)^2+(y_2-y_1)+(z_2-z_1)^2}$ 영 벡터의 성분은 $(0, 0, 0)$이다.

$$\vec{a}=(a_1,\ a_2,\ a_3),\ \vec{b}=(b_1,\ b_2,\ b_3)\text{일 때}$$

$$\vec{a}=\vec{b} \iff a_1=b_1,\ a_2=b_2,\ a_3=b_3$$

또한 $\vec{a}=a_1\vec{i}+a_2\vec{j}+a_3\vec{k},\ \vec{b}=b_1\vec{i}+b_2\vec{j}+b_3\vec{k}$이므로

$$\begin{aligned}\vec{a}+\vec{b}&=(a_1\vec{i}+a_2\vec{j}+a_3\vec{k})+(b_1\vec{i}+b_2\vec{j}+b_3\vec{k})\\&=(a_1+b_1)\vec{i}+(a_2+b_2)\vec{j}+(a_3+b_3)\vec{k}\\&=(a_1+b_1,\ a_2+b_2,\ a_3+b_3),\\\overrightarrow{ka}&=(ka_1,\ ka_2,\ ka_3)\end{aligned}$$

이것들이 성립하는 것은 기하학적 성질에서 명백하다.

> 정리 9.2　원점 O를 시점으로 하고 종점이 P인 벡터 $\vec{a}=\overrightarrow{OP}$를 위치벡터 (position vector)라고 한다.

공간상의 임의의 벡터에 대해서 그와 같은 위치벡터를 잡을 수 있다. 따라서 동치인 벡터를 동일시 한다면 공간상의 벡터 전체의 집합과 공간상의 점 전체의 집합 사이에는 일대일 대응관계가 있음을 알 수 있다.

【예제 1】 점 $P(1,\ 2,\ -3)$을 시점으로 하고 점 $Q(5,\ 4,\ -6)$을 종점으로 하는 벡터 $\vec{a}=\overrightarrow{PQ}$를 기본단위 벡터를 써서 나타내고 $\vec{a}$의 크기를 구하라.

풀이 $\vec{a}=(a_1,\ a_2,\ a_3)$라 하면 $a_1=5-1=4,\ a_2=4-2=2,\ a_3=-6-(-3)=-3$

$$\therefore\ \vec{a}=\overrightarrow{4i}+\overrightarrow{2j}-\overrightarrow{3k},\ \|\vec{a}\|=\sqrt{4^2+2^2+(-3)^2}=\sqrt{29}$$ ■

【예제 2】 $P(2,\ 1,\ 5),\ Q(3,\ -2,\ 1),\ A(1,\ 2,\ 3),\ B(-3,\ 4,\ 2)$일 때 $\vec{a}=\overrightarrow{PQ},\ \vec{b}=\overrightarrow{AB}$라 하면 $\overrightarrow{2a}+\overrightarrow{3b}$를 구하라.

풀이 $\vec{a}=(3-2,\ -2-1,\ 1-5)=(1,\ -3,\ -4)$

$$\vec{b}=(-3-1,\ 4-2,\ 2-3)=(-4,\ 2,\ -1)$$

$$\therefore\ \overrightarrow{2a}+\overrightarrow{3b}=2(1,\ -3,\ -4)+(-4,\ 2,\ -1)$$

$$=(2,\ -6,\ -8)+(-12,\ 6,\ -3)=(-10,\ 0,\ -11)$$ ■

정리 9.3 $\vec{a}=(a_1,\ a_2,\ a_3)$와 $k\in R$에 대하여

(i) $\|\vec{a}\|\geq 0,\ \|\vec{a}\|=0 \iff \vec{a}=\vec{0}$

(ii) $\|\overrightarrow{ka}\|=|k|\ \|\vec{a}\|$

증명 (i) $\|\vec{a}\|=\sqrt{a_1^2+a_2^2+a_3^2}\geq 0,$

$$\|\vec{a}\|=\sqrt{a_1^2+a_2^2+a_3^2}=0 \iff a_1^2,\ a_2^2,\ a_3^2=0$$

$$\iff a_1=a_2=a_3=0 \iff \vec{a}=\vec{0}$$

(ii) $\|\overrightarrow{ka}\|=\sqrt{(ka_1)^2+(ka_2)^2+(ka_3)^2}$

$$=\sqrt{k^2(a_1^2+a_2^2+a_3^2}=|k|\sqrt{a_1^2+a_2^2+a_3^2}=|k|\ \|\vec{a}\|$$

위 정리에 의하면 $\vec{a}$방향의 단위 벡터 $\vec{e}$는 $\vec{e}=\dfrac{\vec{a}}{\|\vec{a}\|}$임을 알 수 있다. 실제로 $\|\vec{a}\|>0$이므로 $\vec{e}$는 $\vec{a}$와 같은 방향이고 $\|\vec{e}\|=\left\|\dfrac{\vec{a}}{\|\vec{a}\|}\right\|=\dfrac{1}{\|\vec{a}\|}\|\vec{a}\|=1$이므로 $\vec{e}$는 $\vec{a}$ 방향의 단위벡터이다. □

【예제 3】 $\vec{a}=(2,\ 1,\ -3)$일 때 $\vec{a}$방향의 단위 벡터 $\vec{e}$를 구하라.

풀이 $\|\vec{a}\|=\sqrt{2^2+1^2+(-3)^2}=\sqrt{14}=\sqrt{(ka_1)^2+(ka_2)^2+(ka_3)^2}$

$$\therefore\ \vec{e}=\frac{\vec{a}}{\|\vec{a}\|}=\left(\frac{2}{\sqrt{14}},\ \frac{1}{\sqrt{14}},\ -\frac{3}{\sqrt{14}}\right)$$ ■

연습문제(9.1)

1. 다음 벡터를 간단히 하라.

(1) $2(\vec{a}+\overrightarrow{3b})-\frac{1}{3}(\overrightarrow{9a}+\overrightarrow{12b})$　　(2) $\frac{1}{2}(\vec{a}+\overrightarrow{2b})-\frac{1}{3}(\overrightarrow{4.5a}-\overrightarrow{3b})$

2. 다음 등식을 만족하는 $\vec{x}$를 $\vec{a}$, $\vec{b}$, $\vec{c}$로 나타내라.

(1) $\overrightarrow{2x}+\vec{b}=\overrightarrow{4a}-\overrightarrow{3b}+\overrightarrow{6c}$　　(2) $2(\vec{x}-\overrightarrow{3a})-(\overrightarrow{3b}-\vec{x})=\vec{0}$

3. $\vec{p}=-\vec{a}+\overrightarrow{3b}$, $\vec{q}=\overrightarrow{2a}-\overrightarrow{5b}$일 때 $\vec{a}$, $\vec{b}$, $\vec{a}$, $-\overrightarrow{4b}$를 각각 $\vec{p}$, $\vec{q}$로 나타내라.

4. $\overrightarrow{OA}=\vec{a}$, $\overrightarrow{OB}=\vec{b}$라 할 때 다음 각 벡터를 $\vec{a}$, $\vec{b}$로 나타내라.

(1) 선분 AB의 중점을 M이라 할 때 $\overrightarrow{OM}$

(2) 선분 AB의 3등분점을 C, D라 할 때 $\overrightarrow{OC}$, $\overrightarrow{OD}$

(3) 선분 AB를 $m:n$으로 내분하는 점을 p라 할 때 $\overrightarrow{OP}$

5. $\vec{a}=(1,\ 2,\ 3)$, $\vec{b}=(2,\ -1,\ 1)$, $\vec{c}=(4,\ -2,\ 1)$일 때 다음 각 벡터를 성분으로 나타내고, 그 크기를 구하라.

(1) $\vec{a}+\overrightarrow{2b}$　　(2) $\overrightarrow{4a}-\overrightarrow{3b}-\overrightarrow{2c}$

(3) $2(\vec{a}-\vec{b})-3(\vec{a}-\vec{b}-\vec{c})$

6. $\vec{a}=(1,\ 2,\ 3)$, $\vec{b}=(2,\ 3,\ 4)$, $\vec{c}=(3,\ 4,\ 5)$일 때 $\vec{a}=\overrightarrow{mb}+\overrightarrow{nc}$를 만족시키는 실수 m, n을 구하라.

7. 두 벡터 $\vec{a}=(3,\ -2,\ 4)$, $\vec{b}=(x-1,\ 6,\ 2y)$가 평행할 때 x, y의 값을 구하라.

8. $\vec{a}=(4,\ -2,\ 0)$, $\vec{b}=(1,\ 0,\ -1)$에 대하여 $\vec{u}=\vec{a}+\vec{b}$, $\vec{v}=\vec{a}-\vec{b}$라 한다.

(1) $\|\vec{u}\|$, $\|\vec{v}\|$를 구하라.

(2) $\vec{u}$, $\vec{v}$와 같은 방향의 단위벡터를 각각 $\vec{x}$, $\vec{y}$라 할 때, $\vec{x}$, $\vec{y}$를 구하라.

9.2 벡터의 내적 및 외적

1. 내 적

> 정리 9.4 $\vec{a}=(a_1, a_2, a_3)$, $\vec{b}=(b_1, b_2, b_3)$라 할 때 $\vec{a}$, $\vec{b}$의 내적을 $\vec{a}\cdot\vec{b}$로 표시하고 $\vec{a}\cdot\vec{b}=a_1b_1+a_2b_2+a_3b_3$를 $\vec{a}$, $\vec{b}$의 내적(inner product, scalar product, dot product)이라 한다.

【예제 4】 $\vec{a}=(3, -1, -2)$, $\vec{b}=(-2, -3, 1)$일 때 $\vec{a}\cdot\vec{b}=-6+3-2=-5$

> 정리 9.5 임의의 벡터 $\vec{a}$, $\vec{b}$, $\vec{c}$와 임의의 실수 k에 대하여 다음이 성립한다.
>
> (i) $\vec{a}\cdot\vec{b}=\vec{b}\cdot\vec{a}$ (교환법칙)
>
> (ii) $(\overrightarrow{ka})\cdot\vec{b}=k(\vec{a}\cdot\vec{b})=\vec{a}\cdot(\overrightarrow{kb})$
>
> (iii) $\vec{a}\cdot(\vec{b}+\vec{c})=\vec{a}\cdot\vec{b}+\vec{a}\cdot\vec{b}$,
>
> $(\vec{a}+\vec{b})\cdot\vec{c}=\vec{a}\cdot\vec{c}+\vec{b}\cdot\vec{c}$ (분배법칙)
>
> (iv) $\vec{a}\cdot\vec{a}=\|\vec{a}\|^2$
>
> (v) $\vec{a}\cdot\vec{a}\geq 0$ (등호는 $\vec{a}=\vec{0}$일 때에 성립)

벡터의 내적을 두 벡터의 사이각과 두 벡터의 크기로 나타내 보자.

영 벡터가 아닌 두 벡터 $\vec{a}=(a_1, a_2, a_3)$, $\vec{b}=(b_1, b_2, b_3)$의 사이각을 $\theta(0\leq\theta\leq\pi)$라 하자.

$\vec{c}=\vec{a}-\vec{b}=(a_1-b_1, a_2-b_2, a_3-b_3)$이고 Cosine 제2법칙에 의하여 $\|\vec{c}\|^2=\|\vec{a}\|^2+\|\vec{b}\|^2-2\|\vec{a}\|\,\|\vec{b}\|\cos\theta$

$$\begin{aligned}\therefore\ &(a_1-b_1)^2+(a_2-b_2)^2+(a_3-b_3)^2\\ &=a_1^2+a_2^2+a_3^2+b_1^2+b_2^2+b_3^2-2\|\vec{a}\|\,\|\vec{b}\|\cos\theta\end{aligned}$$

$\therefore\ \|\vec{a}\|\,\|\vec{b}\|\cos\theta = a_1b_1 + a_2b_2 + a_3b_3 = \vec{a}\cdot\vec{b}$

$\therefore\ \vec{a}\cdot\vec{b} = \|\vec{a}\|\,\|\vec{b}\|\cos\theta$ $\cdots$ ①

내적의 정의를 ①식으로 사용하기로 한다.

(1) 식으로부터 두 벡터 $\vec{a}$, $\vec{b}$의 사이각 θ의 cosine은

$$\cos\theta = \frac{\vec{a}\cdot\vec{b}}{\|\vec{a}\|\,\|\vec{b}\|} = \frac{a_1b_1 + a_2b_2 + a_3b_3}{\sqrt{a_1^2 + a_2^2 + a_3^2}\,\sqrt{b_1^2 + b_2^2 + b_3^2}}$$ 임을 알 수 있다.

영 벡터가 아닌 두 벡터 $\vec{a}$, $\vec{b}$가

(i) $\vec{a}\perp\vec{b} \Longleftrightarrow \vec{a}\cdot\vec{b} = 0$ (ii) $\vec{a}\,/\!/\,\vec{b} \Longleftrightarrow \vec{a}\cdot\vec{b} = \pm\|\vec{a}\|\,\|\vec{b}\|$

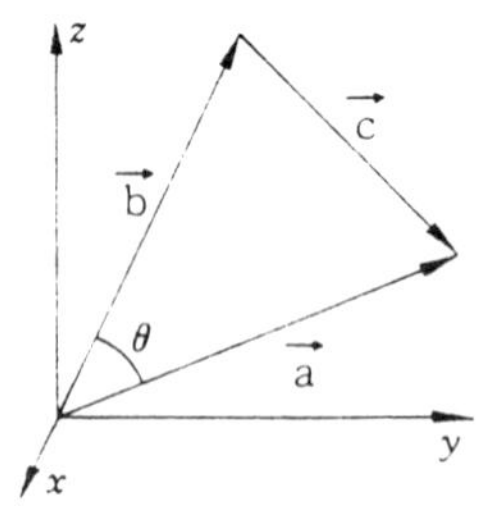

[그림 9.9]

증명 (i) $\vec{a}\perp\vec{b} \Longleftrightarrow \theta = \dfrac{\pi}{2} \Longleftrightarrow \cos\theta = 0 \Longleftrightarrow \vec{a}\cdot\vec{b} = 0$

(ii) $\vec{a}\,/\!/\,\vec{b} \Longleftrightarrow \theta = 0$ 혹은 $180° \Longleftrightarrow \cos\theta = 1$ 혹은 -1

$\Longleftrightarrow \vec{a}\cdot\vec{b} = \pm\|\vec{a}\|\,\|\vec{b}\|$ □

【예제 5】 두 벡터 $\vec{a} = (2,\ -2,\ 1)$, $\vec{b} = (0,\ -1,\ 1)$에 대하여

(i) $\vec{a}\cdot\vec{b}$ (ii) $\vec{a}$, $\vec{b}$의 사이각을 구하여라.

풀이 (i) $\vec{a}\cdot\vec{b} = (2,\ -2,\ 1)\cdot(0,\ -1,\ 1) = 2\times0 + (-2)(-1) + 1\times1 = 3$

(ii) $\|\vec{a}\| = \sqrt{2^2 + (-2)^2 + 1^2} = 3$, $\|\vec{b}\| = \sqrt{0^2 + (-1)^2 + 1^2} = \sqrt{2}$

$\therefore\ \cos\theta = \dfrac{3}{3\sqrt{2}} = \dfrac{1}{\sqrt{2}}$, $\therefore\ \theta = \dfrac{\pi}{4}$ $(\because\ 0 \le \theta \le \pi)$

영 벡터가 아닌 벡터 $\vec{a} = (a_1,\ a_2,\ a_3)$와 x축, y축, z축의 양의 방향과 이루

는 각을 α, β, γ라고 하면,

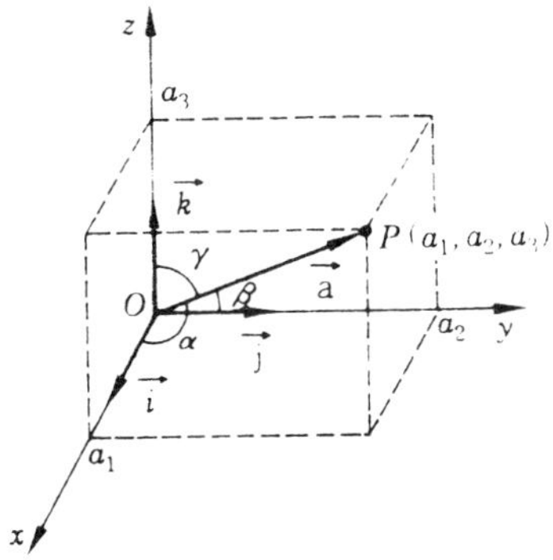

[그림 9.10]

$$\cos\alpha = \frac{\vec{a}\cdot\vec{i}}{\|\vec{a}\|\ \|\vec{i}\|} = \frac{a_1}{a_1^2+a_2^2+a_3^2}$$

$$\cos\beta = \frac{\vec{a}\cdot\vec{j}}{\|\vec{a}\|\ \|\vec{j}\|} = \frac{a_2}{a_1^2+a_2^2+a_3^2}$$

$$\cos\gamma = \frac{\vec{a}\cdot\vec{k}}{\|\vec{a}\|\ \|\vec{k}\|} = \frac{a_3}{a_1^2+a_2^2+a_3^2}$$

이며, $\cos\alpha$, $\cos\beta$, $\cos\gamma$를 $\vec{a}$의 **방향 코사인**(directional cosine)이라 한다. 이때, $\cos^2\alpha+\cos^2\beta+\cos^2\gamma=1$ 이므로 $(\cos\alpha,$
$\cos\beta,\ \cos\gamma) = \dfrac{\vec{a}}{\|\vec{a}\|}$ 이다.

따라서, $\vec{a}$의 방향 cosine을 성분으로 하는 벡터는 $\vec{a}$와 같은 방향의 단위 벡터이다. ■

【예제 6】 두 점 $A(3,\ -1,\ 2)$, $B(4,\ 3,\ -1)$에 대해서 $\vec{a}=\overrightarrow{AB}$라 할 때

(i) $\vec{a}$의 크기

(ii) $\vec{a}$의 방향 코사인

(iii) $\vec{a}$와 같은 방향의 단위 벡터 $\vec{e}$를 구하라.

풀이 (i) $\vec{a}=(4-3,\ 3-(-1),\ -1-2)=(1,\ 4,\ -3)$

$$\therefore \ \|\vec{a}\| = \sqrt{1^2+4^2+(-2)^2} = \sqrt{21}$$

(ii) $\vec{a}$가 x축, y축, z축과 이루는 각을 α, β, γ라 하면

$$\cos\alpha = \frac{1}{\sqrt{21}},\ \cos\beta = \frac{4}{\sqrt{21}},\ \cos\gamma = \frac{-3}{\sqrt{21}}$$

(iii) $\vec{e} = (\cos\alpha,\ \cos\beta,\ \cos\gamma) = \left(\frac{1}{\sqrt{21}},\ \frac{4}{\sqrt{21}},\ \frac{-3}{\sqrt{21}}\right)$ ■

2. 외 적

정리 9.6 두 벡터 $\vec{a}$, $\vec{b}$가 이루는 각을 θ $(0 \le \theta \le \pi)$라고 할 때, 크기가 $\|\vec{a}\|\ \|\vec{b}\|\sin\theta$이고 $\vec{a}$, $\vec{b}$가 이루는 평면에 수직인 벡터를 $\vec{a}$, $\vec{b}$의 외적(outer product, vector product, cross product)이라 하고 $\vec{a}\times\vec{b}$로 표시한다. $\vec{a}$, $\vec{b}$, $\vec{a}\times\vec{b}$는 우수계(右手系)를 이루는 것으로 하며, $\vec{a}$, $\vec{b}$가 평행이거나 $\vec{a}$, $\vec{b}$ 중에서 어느 하나가 $\vec{0}$일 때는 $\vec{a}\times\vec{b}$는 $\vec{0}$로 정의한다.

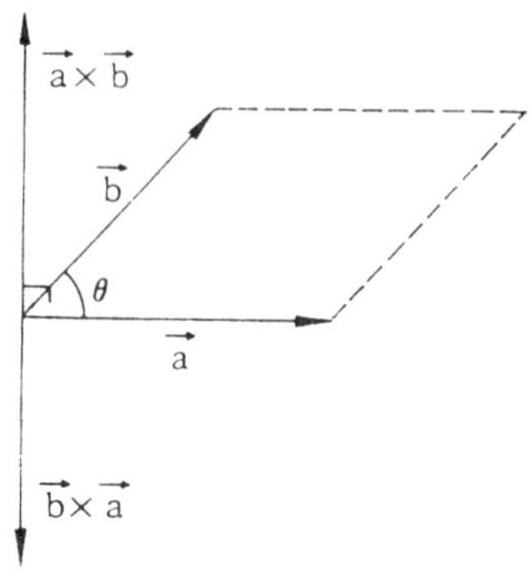

[그림 9.11]

[참고] (i) 두 벡터 $\vec{a}$, $\vec{b}$에서 그 내적 $\vec{a}\cdot\vec{b}$는 scalar이고, 외적 $\vec{a}\times\vec{b}$는 벡터이다.

(ii) 벡터의 외적의 정의에 의하면 $\vec{a}\times\vec{b}$의 크기 $\|\vec{a}\times\vec{b}\|$는, $\vec{a}$, $\vec{b}$를 두변으로 하는 평행사변형의 면적과 같다.

(iii) $\vec{a}\times\vec{b}$는 $\vec{a}$와 $\vec{b}$에 동시에 수직이다.

정리 9.7 영 벡터가 아닌 두 벡터 $\vec{a}$, $\vec{b}$에 대하여 $\vec{a}$와 $\vec{b}$가 평행 (즉 $\vec{a} /\!/ \vec{b}$) $\Longleftrightarrow$ $\vec{a}\times\vec{b}=\vec{0}$

증명 $\vec{a} /\!/ \vec{b} \Longleftrightarrow \sin\theta=0 \Longleftrightarrow \vec{a}\times\vec{b}=\vec{0}$ □

정리 9.8

(1) $\vec{a}\times\vec{b}=-\vec{b}\times\vec{a}$

(2) $\vec{a}\times\vec{a}=\vec{0}$, $\vec{i}\times\vec{i}=\vec{j}\times\vec{j}=\vec{j}\times\vec{j}=\vec{0}$

(3) $\vec{i}\times\vec{j}=\vec{k}$, $\vec{j}\times\vec{k}=\vec{i}$, $\vec{k}\times\vec{i}=\vec{j}$,

$\vec{j}\times\vec{i}=-\vec{k}$, $\vec{k}\times\vec{j}=-\vec{i}$, $\vec{i}\times\vec{k}=-\vec{j}$

(4) $(\alpha\vec{a})\times\vec{b}=\vec{a}\times(\alpha\vec{b})=\alpha(\vec{a}\times\vec{b})$

(5) $\vec{a}\times(\vec{b}+\vec{c})=\vec{a}\times\vec{b}+\vec{a}\times\vec{c}$, $(\vec{a}+\vec{b})\times\vec{c}=\vec{a}\times\vec{c}+\vec{b}\times\vec{c}$

[주의] $\vec{i}\times(\vec{i}\times\vec{j})=\vec{i}\times\vec{k}=-\vec{j}$, $(\vec{i}\times\vec{i})\times\vec{j}=\vec{0}\times\vec{j}=\vec{0}$

$\therefore\ \vec{a}\times(\vec{b}\times\vec{c})\neq(\vec{a}\times\vec{b})\times\vec{c}$

정리 9.9 $\vec{a}=(a_1, a_2, a_3)$, $\vec{b}=(b_1, b_2, b_3)$일 때

$$\vec{a}\times\vec{b}=\begin{vmatrix}\vec{i} & \vec{j} & \vec{k}\\ a_1 & a_2 & a_3\\ b_1 & b_2 & b_3\end{vmatrix}$$

증명
$$\begin{aligned}\vec{a}\times\vec{b}&=(a_1\vec{i}+a_2\vec{j}+a_3\vec{k})\times(b_1\vec{i}+b_2\vec{i}+b_3\vec{k})\\
&=a_1b_1(\vec{i}\times\vec{i})+a_1b_2(\vec{i}\times\vec{j})+a_1b_3(\vec{i}\times\vec{k})\\
&\quad+a_2b_1(\vec{j}\times\vec{i})+a_2b_2(\vec{j}\times\vec{j})+a_2b_3(\vec{j}\times\vec{k})\\
&\quad+a_3b_1(\vec{k}\times\vec{i})+a_3b_2(\vec{k}\times\vec{j})+a_3b_3(\vec{k}\times\vec{k})\\
&=a_1b_1\vec{0}+a_1b_2\vec{k}+a_1b_3(-\vec{j})+a_2b_1(-\vec{k})\end{aligned}$$

$$a_2b_2\vec{0}+a_2b_3\vec{i}+a_3b_1\vec{j}+a_3b_2(-\vec{i})+a_3b_3\vec{0}$$
$$=(a_2b_3-a_3b_2)\vec{i}+(a_3b_1-a_1b_3)\vec{j}+(a_1b_2-a_2b_1)\vec{k}$$
$$=\begin{vmatrix} a_2 & a_3 \\ b_2 & b_3 \end{vmatrix}\vec{i}+\begin{vmatrix} a_3 & a_1 \\ b_3 & b_1 \end{vmatrix}\vec{j}+\begin{vmatrix} a_1 & a_2 \\ b_1 & b_2 \end{vmatrix}\vec{k}$$
$$=\begin{vmatrix} \vec{i} & \vec{j} & \vec{k} \\ a_1 & a_2 & a_3 \\ b_1 & b_2 & b_3 \end{vmatrix}$$ □

[주의] 위 정리의 행렬식은 1행에 의한 전개이며, 제1행의 원소가 벡터이므로 이것은 일반적인 행렬식이 아니라는 것에 유의하여야 한다.

【예제 7】 $\vec{a}=(1, 2, 3)$, $\vec{b}=(2, 0, 3)$에 대하여

(i) $\vec{a}\times\vec{b}$

(ii) $\vec{a}$, $\vec{b}$가 이루는 평행사변형의 면적

(iii) $\vec{a}$, $\vec{b}$에 동시에 수직인 단위 벡터를 구하라.

풀이 (i) $\vec{a}\times\vec{b}=\begin{vmatrix} \vec{i} & \vec{j} & \vec{k} \\ 1 & 2 & 3 \\ 2 & 0 & 3 \end{vmatrix}=\overrightarrow{6i}+\overrightarrow{3j}-\overrightarrow{4k}=(6, 3, -4)$

(ii) $S=\|\vec{a}\times\vec{b}\|=\sqrt{6^2+3^2+(-4)^2}=\sqrt{61}$

(iii) 단위 vector $\vec{e}=\pm\dfrac{\vec{a}\times\vec{b}}{\|\vec{a}\times\vec{b}\|}$이므로 $\vec{e}=\pm\dfrac{1}{\sqrt{61}}(6, 3, -4)$ ■

9.3 스칼라 삼중적

세 벡터 $\vec{a}=(a_1, a_2, a_3)$, $\vec{b}=(b_1, b_2, b_3)$, $\vec{c}=(c_1, c_2, c_3)$에 대하여 $\vec{a}\cdot(\vec{b}\times\vec{c})=\begin{vmatrix} a_1 & a_2 & a_3 \\ b_1 & b_2 & b_3 \\ c_1 & c_2 & c_3 \end{vmatrix}\equiv(\vec{a}\,\vec{b}\,\vec{c})$이고, 이것을 Scalar 3중적(scalar triple product)이라고 한다.

증명 $\vec{a}\cdot(\vec{b}\times\vec{c})=(a_1\vec{i}+a_2\vec{j}+a_3\vec{k})\cdot\left[\begin{vmatrix} b_2 & b_3 \\ c_2 & c_3 \end{vmatrix}\vec{i}+\begin{vmatrix} b_3 & b_1 \\ c_3 & c_1 \end{vmatrix}\vec{j}+\begin{vmatrix} b_1 & b_2 \\ c_1 & c_2 \end{vmatrix}\vec{k}\right]$

$$=a_1\begin{vmatrix} b_2 & b_3 \\ c_2 & c_3 \end{vmatrix}+a_2\begin{vmatrix} b_3 & b_1 \\ c_3 & c_1 \end{vmatrix}+a_3\begin{vmatrix} b_1 & b_2 \\ c_1 & c_2 \end{vmatrix}$$

$$=\begin{vmatrix} a_1 & a_2 & a_3 \\ b_1 & b_2 & b_3 \\ c_1 & c_2 & c_3 \end{vmatrix}\equiv(\vec{a}\,\vec{b}\,\vec{c})$$ □

【예제 8】 세 벡터 $\vec{a}=(a_1,\ a_2,\ a_3)$, $\vec{b}=(b_1,\ b_2,\ b_3)$, $\vec{c}=(c_1,\ c_2,\ c_3)$를 세 변으로 하는 평행육면체의 체적 $V=|\vec{a}\cdot(\vec{b}\times\vec{c})|=|(\vec{a}\,\vec{b}\,\vec{c})|$임을 보여라.

증명 평행육면체의 체적 $V=$밑면적$\times$높이$=Sh$ 밑면적 $S=\|\vec{b}\times\vec{c}\|$이다.
또한 θ를 $\vec{a}$와 $\vec{b}\times\vec{c}$의 사이각이라 하면 $h=\|\vec{a}\|\cos\theta$

$$\therefore\ V=Sh=\|\vec{a}\|\ \|\vec{b}\times\vec{c}\|\ \cos\theta=\vec{a}\cdot(\vec{b}\times\vec{c})=(\vec{a}\,\vec{b}\,\vec{c})$$
$$\therefore\ V=|\vec{a}\cdot(\vec{b}\times\vec{c})|=|(\vec{a}\,\vec{b}\,\vec{c})|$$

경우에 따라서는 $(\vec{a}\,\vec{b}\,\vec{c})<0$인 경우가 있으므로 절대값을 취한다.

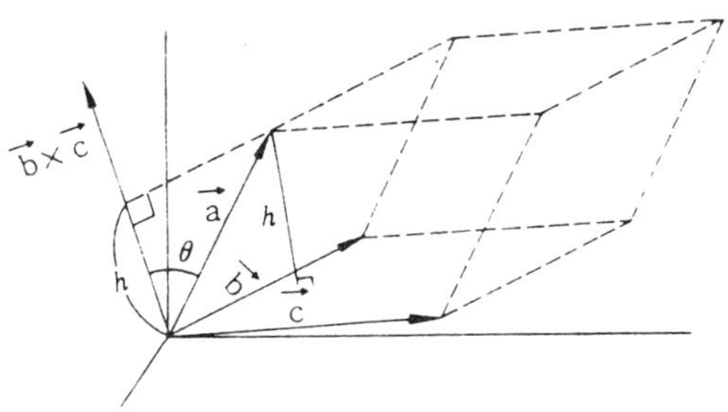

[그림 9.12] □

【예제 9】 $\vec{a}=(2,\ 1,\ -2)$, $\vec{b}=(3,\ 2,\ -4)$, $\vec{c}=(-1,\ 2,\ 1)$일 때 $\vec{a}\cdot(\vec{b}\times\vec{c})$를 구하라.

풀이 $$\vec{a}\cdot(\vec{b}\times\vec{c})=\begin{vmatrix} 2 & 1 & -2 \\ 3 & 2 & -4 \\ -1 & 2 & 1 \end{vmatrix}=5$$

또한, 다음 성질을 가지고 있음을 알 수 있다.

$$(\vec{a}\,\vec{b}\,\vec{c})=(\vec{b}\,\vec{c}\,\vec{a})=(\vec{c}\,\vec{a}\,\vec{b})$$

$$(\vec{a}\ \vec{b}\ \vec{c}) = -(\vec{b}\ \vec{a}\ \vec{c}) = -(\vec{c}\ \vec{b}\ \vec{c}) = -(\vec{a}\ \vec{c}\ \vec{b})$$ ■

【예제 10】 공간에서의 세 점 $A(1, 2, 0)$, $B(1, 1, 1)$, $C(0, 1, 1)$로 이루어진 $\triangle ABC$의 면적을 구하여라.

풀이 $\overrightarrow{BC} = (-1, 0, 0)$, $\overrightarrow{BA} = (0, 1, -1)$

$$\overrightarrow{BC} \times \overrightarrow{BA} = \begin{vmatrix} \vec{i} & \vec{j} & \vec{k} \\ -1 & 0 & 0 \\ 0 & 1 & -1 \end{vmatrix} = -\vec{j} - \vec{k} = (0, 1, -1)$$

$\| \overrightarrow{BC} \times \overrightarrow{BA} \| = \sqrt{2}$ 이므로

$$\therefore\ S = \frac{1}{2} \times = \text{밑변} \times \text{높이} = \frac{1}{2} \| \overrightarrow{BC} \| \| \overrightarrow{BA} \| \sin\theta$$

$$= \frac{1}{2} \| \overrightarrow{BC} \times \overrightarrow{BA} \| = \frac{\sqrt{2}}{2}$$

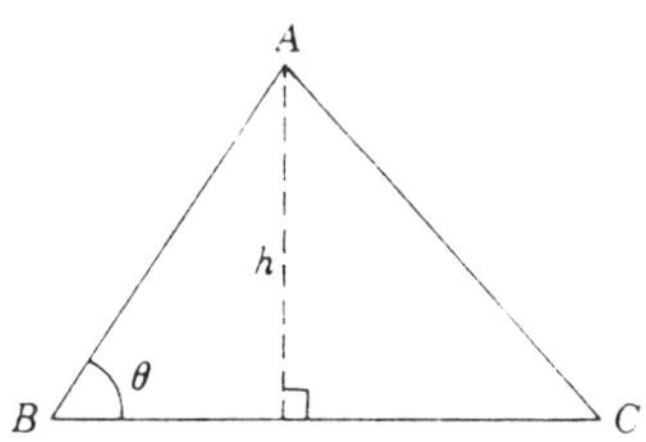

[그림 9.13] ■

연습문제(9.2)

1. 다음 두 벡터의 내적과 외적을 구하고 두 벡터가 이루는 각을 구하라.

(1) $\vec{a} = (-1, 1)$, $\vec{b} = (2, 0)$

(2) $\vec{a} = (3, -1, -2)$, $\vec{b} = (2, -3, 1)$

2. $\vec{a} = (1, 2, -1)$, $\vec{b} = (3, 0, 1)$일때 다음을 구하라.

(1) $\vec{a} \cdot \vec{b}$, $\vec{a} \times \vec{b}$를 각각 구하여라.

(2) $\vec{a}$와 $\vec{b}$가 이루는 각을 구하여라.

(3) $\vec{a}$ 및 $\vec{b}$에 동시에 수직인 단위 vertor를 구하여라.

(4) $\vec{a}$, $\vec{b}$가 만드는 평행사변형의 면적

3. $\vec{a}=(1,\ 2,\ -1)$, $\vec{b}=(2,\ -1,\ 2)$, $\vec{c}=(3,\ 0,\ 5)$일 때 다음을 구하여라.

(1) $\|\vec{a}\|$

(2) $\vec{a}$의 방향여현

(3) $\vec{a}\times\vec{b}$

(4) $\vec{a}\times\vec{b}$

(5) $\vec{a}\cdot(\vec{b}+\vec{c})$

(6) $(\vec{a}\times\vec{b})\cdot\vec{c}$

(7) $(\vec{a}\times\vec{b})\times\vec{c}$

(8) $(\vec{a}+\vec{b})\times(\vec{a}-\vec{b})$

4. $\vec{a}=(1,\ 1,\ 1)$, $\vec{b}=(0,\ 1,\ 1)$과 이루는 각이 각각 $\frac{\pi}{6}$, $\frac{\pi}{4}$인 단위 vector를 구하여라.

5. $\vec{a}=(1,\ 0,\ 1)$, $\vec{b}=(2,\ 1,\ -1)$, $\vec{c}=(1,\ 2,\ 4)$에 대하여 다음을 구하여라.

(1) $(\vec{a}\times\vec{b})\cdot\vec{c}$

(2) $(\vec{a}\times\vec{b})\times\vec{c}$

(3) $\vec{a}\times(\vec{b}\times\vec{c})$

(4) $\vec{a}$, $\vec{b}$, $\vec{c}$를 세 변으로 하는 평행육면제의 부피

(5) $\vec{a}$, $\vec{b}$, $\vec{c}$의 각각의 종점과 원점을 꼭지점으로 하는 사면체의 부피

6. 세 점 $A(1,\ 3,\ 5)$, $B(4,\ 3,\ 3)$, $C(1,\ -1,\ 0)$으로 이루어진 삼각형의 면적을 구하여라.

7. 다음 vectors(주어진 순서로)의 scalar 3중적을 구하여라.

(1) $\vec{i}$, $\vec{j}$, $\vec{k}$

(2) $\vec{i}+\vec{j}+\vec{k}$, $3\vec{i}$, $\overrightarrow{4j}+\overrightarrow{5k}$

(3) $\overrightarrow{2j}+\overrightarrow{3k}$, $\vec{i}+\overrightarrow{4j}$, $\overrightarrow{6j}$

(4) $\overrightarrow{4i}+\overrightarrow{2j}+\overrightarrow{4k}$, $\vec{i}-\vec{j}-\vec{k}$, $\overrightarrow{3i}+\overrightarrow{2j}+\overrightarrow{3k}$

8. 다음 등식을 증명하여라.

(1) $\vec{a}\times(\vec{b}\times\vec{c})=(\vec{a}\cdot\vec{c})\vec{b}-(\vec{a}\cdot\vec{b})\vec{c}$

(2) $(\vec{a}\cdot\vec{b})^2+\|\vec{a}\times\vec{b}\|^2=\|\vec{a}\|^2\|\vec{b}\|^2$

(3) $(\vec{a}\times\vec{b})\cdot(\vec{c}\times\vec{d})=(\vec{a}\cdot\vec{c})(\vec{b}\cdot\vec{d})-(\vec{a}\cdot\vec{d})(\vec{b}\cdot\vec{c})$

9. 자속밀도 $\overrightarrow{B}=\vec{i}+\overrightarrow{2j}-\overrightarrow{3k}[\mathrm{wb/m^2}]$인 평등자계속에 $\vec{I}=\overrightarrow{2i}-\vec{j}+\vec{k}[A]$의 전류가 흐르는 1[m]의 도선이 받는 힘[N]을 구하라.

부　　록

Ⅰ. 수학공식
Ⅱ. 함수의 그래프
Ⅲ. 그리스 문자
Ⅳ. 기　호
Ⅴ. 적분표
Ⅵ. 수　표

I. 수학공식

다음 수학공식과 그래프는 초등수학에 있어서 계산에 관한 것을 요약하여 앞으로 공부에 참고가 되도록 수록한 것이다.

기 하

다음 공식에서 r은 반경, h는 높이, l은 빗변, b는 밑변, B는 밑면의 면적, θ는 호도(라디안)법으로 잰 중심각을 나타낸다.

1. **삼각형**. 면적$=\frac{1}{2}bh$.
2. **직사각형**. 면적$=bh$, 대각선$=\sqrt{b^2+h^2}$.
3. **사다리꼴**. 면적$=\frac{1}{2}h(b_1+b_2)$
4. **원**. 호$=r\theta$, 원주$=2\pi r$, 면적$=\pi r^2$
5. **부채꼴**. 면적$=\frac{1}{2}r^2\theta$.
6. **궁형**. 면적$=\frac{1}{2}r^2(\theta-\sin\theta)$.
7. **직육면체**. 세 모서리를 a, b, c라 하면

   면적$=abc$, 대각선$=\sqrt{a^2+b^2+c^2}$
8. **각주**. 체적$=Bh$.
9. **각추**. 체적$=\frac{1}{3}Bh$.
10. **직원주**. 측면적$=2\pi rh$, 체적$=\pi r^2h$.
11. **직원추**. 측면적$=\pi rl$, 체적$=\frac{1}{3}\pi r^2h$.
12. **구**. 표면적$=4\pi r^2$, 체적$=\frac{4}{3}\pi r^3$.
13. **구대**. 체적$=\frac{1}{3}\pi h^2(3r-h)$
14. **각추대**. 체적$=\frac{1}{3}h(B_1+B_2+\sqrt{B_1B_2})$
15. **직원추대**. 측면적$=\pi l(r_1+r_2)$, 체적$=\frac{1}{3}\pi h(r_1^2+r_2^2+r_1r_2)$.
16. **다면대**. 체적$=\frac{1}{6}h(B_1+4B_m+B_2)$

대 수

17. 이차방정식의 근의 공식. $ax^2+bx+c=0$, $a\neq 0$ 이면

$$x=\frac{-b\pm\sqrt{b^2-4ac}}{2a}$$

18. ln의 성질

(a) $\ln(MN)=\ln M+\ln N$ (b) $\ln\left(\frac{M}{N}\right)=\ln M-\ln N$

(c) $\ln M^n=n\ln M$ (d) $\ln\sqrt[n]{M}=\frac{1}{n}\ln M$

(e) $\ln_b b=1$ (f) $\ln_b 1=0$

19. 계승. $n!=1\cdot 2\cdot 3\cdots(n-1)\cdot n$, $0!=1$

20. 이항전개

$$(a+b)^n=a^n+{}_nC_1a^{n-1}b+{}_nC_2a^{n-2}b^2+\cdots+C^nC_ra^{n-r}b^r+\cdots+b^n$$

여기서

$${}_nC_1=\frac{n}{1},\quad {}_nC_2=\frac{n(n-1)}{1\cdot 2},\quad {}_nC_r=\frac{n!}{r!(n-r)}$$

21. 등차계수. a를 초항, d를 공차, n을 항수, l을 미항, S를 총합이라 하면

$$l=a+(n-1)d,\quad S=\frac{1}{2}n(a+l),\quad S=\frac{1}{2}n[2a+(n-1)d]$$

22. 등비급수. a를 초항, r을 공비, n을 항수, l을 미항, S를 총합이라면

$$l=ar^{n-1},\quad S=a\frac{1-r^n}{1-r},\quad S=\frac{a-rl}{1-r}$$

23. 무한등비급수. $r^2<1$ 이면, $S=\dfrac{a}{(1-r)}$

삼 각 법

24. 호도와 도수. $360°=2\pi$ 라디안$=1$회전

1라디안$=57.2957\cdots\cdots$도. 1도$=0.0174532\cdots\cdots$라디안

25. 특수각에 관한 삼각함수치

각 (도 수)	sin	cos	tan	cot	sec	csc	각 (라디안)
0°		1	0	∞	1	∞	0
30°	$\frac{1}{2}$	$\frac{1}{2}\sqrt{3}$	$\frac{1}{3}\sqrt{3}$	$\sqrt{3}$	$\frac{2}{3}\sqrt{3}$	2	$\frac{1}{6}\pi$
45°	$\frac{1}{2}\sqrt{2}$	$\frac{1}{2}\sqrt{2}$	1	1	$\sqrt{2}$	$\sqrt{2}$	$\frac{1}{4}\pi$

각 (도 수)	sin	cos	tan	cot	sec	csc	각 (라디안)
60°	$\frac{1}{2}\sqrt{3}$	$\frac{1}{2}$	$\sqrt{3}$	$\frac{1}{3}\sqrt{3}$	2	$\frac{2}{3}\sqrt{3}$	$\frac{1}{3}\pi$
90°	1	0	∞	0	∞	1	$\frac{1}{2}\pi$
180°	0	-1	0	∞	-1	∞	π
270°	-1	0	∞	0	∞	-1	$\frac{3}{2}\pi$
360°	0	1	0	∞	1	∞	2π

26. 기본항등식

$\csc x = \dfrac{1}{\sin x}$ $\sec x = \dfrac{1}{\cos x}$ $\cot x = \dfrac{1}{\tan x}$

$\tan x = \dfrac{\sin x}{\cos x}$ $\cot x = \dfrac{\cos x}{\sin x}$ $\sin^2 x + \cos^2 x = 1$

$1 + \tan^2 x = \sec^2 x$ $1 + \cot^2 x = \csc^2 x$

27. 환원관계

각	sine	cosine	tangent	cotangent	secant	cosecant
$-x$	$-\sin x$	$\cos x$	$-\tan x$	$-\cot x$	$\sec x$	$-\csc x$
$90° - x$	$\cos x$	$\sin x$	$\cot x$	$\tan x$	$\csc x$	$\sec x$
$90° + x$	$\cos x$	$-\sin x$	$-\cot x$	$-\tan x$	$-\csc x$	$\sec x$
$180° - x$	$\sin x$	$-\cos x$	$-\tan x$	$-\cot x$	$-\sec x$	$\csc x$
$180° + x$	$-\sin x$	$-\cos x$	$\tan x$	$\cot x$	$-\sec x$	$-\csc x$
$270° - x$	$-\cos x$	$-\sin x$	$\cot x$	$\tan x$	$-\csc x$	$-\sec x$
$270° + x$	$-\cos x$	$\sin x$	$-\cot x$	$-\tan x$	$\csc x$	$-\sec x$
$360° - x$	$-\sin x$	$\cos x$	$-\tan x$	$-\cot x$	$\sec x$	$-\csc x$

28. 두 각의 합과 차에 관한 공식

$$\sin(x \pm y) = \sin x \cos y \pm \cos x \sin y$$

$$\cos(x \pm y) = \cos x \cos y \mp \sin x \sin y$$

$$\tan(x \pm y) = \frac{\tan x \pm \tan y}{1 \mp \tan x \tan y}$$

29. 배각의 공식

$$\sin 2x = 2\sin x \cos x, \quad \cos 2x = \cos^2 x - \sin^2 x$$

$$\tan 2x = \frac{2\tan x}{1-\tan^2 x}$$

30. 반각의 공식

$$\sin\frac{x}{2} = \pm\sqrt{\frac{1-\cos x}{2}}, \quad \cos\frac{x}{2} = \pm\sqrt{\frac{1+\cos x}{2}}$$

$$\tan\frac{x}{2} = \pm\sqrt{\frac{1-\cos x}{1+\cos x}} = \frac{1-\cos x}{\sin x} = \frac{\sin x}{1+\cos x}$$

31. 합의 공식

$$\sin x + \sin y = 2\sin\frac{1}{2}(x+y)\cos\frac{1}{2}(x-y)$$

$$\sin x - \sin y = 2\cos\frac{1}{2}(x+y)\sin\frac{1}{2}(x-y)$$

$$\cos x + \cos y = 2\cos\frac{1}{2}(x+y)\cos\frac{1}{2}(x-y)$$

$$\cos x - \cos y = -2\sin\frac{1}{2}(x+y)\sin\frac{1}{2}(x-y)$$

32. 곱의 공식

$$\sin x \ \sin y = \frac{1}{2}\cos(x-y) - \frac{1}{2}\cos(x+y)$$

$$\sin x \ \cos y = \frac{1}{2}\sin(x-y) + \frac{1}{2}\sin(x+y)$$

$$\cos x \ \cos y = \frac{1}{2}\cos(x-y) + \frac{1}{2}\cos(x+y)$$

33. 역삼각함수의 공식 ($a>0$ 일 때)

$\sin^{-1}(-a) = -\sin^{-1}a$ $\qquad$ $\cot^{-1}(-a) = \pi - \tan^{-1}\dfrac{1}{a}$

$\cos^{-1}(-a) = \pi - \cos^{-1}a$ $\qquad$ $\sec^{-1}(-a) = \cos^{-1}\left(\dfrac{1}{a}\right) - \pi$

$\tan^{-1}(-a) = -\tan^{-1}a$ $\qquad$ $\csc^{-1}(-a) = \sin^{-1}\left(\dfrac{1}{a}\right) - \pi$

$\sin^{-1}a = \cos^{-1}\sqrt{1-a^2}$ $\qquad$ $\cos^{-1}a = \sin^{-1}\sqrt{1-a^2}$

($a>0$, $b>0$ 일 때)

$$\sin^{-1}a - \sin^{-1}b = \sin^{-1}(a\sqrt{1-b^2} - b\sqrt{1-a^2})$$

$$\tan^{-1}a - \tan^{-1}b = \tan^{-1}\frac{a-b}{1+ab}$$

$$\cos^{-1}a + \cos^{-1}b = \begin{cases} \cos^{-1}\{ab - \sqrt{(1-a^2)(1-b^2)}\} & (a^2+b^2>1 \text{ 일 때}) \\ \dfrac{\pi}{2} & (a^2+b^2=1 \text{ 일 때}) \\ \pi - \cos^{-1}\{\sqrt{(1-a^2)(1-b^2)} - ab\} & (a^2+b^2<1 \text{ 일 때}) \end{cases}$$

$$\tan^{-1}a+\tan^{-1}b=\begin{cases}\tan^{-1}\dfrac{a+b}{1-ab} & (ab<1 \text{ 일 때})\\ \dfrac{\pi}{2} & (a=b \text{ 일 때})\\ \pi-\tan^{-1}\dfrac{a+b}{ab-1} & (ab>1 \text{ 일 때})\end{cases}$$

34. 임의의 삼각형에 관한 공식. 변의 길이를 a, b, c : 그 대각을 A, B, C : $s=\frac{1}{2}(a+b+c)$; 외접원의 반경을 R : 내접원의 반경을 r이라 하면

사인법칙. $\dfrac{a}{\sin A}=\dfrac{b}{\sin B}=\dfrac{c}{\sin C}=2R$

코사인법칙. $a^2=b^2+c^2-2bc\cos A$

$$r=\sqrt{\frac{(s-a)(s-b)(s-c)}{S}}$$

$$\text{면적}=\frac{1}{2}ab\sin C=\frac{a^2\sin B\sin C}{2\sin(B+C)}=\sqrt{s(s-a)(s-b)(s-c)}$$

평면해석기하

35. 두 점 $P_1(x_1, y_1)$과 $P_2(x_2, y_2)$에 관하여

거리 P_1P_2. $d=\sqrt{(x_1-x_2)^2+(y_1-y_2)^2}$

P_1P_2의 기울기. $m=\dfrac{y_1-y_2}{x_1-x_2}$

P_1P_2의 중점. $x=\frac{1}{2}(x_1+x_2)$, $y=\frac{1}{2}(y_1+y_2)$

36. 기울기가 m_1, m_2인 두 직선 사이의 각

$$\tan\theta=\frac{m_1-m_2}{1+m_1m_2}$$

평행인 직선에 대해서는 $m_1=m_2$, 수직인 직선에 대해서는 $m_1=-\dfrac{1}{m_2}$이다.

37. 직선의 방정식

점-기울기형. $y-y_1=m(x-x_1)$

기울기-절편형. $y=mx+b$

두 점형. $\dfrac{y-y_1}{x-x_1}=\dfrac{y_2-y_1}{x_2-x_1}$

절편형. $\dfrac{x}{a}+\dfrac{y}{b}=1$

수평선. $y=b$

수직선. $x=a$

38. $P(x_1, y_1)$에서 수직 $Ax+By+C=0$에 이르는 거리

$$d=\frac{Ax_1+By+C}{\pm\sqrt{A^2+B^2}}$$

39. **직교좌표와 극좌표와의 관계**

$$x=r\cos\theta \qquad r=\pm\sqrt{x^2+y^2}$$

$$y=r\sin\theta \qquad \theta=\tan^{-1}\frac{y}{x}$$

40. **원의 방정식.** 중심이 $(h,\ k)$, 반경이 r

$$(x-h)^2+(y-k)^2=r^2$$

41. **타원의 방정식.** 중심이 $(h,\ k)$, 반장축이 a, 반공액축이 b

$$\frac{(x-h)^2}{a^2}-\frac{(y-k)^2}{b^2}=1 \text{ 혹은 } \frac{(y-k)^2}{a^2}-\frac{(x-h)^2}{b^2}=1$$

42. 쌍곡선의 방정식 중심이 $(h,\ k)$, 반관축이 a, 반공액축이 b

$$\frac{(x-h)^2}{a^2}-\frac{(y-h)^2}{b^2}=1 \text{ 혹은 } \frac{(y-h)^2}{a^2}-\frac{(x-h)^2}{b^2}=1$$

원점을 중심으로 가지는 직교쌍곡선. $xy=C$

43. **포물선의 방정식.** 정점이 $(h,\ k)$, 집점거리가 p,

$$(y-k)^2=4p(x-h) \text{ 혹은 } (x-h)^2=4p(y-k)$$

입체해석기하

44. 두 점 $P_1(x_1,\ y_1,\ z_1)$, $P_2(x_2,\ y_2,\ z_2)$에 대하여

거리 P_1P_2. $d=\sqrt{(x_1-x_2)^2+(y_1-y_2)^2+(z_1-z_2)^2}$

P_1P_2**의 방향수.** $[x_1-x_2,\ y_1-y_2,\ z_1-z_2]$

P_1P_2**의 중점.** $x=\frac{1}{2}(x_1+x_2)$, $y=\frac{1}{2}(y_1+y_2)$

$$z=\frac{1}{2}(z_1+z_2)$$

45. **방향수가** $[a_1,\ b_1,\ c_1]$, $[a_2,\ b_2,\ c_2]$**인 두 직선 사이의 각**

$$\cos\theta=\pm\frac{a_1a_2+b_1b_2+c_1c_2}{\sqrt{a_1^2+b_1^2+c_1^2}\ \sqrt{a_2^2+b_2^2+c_2^2}}$$

평행인 직선. $\frac{a_1}{a_2}=\frac{b_1}{b_2}=\frac{c_1}{c_2}$

수직인 직선. $a_1a_2+b_1b_2+c_1c_2=0$

46. **점** $P(x_1,\ y_1,\ z_1)$**을 지나고 방향수가** $[A,\ B,\ C]$**인 직선과 수직인 평면의 방정식**

$$A(x-x_1)+B(y-y_1)+C(z-z_1)=0$$

47. $P(x_1, y_1, z_1)$을 지나고 방향수가 $[a, b, c]$인 직선의 방정식

$$\frac{x-x_1}{a}=\frac{y-y_1}{b}=\frac{z-z_1}{c}$$

48. $P(x_1, y_1, z_1)$에서 평면 $Ax+By+Cz+D=0$에 이르는 거리

$$d=\frac{Ax_1+By_1+Cz_1+D}{\pm\sqrt{A^2+B^2+C^2}}$$

49. 직교좌표와 주면좌표와의 관계

$x=r\cos\theta$ $\quad y=r\sin\theta$ $\quad z=z$

$x=\pm\sqrt{x^2+y^2}$ $\quad \theta=\tan^{-1}\frac{y}{x}$ $\quad z=z$

50. 직교좌표와 구면좌표와의 관계

$x=\sin\theta\cos\phi$ $\quad y=r\sin\theta\sin\phi$ $\quad z=r\cos\theta$

$r\pm\sqrt{x^2+y^2+z^2}$ $\quad \phi=\tan^{-1}\frac{y}{x}$ $\quad \theta=\tan^{-1}\frac{\sqrt{x^2+y^2}}{z}$

Ⅱ. 함수의 그래프

1. Sine 곡선

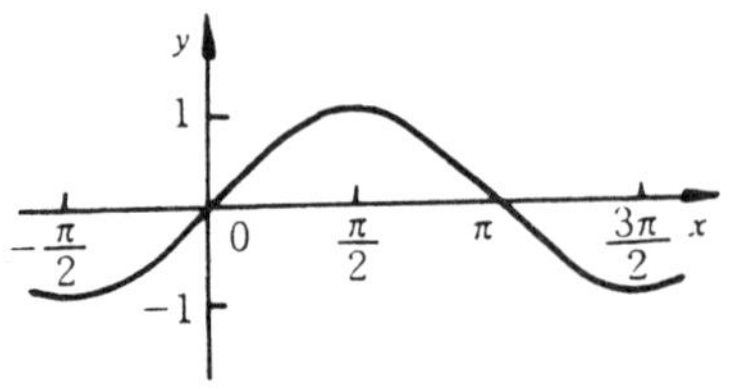

$y = \sin x$

2. Cosine 곡선

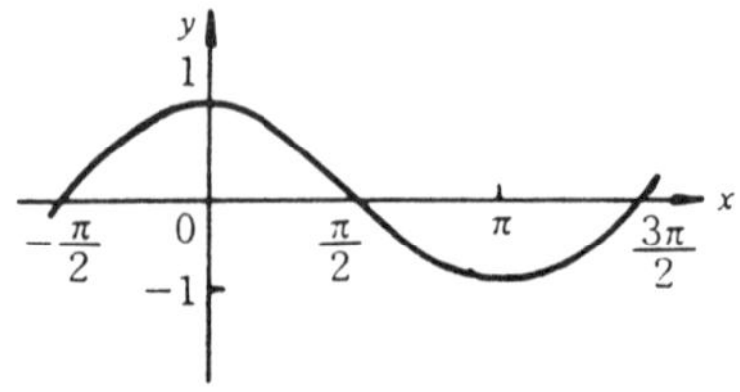

$y = \cos x$

3. Tangent 곡선

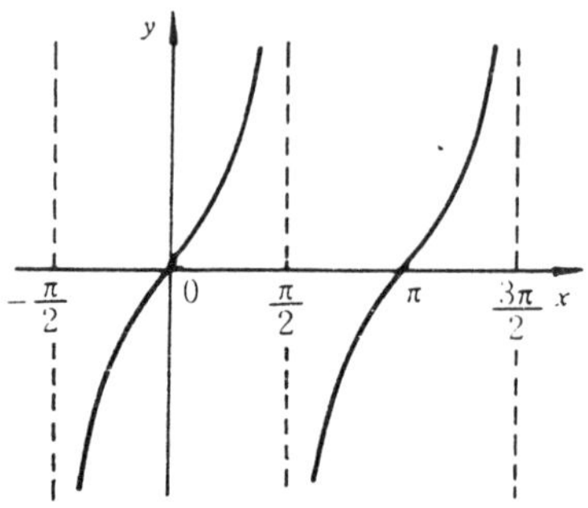

$y = \tan x$

4. Secant 곡선

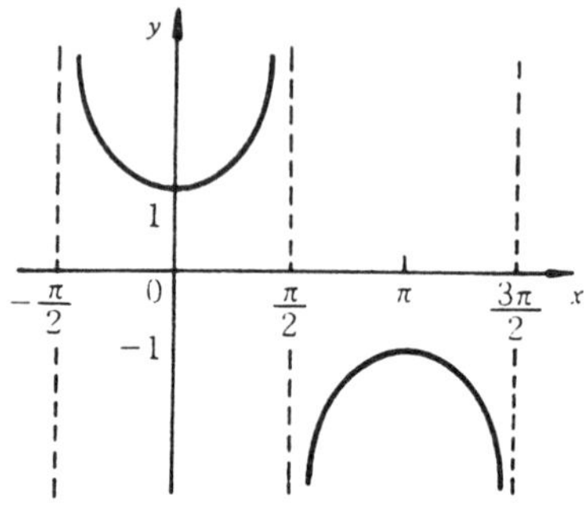

$y = \sec x$

5. Inverse sine 곡선

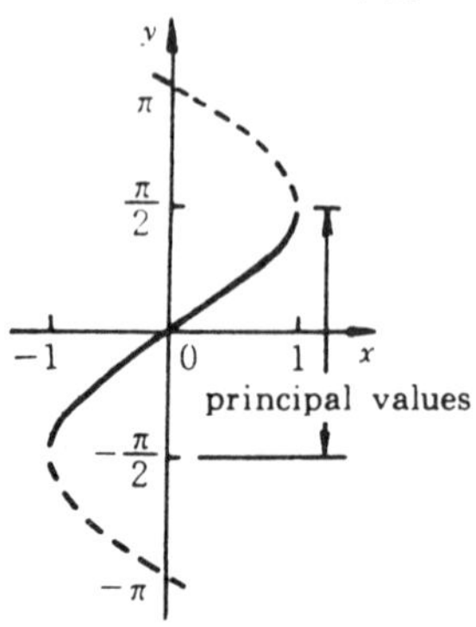

$y = \sin^{-1} x$

6. Inverse cosine 곡선

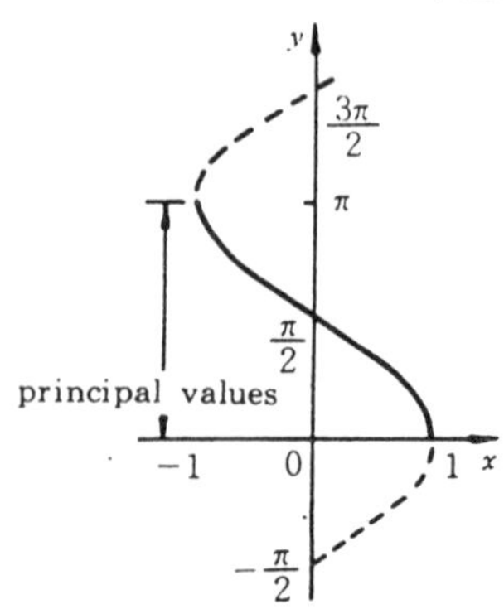

$y = \cos^{-1} x$

7. Inverse tangent 곡선

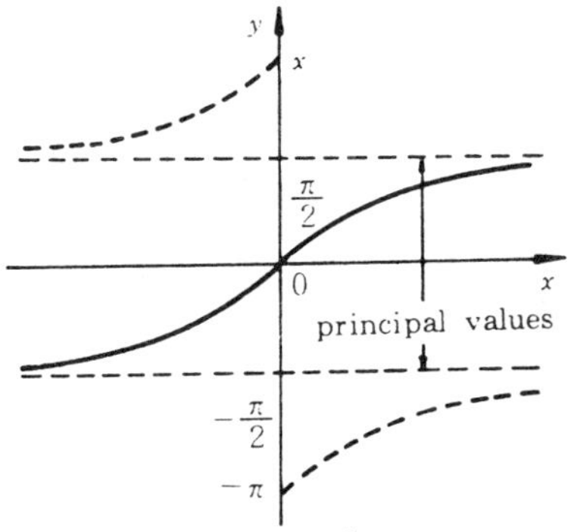

$y = \tan^{-1}x$

8. Inverse secant 곡선

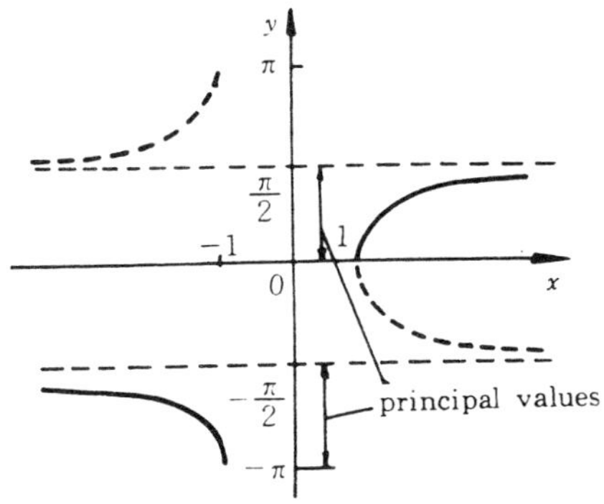

$y = \sec^{-1}x$

9. Log 곡선

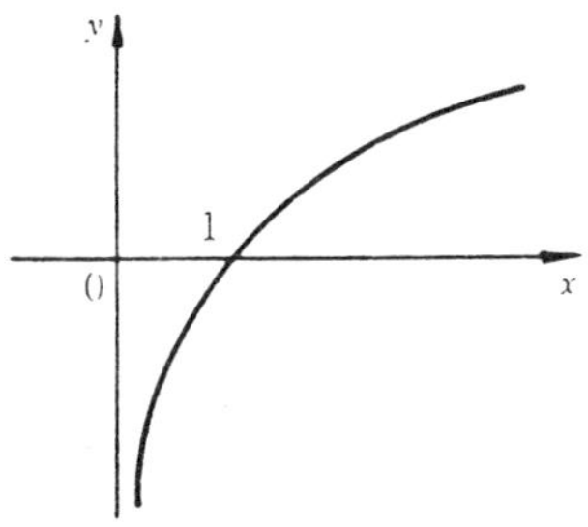

$y = \log_b x, \quad (b > 1)$

10. 지수곡선

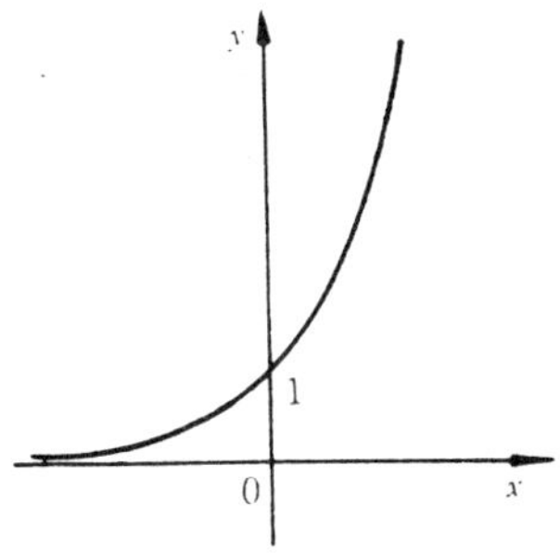

$y = e^x$

11. Hyperbolic sine 곡선

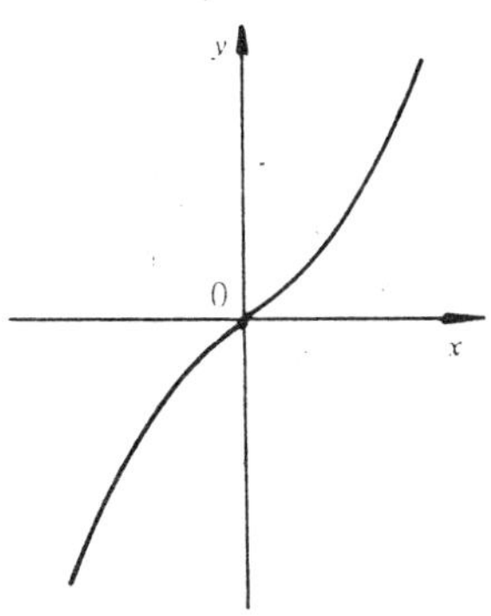

$v = \sinh x$

12. Hyperbolic cosine 곡선

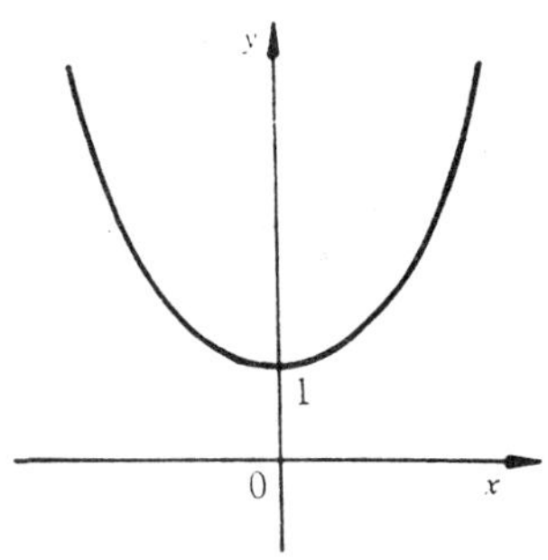

$y = \cosh x$

13. 3차포물선

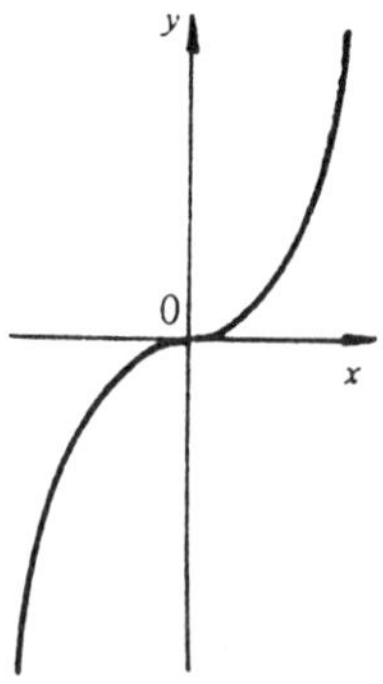

$y=ax^3, \quad (a>0)$

14. 반 3차포물선

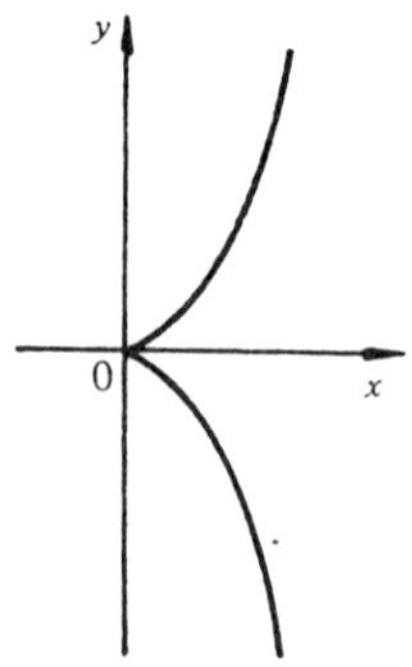

$y^2=ax^3, \quad (a>0)$

15. 확률곡선

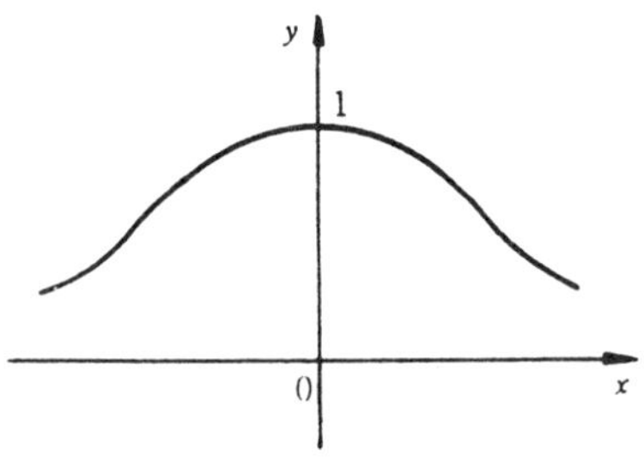

$y=e^{-x^2}$

16. 포 물 호

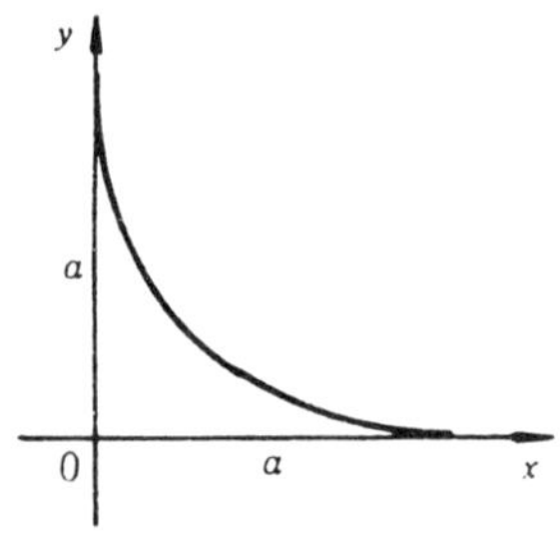

$x^{\frac{1}{2}}+y^{\frac{1}{2}}=a^{\frac{1}{2}}$

17. Descartes 의 Folium

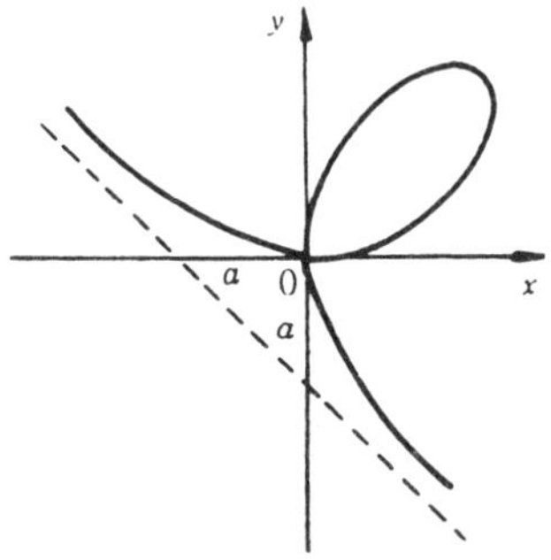

$x^3+y^3-3axy=0$

18. The cissoid of Diocles

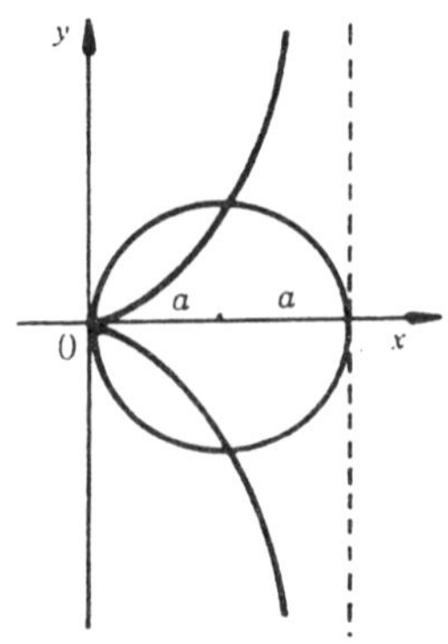

$y^2=x^2/(2a-x)$

19. Astroid

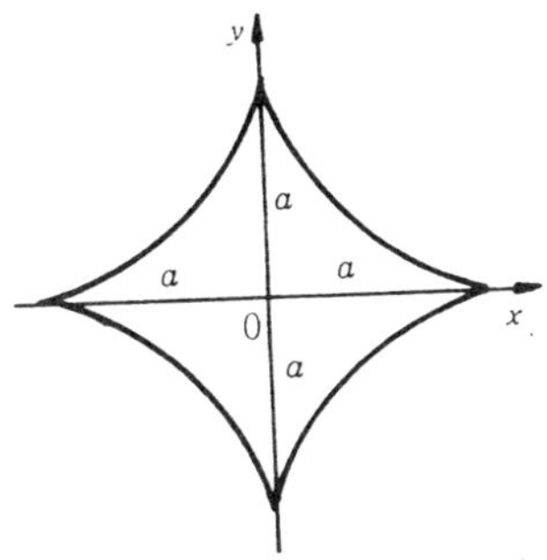

$$x^{\frac{2}{3}}+y^{\frac{2}{3}}=a^{\frac{2}{3}}$$

20. The witch of Agnesi

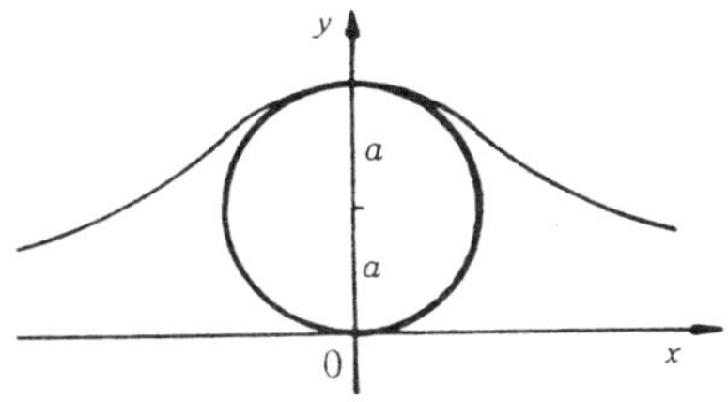

$$x^2y=4a^2(2a-y)$$

21. Strophold

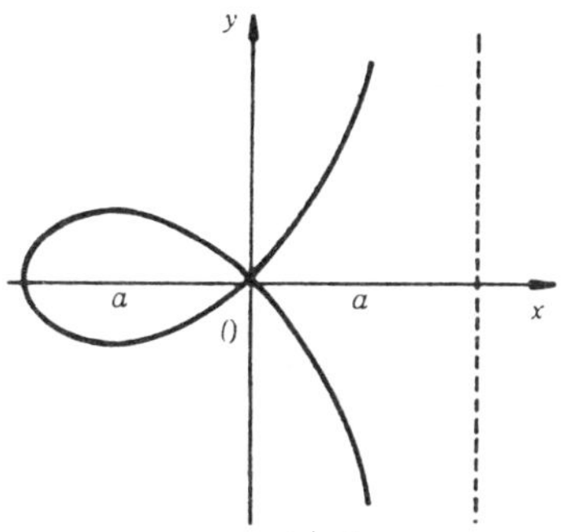

$$y^2=x^2\frac{a+x}{a-x}$$

22. Tractrix

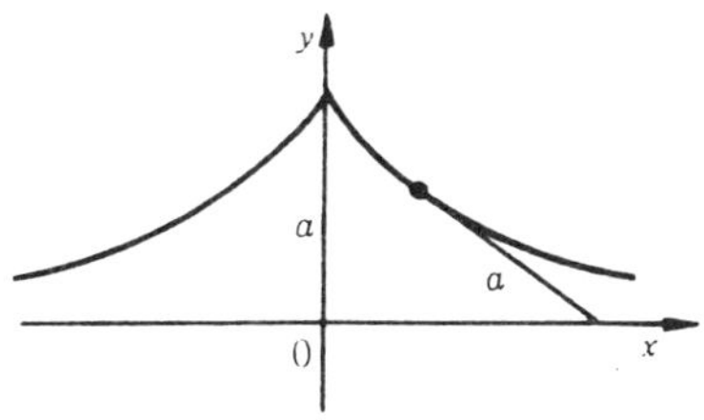

$$x=\frac{a}{2}\ln\frac{a+\sqrt{a^2-y^2}}{a-\sqrt{a^2-y^2}}\sqrt{a^2-y^2}$$

23. Cardioid

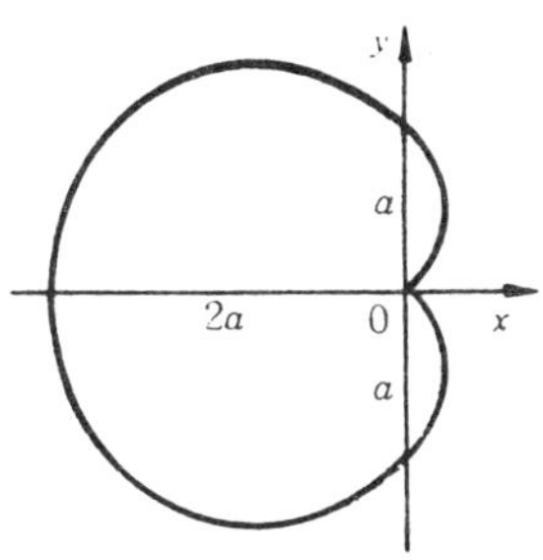

$$r=a(1-\cos\theta)$$

24. Limacon

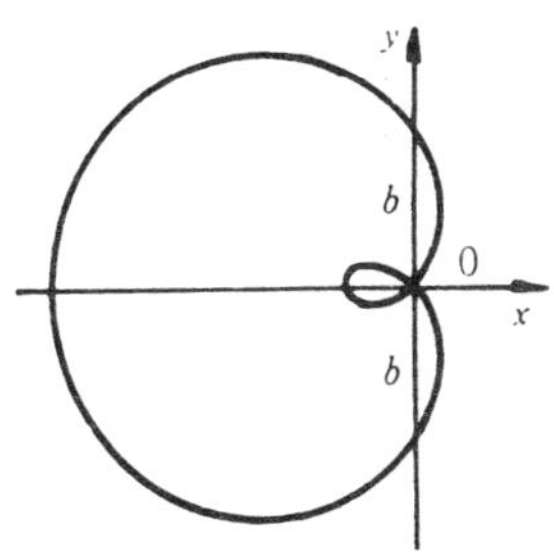

$$r=b-a\cos\theta,\quad (b<a)$$

25. Spiral of Archimedes

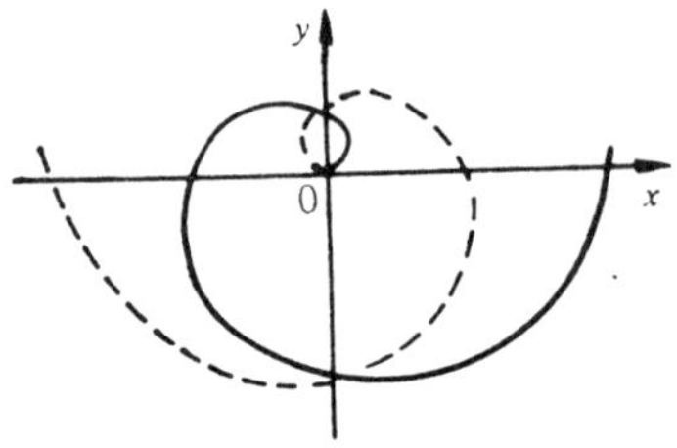

$r = a\theta$

26. Hyperbolic spiral

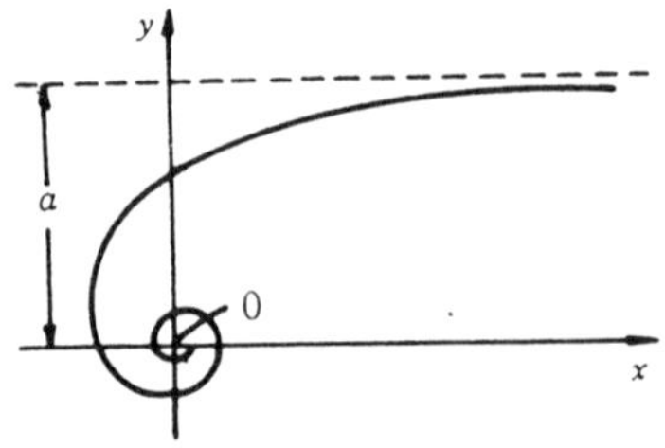

$r\theta = a$

27. Bernoulli lemniscate

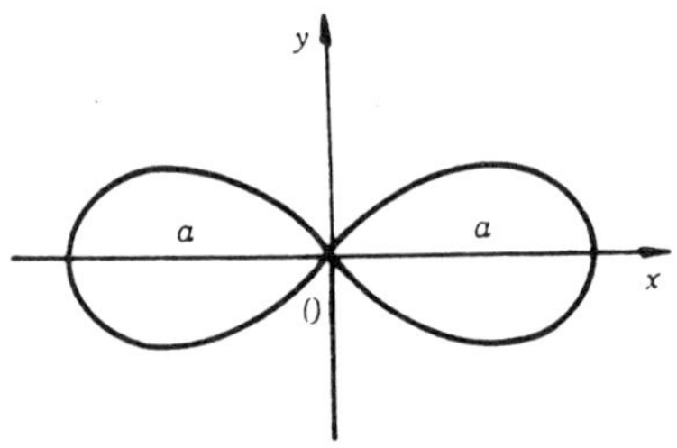

$r^2 = a^2 \cos 2\theta$

28. The conchoid of Nicomedes

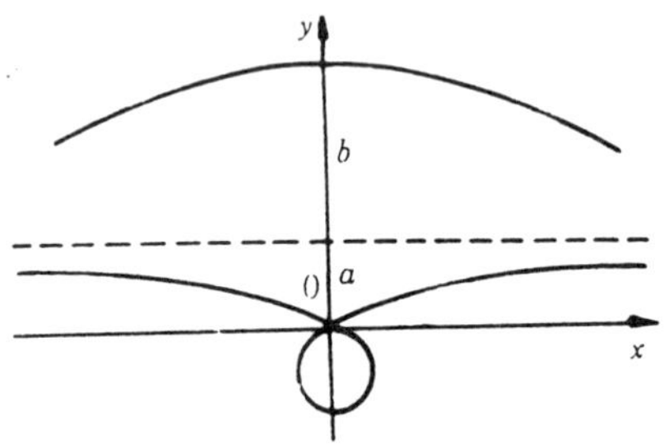

$r = a \csc \theta + b, \ (a < b)$

29. 3 엽장미선

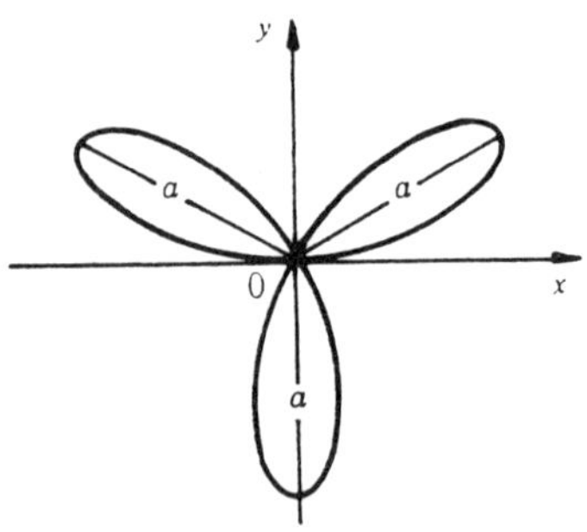

$r = a \sin 3\theta$

30. 4 엽장미선

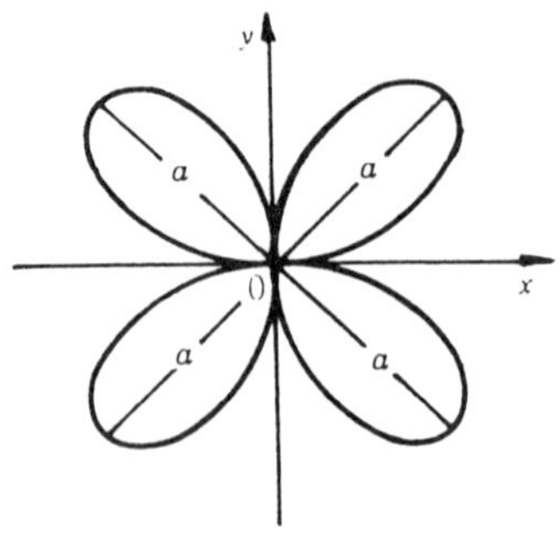

$r = a \sin 2\theta$

31. Cycloid

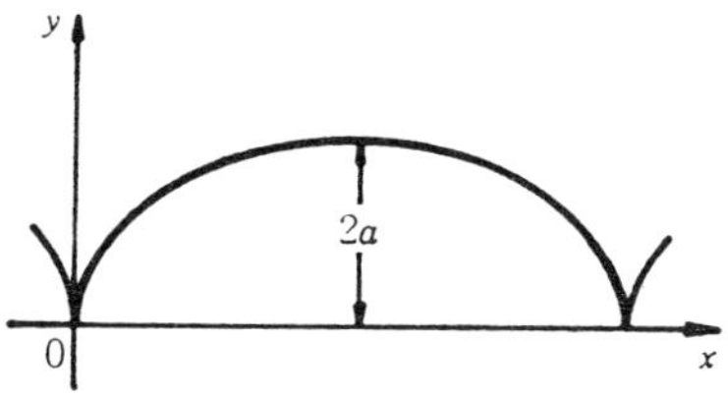

$$\begin{cases} x = a(\theta - \sin\theta) \\ y = a(1 - \cos\theta) \end{cases}$$

32. Trochoid

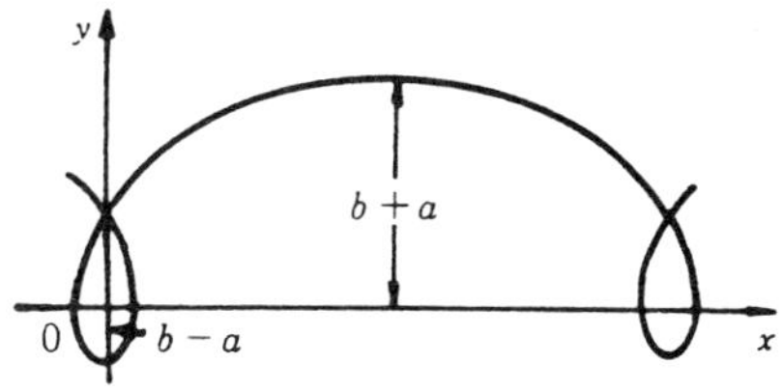

$$\begin{cases} x = a\theta - b\sin\theta \\ y = a - b\cos\theta, \ (a < b) \end{cases}$$

Ⅲ. 그리스 문자

A	α	Alpha	E	ϵ	Epsilon	I	ι	Iota
B	β	Beta	Z	ς	Zeta	K	κ	Kappa
Γ	γ	Gamma	H	η	Eta	Λ	λ	Lambda
Δ	δ	Delta	Θ	θ	Theta	M	μ	Mu
N	ν	Nu	P	ρ	Rho	Φ	ϕ	Phi
Ξ	ξ	Xi	Σ	σ	Sigma	X	χ	Chi
O	o	Omicron	T	τ	Tau	Ψ	ϕ	Psi
Π	π	Pi	Υ	υ	Upsilon	Ω	ω	Omega

Ⅳ. 기 호

$\pm$	플러스 혹은 마이너스	$\mp$	마이너스 혹은 플러스
$=$	같다	$\neq$	같지 않다
$\equiv$	항등적으로 같다.	$\not\equiv$	항등적으로 같지 않다
$\times$, $\cdot$	곱하기	$\div$, /	나누기
$>$	보다 크다	$<$	보다 작다
$\leq$	보다 크거나 같다	$\geq$	보다 작거나 같다
$\cong$	합동이다	$\approx$	근사적으로 같다
$\sim$	닮았다	$\rightarrow$	접근한다
$\propto$	비례한다	ln	자연 log
$\perp$	수직이다	$\parallel$	평행이다
$\sqrt{\ }$	제곱근	$\sqrt[n]{\ }$	n승근
i	허수단위 $\sqrt{-1}$	∞	무한대
${}_nC_r$	$\frac{n!}{r!(n-r)!}$	${}_nP_r$	$\frac{n!}{(n-r)!}$
$\|a\|$	a의 절대치	$\cdots$	등등

V. 적분표(적분상수생략)

$a+bu$ 형

1. $\int (a+bu)^n du = \frac{(a+bu)^{n+1}}{b(n+1)}, \quad n \neq -1$

2. $\int \frac{du}{a+bu} = \frac{1}{b}\ln(a+bu)$

3. $\int \frac{u\,du}{a+bu} = \frac{1}{b^2}[(a+bu) - a\ln(a+bu)]$

4. $\int \frac{u^2 du}{a+bu} = \frac{1}{b^3}\left[\frac{1}{2}(a+bu)^2 - 2a(a+bu)^2 - 2(a+bu) + a^2\ln(a+bu)\right]$

5. $\int \frac{du}{u(a+bu)} = -\frac{1}{a}\ln\frac{a+bu}{u}$

6. $\int \frac{du}{u(a+bu)} = -\frac{1}{au} + \frac{b}{a^2}\ln\frac{a+bu}{u}$

7. $\int \frac{u\,du}{(a+bu)} = \frac{1}{b^2}\left[\frac{a}{a+bu} + \ln(a+bu)\right]$

8. $\int \frac{u^2 du}{(a+bu)^2} = \frac{1}{b^2}\left[(a+bu) - \frac{a^2}{a+bu} - 2a\ln(a+bu)\right]$

9. $\int \frac{du}{u(a+bu)^2} = \frac{1}{a(a+bu)} - \frac{1}{a^2}\ln\frac{a+bu}{u}$

10. $\int \frac{du}{u^2(a+bu)^2} = -\frac{a+2bu}{a^2u(a+bu)} + \frac{2b}{a^3}\ln\frac{a+bu}{u}$

$\sqrt{a+bu}$ 형

11. $\int u\sqrt{a+bu}\,du = -\frac{2(2a-3bu)(a+bu)^{\frac{3}{2}}}{15b^2}$

12. $\int u^n\sqrt{a+bu}\,du = \frac{2u^n(a+bu)^{\frac{3}{2}}}{b(2n+3)} - \frac{2an}{b(2n+3)}\int u^{n-1}\sqrt{a+bu}\,du$

13. $\int \frac{u\,du}{\sqrt{a+bu}} = -\frac{2(2a-bu)\sqrt{a+bu}}{3b^2}$

14. $\int \frac{u^n du}{\sqrt{a+bu}} = \frac{2u^n\sqrt{a+bu}}{b(2n+1)} - \frac{2an}{b(2n+1)}\int \frac{u^{n-1}du}{\sqrt{a+bu}}$

15. $\int \frac{du}{u\sqrt{a+bu}} = \frac{1}{\sqrt{a}}\ln\left(\frac{\sqrt{a+bu}-\sqrt{a}}{\sqrt{a+bu}+\sqrt{a}}\right) \quad (a>0)$

$$= \frac{2}{\sqrt{-a}} \tan^{-1}\sqrt{\frac{a+bu}{-a}} \quad (a<0)$$

16. $$\int \frac{du}{u^n\sqrt{a+bu}} = -\frac{\sqrt{a+bu}}{a(n-1)u^{n-1}} - \frac{b(2n-3)}{2a(n-1)} \int \frac{du}{u^{n-1}\sqrt{a+bu}}$$

17. $$\int \frac{\sqrt{a+bu}}{u} dn = 2\sqrt{a+bu} + a\int \frac{du}{u\sqrt{a+bu}}$$

18. $$\int \frac{\sqrt{a+bu}}{u^n} du = -\frac{(a+bu)^{\frac{3}{2}}}{a(n-1)u^{n-1}} - \frac{b(2n-5)}{2a(n-1)} \int \frac{\sqrt{a+bu}}{u^{n-1}} du$$

$\sqrt{u^2 \pm a^2}$ 형

19. $$\int \frac{du}{u^2+a^2} = \frac{1}{a} \tan^{-1}\frac{u}{a}$$

20. $$\int \frac{du}{u^2-a^2} = \frac{1}{2a} \ln \frac{u-a}{u+a}$$

21. $$\int \frac{du}{\sqrt{u^2 \pm a^2}} = \ln(u+\sqrt{u^2 \pm a^2})$$

22. $$\int \frac{u^2du}{\sqrt{u^2 \pm a^2}} = \frac{1}{2}u\sqrt{u^2 \pm a^2} \mp \frac{1}{2}a^2\ln(u+\sqrt{u^2 \pm a^2})$$

23. $$\int \frac{du}{u\sqrt{u^2+a^2}} = -\frac{1}{a}\ln\left(\frac{a+\sqrt{u^2+a^2}}{u}\right)$$

24. $$\int \frac{du}{u\sqrt{u^2-a^2}} = \frac{1}{a}\sec^{-1}\frac{u}{a}$$

25. $$\int \frac{du}{u^2\sqrt{u^2 \pm a^2}} = \mp\frac{\sqrt{u^2 \pm a^2}}{a^2u}$$

26. $$\int \sqrt{u^2 \pm a^2}\,du = \frac{1}{2}u\sqrt{u^2 \pm a^2} \pm \frac{1}{2}a^2\ln(u+\sqrt{u^2 \pm a^2})$$

27. $$\int u^2\sqrt{u^2 \pm a^2}\,du = \frac{1}{4}u(u^2 \pm a^2)^{\frac{3}{2}} \mp \frac{1}{8}a^2u\sqrt{u^2 \pm a^2} - \frac{1}{8}a^4\ln(u+\sqrt{u^2 \pm a^2})$$

28. $$\int \frac{\sqrt{u^2+a^2}}{u} du = \sqrt{u^2+a^2} - a\ln\left(\frac{a+\sqrt{u^2+a^2}}{u}\right)$$

29. $$\int \frac{\sqrt{u^2-a^2}}{u} du = \sqrt{u^2-a^2} - a\sec^{-1}\frac{u}{a}$$

30. $$\int \frac{\sqrt{u^2 \pm a^2}}{u^2} du = -\frac{\sqrt{u^2 \pm a^2}}{u} + \ln(u+\sqrt{u^2 \pm a^2})$$

31. $$\int (u^2 \pm a^2)^{\frac{3}{2}}du = \frac{1}{4}u(u^2 \pm a^2)^{\frac{3}{2}} \pm \frac{3}{8}a^2u\sqrt{u^2 \pm a^2} + \frac{3}{8}a^4\ln(u+\sqrt{u^2 \pm a^2})$$

32. $\displaystyle\int \frac{(u^2+a^2)^{\frac{3}{2}}}{u}du = \frac{1}{3}(u^2+a^2)^{\frac{3}{2}} + a^2\sqrt{u^2+a^2} - a^3 \ln\left(\frac{a+\sqrt{u^2+a^2}}{u}\right)$

33. $\displaystyle\int \frac{(u^2+a^2)^{\frac{3}{2}}}{u}du = \frac{1}{3}(u^2-a^2)^{\frac{3}{2}} - a^2\sqrt{u^2-a^2} + a^3 \sec^{-1}\frac{u}{a}$

34. $\displaystyle\int \frac{du}{(u^2\pm a^2)^{\frac{3}{2}}} = \pm \frac{u}{a^2\sqrt{u^2\pm a^2}}$

35. $\displaystyle\int \frac{u^2du}{(u^2\pm a^2)^{\frac{3}{2}}} = -\frac{u}{\sqrt{u^2\pm a^2}} + \ln(u+\sqrt{u^2\pm a^2})$

36. $\displaystyle\int \frac{du}{u(u^2+a^2)^{\frac{3}{2}}} = \frac{1}{a^2\sqrt{u^2+a^2}} - \frac{1}{a^3}\ln\left(\frac{a+\sqrt{u^2+a^2}}{u}\right)$

37. $\displaystyle\int \frac{du}{u(u^2-a^2)^{\frac{3}{2}}} = -\frac{1}{a^2\sqrt{u^2-a^2}} - \frac{1}{a^3}\sec^{-1}\frac{u}{a}$

$\sqrt{a^2-u^2}$ 형

38. $\displaystyle\int \frac{du}{a^2-u^2} = \frac{1}{2a}\ln\frac{a+u}{a-u}$

39. $\displaystyle\int \frac{du}{\sqrt{a^2-u^2}} = \sin^{-1}\frac{u}{a}$

40. $\displaystyle\int \frac{u^2du}{\sqrt{a^2-u^2}} = -\frac{1}{2}u\sqrt{a^2-u^2} + \frac{1}{2}a^2\sin^{-1}\frac{u}{a}$

41. $\displaystyle\int \frac{du}{u\sqrt{a^2-u^2}} = -\frac{1}{a}\ln\left(\frac{a+\sqrt{a^2-u^2}}{u}\right)$

42. $\displaystyle\int \frac{du}{u^2\sqrt{a^2-u^2}} = -\frac{\sqrt{a^2-u^2}}{a^2u}$

43. $\displaystyle\int \sqrt{a^2-u^2}\,du = \frac{1}{2}u\sqrt{a^2-u^2} + \frac{1}{2}a^2\sin^{-1}\frac{u}{a}$

44. $\displaystyle\int u^2\sqrt{a^2-u^2}\,du = -\frac{1}{4}u(a^2-u^2)^{\frac{3}{2}} + \frac{1}{8}a^2u\sqrt{a^2-u^2} + \frac{1}{8}a^4\sin^{-1}\frac{u}{a}$

45. $\displaystyle\int \frac{\sqrt{a^2-u^2}}{u}du = \sqrt{a^2-u^2} - a\ln\left(\frac{a+\sqrt{a^2-u^2}}{u}\right)$

46. $\displaystyle\int \frac{\sqrt{a^2-u^2}}{u^2}du = -\frac{\sqrt{a^2-u^2}}{u} - \sin^{-1}\frac{u}{a}$

47. $\displaystyle\int \frac{du}{(a^2-u^2)^{\frac{3}{2}}} = \frac{u}{a^2\sqrt{a^2-u^2}}$

48. $\int \frac{u^2 du}{(a^2-u^2)^{\frac{3}{2}}} = \frac{u}{\sqrt{a^2-u^2}} - \sin^{-1}\frac{u}{a}$

49. $\int \frac{du}{u(a^2-u^2)^{\frac{3}{2}}} = \frac{1}{a^2\sqrt{a^2-u^2}} - \frac{1}{a^3}\ln\left(\frac{a+\sqrt{a^2-u^2}}{u}\right)$

50. $\int \frac{du}{u^2(a^2-u^2)^{\frac{3}{2}}} = -\frac{\sqrt{a^2-u^2}}{a^4 u} + \frac{u}{a^4\sqrt{a^2-u^2}}$

51. $\int (a^2-u^2)^{\frac{3}{2}} du = \frac{1}{4}u(a^2-u^2)^{\frac{3}{2}} + \frac{3}{8}a^2 u\sqrt{a^2-u^2} + \frac{3}{8}a^4 \sin^{-1}\frac{u}{a}$

52. $\int \frac{(a^2-u^2)^{\frac{3}{2}}}{u} du = \frac{1}{3}(a^2-u^2)^{\frac{3}{2}} + a^2\sqrt{a^2-u^2} - a^3\ln\left(\frac{a+\sqrt{a^2-u^2}}{u}\right)$

삼각함수형

53. $\int \sin u\, du = -\cos u$

54. $\int \sin^2 u\, du = \frac{1}{2}u - \frac{1}{2}\sin u \cos u$

55. $\int \sin^3 u\, du = -\cos u + \frac{1}{3}\cos^3 u$

56. $\int \sin^n u\, du = -\frac{1}{n}\sin^{n-1}u \cos u + \frac{n-1}{n}\int \sin^{n-2}u\, du$

57. $\int \cos u\, du = \sin u$

58. $\int \cos^2 u\, du = \frac{1}{2}u + \frac{1}{2}\sin u \cos u$

59. $\int \cos^3 u\, du = \sin u - \frac{1}{3}\sin^3 u$

60. $\int \cos^n u\, du = \frac{1}{n}\cos^{n-1} u \sin u + \frac{n-1}{n}\int \cos^{n-2}u\, du$

61. $\int \tan u\, du = \ln \sec u$

62. $\int \tan^n u\, du = \frac{\tan^{n-1}u}{n-1} - \int \tan^{n-2} u\, du$

63. $\int \cot u\, du = \ln \sin u$

64. $\int \cot^n u\, du = -\frac{\cot^{n-1} u}{n-1} - \int \cot^{n-2} u\, du$

65. $\int \sec u\, du = \ln(\sec u + \tan u)$

66. $\int \sec^2 u\, du = \tan u$

67. $\int \sec^n u\, du = \frac{\sec^{n-2} u \tan u}{n-1} + \frac{n-2}{n-1}\int \sec^{n-2} u\, du$

68. $\int \csc u\, du = \ln(\csc u - \cot u)$

69. $\int \csc^2 u\, du = -\cot u$

70. $\int \csc^n u\, du = -\frac{\csc^{n-2} u \cot u}{n-1} + \frac{n-2}{n-1}\int \csc^{n-2} u\, du$

71. $\int \sec u \tan u\, du = \sec u$

72. $\int \csc u \cot u\, du = -\csc u$

73. $\int \sin au \sin bu\, du = \frac{\sin(a-b)u}{2(a-b)} - \frac{\sin(a+b)u}{2(a+b)}$

74. $\int \sin au \cos bu\, du = -\frac{\cos(a-b)u}{2(a-b)} - \frac{\cos(a+b)u}{2(a+b)}$

75. $\int \cos au \cos bu\, du = \frac{\sin(a-b)u}{2(a-b)} + \frac{\sin(a+b)u}{2(a+b)}$

76. $\int \sin^m u \cos^n u\, du = \frac{\sin^{m+1} u \cos^{n-1} u}{m+n} + \frac{n-1}{m+n}\int \sin^m u \cos^{n-2} u\, du$

77. $\int \sin^m u \cos^n u\, du = -\frac{\sin^{m-1} u \cos^{n+1} u}{m+n} + \frac{m-1}{m+n}\int \sin^{m-2} u \cos^n u\, du$

여러 가지 형

78. $\int e^u\, du = e^u$

79. $\int a^u\, du = \frac{a^u}{\ln a}$

80. $\int ue^{au}\, du = e^{au}\frac{(au-1)}{a^2}$

81. $\int u^2 e^{au} du = \frac{e^{au}(a^2u^2 - 2au + 2)}{a^3}$

82. $\int u^n \ln u\, du = u^{n+1}\left[\frac{\ln u}{n+1} - \frac{1}{(n+1)^2}\right]$

83. $\int u \sin u\, du = \sin u - u \cos u$

84. $\int u^2 \sin u\, du = 2u \sin u - (u^2 - 2)\cos u$

85. $\int u \cos u \, du = \cos u + u \sin u$

86. $\int u^2 \cos u \, du = (u^2 - 2)\sin u + 2u \cos u$

87. $\int e^{au} \sin bu \, du = \dfrac{e^{au}(a \sin bu - b \cos bu)}{a^2 + b^2}$

88. $\int e^{au} \cos bu \, du = \dfrac{e^{au}(a \cos bu + b \sin bu)}{a^2 + b^2}$

89. $\int \sin^{-1} u \, du = u \sin^{-1} u + \sqrt{1 - u^2}$

90. $\int \tan^{-1} u \, du = u \tan^{-1} u - \dfrac{1}{2}\ln(1 + u^2)$

91. $\int \sinh u \, du = \cosh u$

92. $\int \cosh u \, du = \sinh u$

93. $\int \tanh u \, du = \ln(\cosh u)$

94. $\int \coth u \, du = \ln(\sinh u)$

95. $\int \operatorname{sech} u \, du = 2\tan^{-1} e^n$

96. $\int \operatorname{csch} u \, du = \ln\left(\tanh \dfrac{1}{2} u\right)$

Wallis의 공식

97. $\int_0^{\frac{\pi}{2}} \sin^n x \, dx = \int_0^{\frac{\pi}{2}} \cos^n x \, dx$

$$= \begin{cases} \dfrac{1}{2}\cdot\dfrac{3}{4}\cdot\dfrac{5}{6}\cdots\cdots\dfrac{2n-1}{2n}\cdot\dfrac{\pi}{2} & (n\text{이 우수일 때}) \\ \dfrac{2}{3}\cdot\dfrac{4}{5}\cdot\dfrac{6}{7}\cdots\cdots\dfrac{2n}{2n+1} & (n>1,\ n\text{이 기수일 때}) \end{cases}$$

98. $\int_0^{\frac{\pi}{2}} \sin^m x \cos^n x \, dx$

$$= \begin{cases} \dfrac{2\cdot4\cdot6\cdots\cdots(n-1)}{(m+1)(m+3)(m+5)\cdots(m+n)} & (n>1,\ n\text{은 기수}) \\ \dfrac{2\cdot4\cdot6\cdots\cdots(m-1)}{(n+1)(n+3)(n+5)\cdots(n+m)} & (m>1,\ m\text{은 기수}) \\ \dfrac{1\cdot3\cdots(m-1)\cdot1\cdot3\cdots(n-1)}{2\cdot4\cdot6\cdots(m+n)}\cdot\dfrac{\pi}{2} & (m,\ n\text{ 모두 우수}) \end{cases}$$

Ⅵ. 수 표

제곱 · 세제곱 · 제곱근 · 세제곱근 · 역수의 표

n	n^2	n^3	$\sqrt{n}$	$\sqrt[3]{n}$	$\frac{1}{n}$	n	n^2	n^3	$\sqrt{n}$	$\sqrt[3]{n}$	$\frac{1}{n}$
1	1	1	1.0000	1.0000	1.0000	51	2601	132651	7.1414	3.7084	0.0196
2	4	8	1.4142	1.2599	0.5000	52	2704	140608	7.2111	3.7325	0.0192
3	9	27	1.7321	1.4422	0.3333	53	2809	148877	7.2801	3.7563	0.0189
4	16	64	2.0000	1.5784	0.2500	54	2916	157464	7.3485	3.7798	0.0185
5	25	125	2.2361	1.7100	0.2000	55	3025	166375	7.4162	3.8030	0.0182
6	36	216	2.4495	1.8171	0.1667	56	3136	175616	7.4833	3.8359	0.0179
7	49	343	2.6458	1.9129	0.1429	57	3249	185193	7.5498	3.8485	0.0175
8	64	512	2.8284	2.0000	0.1250	58	3364	195112	7.6158	3.8709	0.0172
9	81	729	3.0000	2.0801	0.1111	59	3481	205379	7.6811	3.8930	0.0169
10	100	1000	3.1623	2.1544	0.1000	60	3600	216000	7.7460	3.9149	0.0167
11	121	1331	3.3166	2.2240	0.0909	61	3721	226981	7.8103	3.9365	0.0164
12	144	1728	3.4641	2.2894	0.0833	62	3844	238328	7.8740	3.9579	0.0161
13	169	2197	3.6056	2.3513	0.0769	63	3969	250047	7.9373	3.9791	0.0159
14	196	2744	3.7417	2.4101	0.0714	64	4096	262144	8.0000	4.0000	0.0156
15	225	3375	3.8730	2.4662	0.0667	65	4225	274625	8.0623	4.0207	0.0154
16	256	4096	4.0000	2.5198	0.0625	66	4356	287496	8.1240	4.0412	0.0152
17	289	4913	4.1231	2.5713	0.0588	67	4489	300763	8.1854	4.0615	0.0149
18	324	5832	4.2426	2.6207	0.0556	68	4624	314432	8.2462	4.0817	0.0147
19	361	6859	4.3589	2.6684	0.0526	69	4761	328509	8.3066	4.1016	0.0145
20	400	8000	4.4721	2.7142	0.0500	70	4900	343000	8.3666	4.1213	0.0143
21	441	9261	4.5826	2.7589	0.0476	71	5041	357911	8.4262	4.1408	0.0141
22	484	10648	4.6904	2.8020	0.0455	72	5184	373248	8.4853	4.1602	0.0139
23	529	12167	4.7958	0.8439	0.0435	73	5329	389017	8.5440	4.1793	0.0137
24	576	13824	4.8990	2.8845	0.0417	74	5476	405224	8.6023	4.1983	0.0135
25	625	15625	5.0000	2.9240	0.0400	75	5625	421875	8.6603	4.2172	0.0133
26	676	17576	5.0990	2.9625	0.0385	76	5776	438976	8.7178	4.2358	0.0132
27	729	19683	5.1962	3.0000	0.0370	77	5929	456533	8.7750	4.2543	0.0130
28	784	21952	5.2915	3.0366	0.0357	78	6084	474552	8.8318	4.2727	0.0128
29	841	24389	5.3852	3.0723	0.0345	79	6241	493039	8.8882	4.2908	0.0127
30	900	27000	5.4772	3.1072	0.0333	80	6400	512000	8.9443	4.3089	0.0125
31	961	29791	5.5678	3.1414	0.0323	81	6561	531441	9.0000	4.3267	0.0123
32	1024	32768	5.6569	3.1748	0.0313	82	6724	551368	9.0554	4.3445	0.0122
33	1089	35937	5.7446	3.2075	0.0303	83	6889	571787	9.1104	4.3621	0.0120
34	1156	39304	5.8310	3.2396	0.0294	84	7056	592704	9.1652	4.3795	0.0119
35	1225	42875	5.9161	3.2711	0.0268	85	7225	614125	9.2195	4.3968	0.0118
36	1296	46656	6.0000	3.3019	0.0278	86	7396	636056	9.2716	4.4140	0.0116
37	1369	50653	6.0828	3.3322	0.0270	87	7569	658503	9.3274	4.4310	0.0115
38	1444	54872	6.1644	3.3620	0.0263	88	7744	681472	9.3808	4.4480	0.0114
39	1521	59319	6.2450	3.3912	0.0256	89	7921	704969	9.4340	4.4647	0.0112
40	1600	64000	6.3246	3.4200	0.0250	90	8100	729000	9.4868	4.4814	0.0111
41	1681	68921	6.4031	3.4482	0.0244	91	8281	753571	9.5394	4.4979	0.0110
42	1764	74088	6.4807	3.4760	0.0238	92	8464	778688	9.5917	4.5144	0.0109
43	1849	79507	605524	3.5034	0.0233	93	8649	804357	9.6437	4.6437	0.0108
44	1936	85184	6.6332	3.5303	0.0227	94	8836	830584	9.6954	4.5468	0.0106
45	2025	91125	6.7082	3.5569	0.0222	95	9025	857375	9.7468	4.5629	0.0105
46	2116	97336	6.7823	3.5830	0.0217	96	9216	884736	9.7980	4.5789	0.0104
47	2209	103823	6.8557	3.6088	0.0213	97	9409	912673	9.8489	4.5947	0.0103
48	2304	110592	6.9282	3.6342	0.0208	98	9604	941192	9.8905	4.6104	0.0102
49	2401	117649	7.0000	3.6593	0.0204	99	9801	970299	9.9499	4.6261	0.0101
50	2500	125000	7.0711	3.6840	0.0200	100	10000	100000	100000	4.6416	0.0100

상용대수

N	0	1	2	3	4	5	6	7	8	9
10	0000	0043	0086	0128	0170	0212	0253	0294	0334	0374
11	0414	0453	0492	0531	0569	0607	0645	0682	0719	0755
12	0792	0828	0864	0899	0934	0969	1004	1038	1072	1106
13	1139	1173	1206	1239	1271	1303	1335	1367	1399	1430
14	1461	1492	1523	1553	1584	1614	1644	1673	1703	1732
15	1761	1790	1818	1847	1875	1903	1931	1959	1987	2014
16	2041	2068	2095	2122	2148	2175	2201	2227	2253	2279
17	2304	2330	2355	2380	2405	2430	2455	2480	2504	2529
18	2553	2577	2601	2625	2648	2672	2695	2718	2742	2765
19	2788	2810	2833	2856	2878	2900	2923	2945	2967	2989
20	3010	3032	3054	3075	3096	3118	3139	3160	3181	3201
21	3222	3243	3263	3284	3304	3324	3345	3365	3385	3404
22	3424	3444	3464	3483	3502	3522	3541	3560	3579	3598
23	3617	3636	3655	3674	3692	3711	3729	3747	3766	3784
24	3802	3820	3838	3856	3874	3892	3909	3927	3945	3962
25	3979	3997	4014	4031	4048	4065	4082	4099	4116	4133
26	4150	4166	4183	4200	4216	4232	4249	4265	4281	4298
27	4314	4330	4346	4362	4378	4393	4409	4425	4440	4456
28	4472	4487	4502	4518	4533	4548	4564	4579	4594	4609
29	4624	4639	4654	4669	4683	4698	4713	4728	4742	4757
30	4771	4786	4800	4814	4829	4843	4857	4871	4886	4900
31	4914	4928	4942	4955	4969	4983	4997	5011	5024	5038
32	5051	5065	5079	5092	5105	5119	5132	5145	5159	5172
33	5185	5198	5211	5224	5237	5250	5263	5276	5289	5302
34	5315	5328	5340	5353	5366	5378	5391	5403	5416	5428
35	5441	5453	5465	5478	5490	5502	5514	5527	5539	5551
36	5563	5575	5587	5599	5611	5623	5635	5647	5658	5670
37	5682	5694	5705	5717	5729	5740	5752	5763	5775	5786
38	5798	5809	5821	5832	5843	5855	5866	5877	5888	5899
39	5911	5922	5933	5944	5955	5966	5977	5988	5999	6010
40	6021	6031	6042	6053	6064	6075	6085	6096	6107	6117
41	6128	6138	6149	6160	6170	6180	6191	6201	6212	6222
42	6232	6243	6253	6263	6274	6284	6294	6304	6314	6325
43	6335	6345	6355	6365	6375	6385	6395	6405	6415	6425
44	6435	6444	6454	6464	6474	6484	6493	6503	6513	6522
45	6532	6542	6551	6561	6571	6580	6590	6599	6609	6618
46	6628	6637	6646	6656	6665	6675	6684	6693	6702	6712
47	6721	6730	6739	6749	6758	6767	6776	6785	6794	6803
48	6812	6821	6830	6839	6848	6857	6866	6875	6884	6893
49	6902	6911	6920	6928	6937	6946	6955	6964	6972	6981
50	6990	6998	7007	7016	7024	7033	7042	7050	7059	7067
51	7076	7084	7093	7101	7110	7118	7126	7135	7143	7152
52	7160	7168	7177	7185	7193	7202	7210	7218	7226	7235
53	7243	7251	7259	7267	7275	7284	7292	7300	7308	7316
54	7324	7332	7340	7348	7356	7364	7372	7380	7388	7396

상용대수

N	0	1	2	3	4	5	6	7	8	9
55	7404	7412	7419	7427	7435	7443	7451	7459	7466	7474
56	7482	7490	7497	7505	7513	7520	7528	7536	7543	7551
57	7559	7566	7574	7582	7589	7597	7604	7612	7619	7627
58	7634	7642	7649	7657	7664	7672	7679	7686	7694	7701
59	7709	7716	7723	7731	7738	7745	7752	7760	7767	7774
60	7782	7789	7796	7803	7810	7818	7825	7832	7839	7846
61	7853	7860	7868	7875	7882	7889	7896	7903	7910	7917
62	7924	7931	7938	7945	7952	7959	7966	7973	7980	7987
63	7993	8000	8007	8014	8021	8028	8035	8041	8048	8055
64	8062	8069	8075	8082	8089	8096	8102	8109	8116	8122
65	8129	8136	8142	8149	8156	8162	8169	8176	8182	8189
66	8195	8202	8209	8215	8222	8228	8235	8241	8248	8254
67	8261	8267	8274	8280	8287	8203	8299	8306	8312	8319
68	8325	8331	8338	8344	8351	8357	8363	8370	8376	8382
69	8388	8395	8401	8407	8414	8420	8426	8432	8439	8445
70	8451	8457	8463	8470	8476	8482	8488	8494	8500	8506
71	8513	8519	8525	8531	8537	8543	8549	8555	8561	8567
72	8573	8579	8585	8591	8597	8603	8609	8615	8621	8627
73	8633	8639	8645	8651	8675	8663	8669	8675	8681	8686
74	8692	8698	8704	8710	8716	8722	8727	8733	8739	8745
75	8751	8756	8762	8768	8774	8779	8785	8791	8797	8802
76	8808	8814	8820	8825	8831	8837	8842	8848	8854	8859
77	8865	8871	8876	8882	8887	8893	8899	8904	8910	8915
78	8921	8927	8932	8938	8943	8949	8954	8960	8965	8971
79	8976	8982	8987	8993	8998	9004	9009	9015	9020	9025
80	9031	9036	9042	9047	9053	9058	9063	9069	9074	9079
81	9085	9090	9096	9101	9106	9112	9117	9122	9128	9133
82	9138	9143	9149	9154	9159	9165	9170	9175	9180	9186
83	9191	9196	9201	9206	9212	9217	9222	9227	9232	9238
84	9243	9248	9253	9258	9263	9269	9274	9279	9284	9289
85	9294	9299	9304	9309	9315	9320	9325	9330	9335	9340
86	9345	9350	9355	9360	9365	9370	9375	9380	9385	9390
87	9395	9400	9405	9410	9415	9420	9425	9430	9435	9440
88	9445	9450	9455	9460	9465	9469	9474	9479	9484	9489
89	9494	9499	9504	9509	9513	9518	9523	9528	9533	9538
90	9542	9547	9552	9557	9562	9566	9571	9576	9581	9586
91	9590	9595	9600	9605	9609	9614	9619	9624	9628	9633
92	9638	9643	9647	9652	9657	9661	9666	9671	9675	9680
93	9685	9689	9694	9699	9703	9708	9713	9717	9722	9727
94	9731	9736	9741	9745	9750	9754	9759	9763	9768	9773
95	9777	9782	9786	9791	9795	9800	9805	9809	9814	9818
96	9823	9827	9832	9836	9841	9845	9850	9854	9859	9863
97	9868	9872	9877	9881	9886	9890	9894	9899	9903	9908
98	9912	9917	9921	9926	9930	9934	9939	9943	9948	9952
99	9956	9961	9965	9969	9974	9978	9983	9987	9991	9996

자연대수

N	0	1	2	3	4	5	6	7	8	9
1.0	0.0000	0100	0193	0296	0392	0488	0583	0677	0770	0862
1.1	0953	1044	1133	1222	1310	1398	1484	1570	1655	1740
1.2	1823	1906	1989	2070	2151	2231	2311	2390	2469	2546
1.3	2624	2700	2776	2852	2927	3001	3075	3148	3221	3293
1.4	3365	3436	3507	3577	3646	3716	3784	3853	3920	3988
1.5	0.4055	4121	4187	4253	4318	4383	4447	4511	4574	4637
1.6	4700	4762	4824	4886	4947	5008	5008	5128	5188	5247
1.7	5306	5365	5423	5481	5539	5596	5653	5710	5766	5822
1.8	5878	5933	5988	6043	6098	6152	6206	6259	6313	6366
1.9	6419	6471	6523	6575	6627	6678	6729	6780	6831	6881
2.0	0.6931	6981	7031	7080	7129	7178	7227	7275	7324	7372
2.1	7419	7467	7514	7561	7608	7655	7701	7747	7793	7839
2.2	7885	7930	7975	8020	8065	8109	8154	8198	8242	8286
2.3	8329	8372	8416	8459	8502	8544	8587	8629	8671	8713
2.4	8755	8796	8838	8879	8920	8961	9002	9042	9083	9120
2.5	0.9163	9203	9243	9282	9322	9361	9400	9439	9478	9517
2.6	9555	9594	9632	9670	9708	9746	9783	9821	9858	9895
2.7	9933	9969	*0006	*0043	*0080	*0116	*0152	*0188	*0225	*0260
2.8	1.0296	0332	0367	0403	0438	0473	0508	0543	0578	0613
2.9	0647	0682	0716	0750	0784	0818	0852	0886	0919	0953
3.0	1.0986	1019	1053	1086	1119	1151	1184	1217	1249	1282
3.1	1314	1346	1378	1410	1442	1474	1506	1537	1569	1600
3.2	1632	1663	1694	1725	1756	1787	1817	1848	1878	1909
3.3	1939	1969	2000	2030	2060	2090	2119	2149	2179	2208
3.4	2238	2267	2296	2326	2355	2384	2413	2442	2470	2499
3.5	1.2528	2556	2585	2613	2641	2669	2698	2726	2754	2782
3.6	2806	2837	2865	2892	2920	2947	2975	3002	3029	3056
3.7	3083	3110	3137	3164	3191	3218	3244	3271	3297	3324
3.8	3350	3376	3403	3429	3455	3481	3507	3533	3558	3584
3.9	3610	3635	3661	3686	3712	3737	3762	3788	3813	3838
4.0	1.3863	3888	3913	3938	3962	3987	4012	4036	4061	4085
4.1	4110	4134	4159	4183	4207	4231	4255	4279	4303	4327
4.2	4351	4375	4398	4422	4446	4469	4493	4516	4540	4563
4.3	4586	4609	4633	4656	4679	4702	4725	4748	4770	4793
4.4	4816	4839	4861	4884	4907	4929	4951	4974	4996	5019
4.5	1.5041	5063	5085	5107	5129	5151	5173	5195	5217	5239
4.6	5261	5282	5304	5326	5347	5369	5390	5412	5433	5454
4.7	5476	5497	5518	5539	5560	5581	5602	5623	5644	5665
4.8	5686	5707	5728	5748	5769	5790	5810	5831	5851	5872
4.9	5892	5913	5933	5953	5974	5994	6014	6034	6054	6074
5.0	1.6094	6114	6134	6154	6174	6194	6214	6233	6253	6273
5.1	6292	6312	6332	6351	6371	6390	6409	6429	6448	6467
5.2	6487	6506	6525	6544	6563	6582	6601	6620	6639	6658
5.3	6677	6696	6715	6734	6752	6771	6790	6808	6827	6845
5.4	6864	6882	6901	6919	6938	6956	6974	6993	7011	7029

자연대수

N	0	1	2	3	4	5	6	7	8	9
5.5	1.7047	7066	7084	7102	7120	7138	7156	7174	7192	7210
5.6	7228	7246	7263	7281	7299	7317	7334	7352	7370	7387
5.7	7405	7422	7440	7457	7457	7492	7509	7527	7544	7561
5.8	7579	7596	7613	7630	7647	7664	7681	7699	7771	7733
5.9	7750	7766	7783	7800	7817	7834	7851	7867	7884	7901
6.0	1.7918	7934	7951	7967	7984	8001	8017	8034	8050	8066
6.1	8083	8099	8116	8132	8148	8165	8181	8197	8213	8229
6.2	8245	8262	8278	8294	8310	8326	8342	8358	8374	8390
6.3	8405	8421	8437	8453	8469	8485	8500	8516	8532	8547
6.4	8563	8579	8594	8610	8625	8641	8656	8672	8687	8703
6.5	1.8718	8733	8749	8764	8779	8795	8810	8825	8840	8856
6.6	8871	8886	8901	8916	8931	8946	8961	8976	8991	9006
6.7	9021	9036	9051	9066	9081	9095	9110	9125	9140	9155
6.8	9169	9184	9199	9213	9228	9242	9257	9272	9286	9301
6.9	9315	9330	9344	9359	9373	9387	9402	9416	9430	9445
7.0	1.9459	9473	9488	9502	9516	9530	9544	9559	9573	9587
7.1	9601	9615	9629	9643	9657	9671	9685	9699	9713	9727
7.2	9741	9755	9769	9782	9796	9810	9824	9838	9851	9865
7.3	9879	9892	9906	9920	9933	9947	9961	9974	9988	*0001
7.4	2.0015	0028	0042	0055	0069	0082	0096	0109	0122	0136
7.5	2.0149	0162	0176	0189	0202	0215	0229	0242	0255	0268
7.6	0281	0295	0308	0321	0334	0347	0360	0373	0386	0399
7.7	0412	0425	0438	0451	0464	0477	0490	0503	0516	0528
7.8	0541	0554	0567	0580	0592	0605	0618	0631	0643	0656
7.9	0669	0681	0694	0707	0719	0732	0744	0757	0769	0782
8.0	2.0794	0807	0819	0832	0844	0857	0869	0882	0894	0909
8.1	0919	0931	0943	0956	0968	0980	0992	1005	1017	1026
8.2	1041	1054	1066	1078	1090	1102	1114	1126	1138	1150
8.3	1163	1175	1187	1199	1211	1223	1235	1247	1258	1270
8.4	1282	1294	1306	1318	1330	1342	1353	1365	1377	1389
8.5	2.1401	1412	1424	1436	1448	1495	1471	1483	1494	1506
8.6	1518	1529	1541	1552	1564	1576	1587	1599	1610	1622
8.7	1633	1645	1656	1668	1679	1691	1702	1713	1725	1736
8.8	1748	1759	1770	1782	1793	1804	1815	1827	1838	1849
8.9	1861	1872	1883	1894	1905	1917	1928	1939	1950	1961
9.0	2.1972	1983	1994	2006	2017	2028	2039	2050	2061	2072
9.1	2083	2094	2105	2116	2127	2138	2148	2159	2170	2181
9.2	2192	2203	2214	2225	2235	2246	2257	2268	2279	2289
9.3	2300	2311	2322	2332	2343	2354	2364	2375	2386	2396
9.4	2407	2418	2428	2439	2450	2460	2471	2481	2492	2502
9.5	2.2513	2523	2534	2544	2555	2565	2576	2586	2597	2607
9.6	2618	2628	2638	2649	2659	2670	2680	2690	2701	2711
9.7	2721	2732	2742	2752	2762	2773	2783	2793	2803	2814
9.8	2824	2834	2844	2854	2865	2875	2885	2895	2905	2915
9.9	2925	2935	2946	2956	2966	2976	2986	2996	3006	3016

삼각함수

Deg.	Rad.	Sin	Cos	Tan	Cot		
0	0.0000	0.0000	1.0000	0.0000		1.5708	90
1	0.0175	0.0175	0.9998	0.0175	57.290	1.5533	89
2	0.0349	0.0349	0.9994	0.0349	28.636	1.5359	88
3	0.0524	0.0523	0.9986	0.0524	19.081	1.5184	87
4	0.0698	0.0698	0.9976	0.0699	14.301	1.5010	86
5	0.0873	0.0872	0.9962	0.0875	11.430	1.4935	85
6	0.1047	0.1045	0.9945	0.1051	9.5144	1.4661	84
7	0.1222	0.1219	0.9925	0.1228	8.1443	1.4486	83
8	0.1396	0.1392	0.9903	0.1405	7.1154	1.4312	82
9	0.1571	0.1564	0.9877	0.1584	6.3138	1.4137	81
10	0.1745	0.1736	0.9848	0.1763	5.6713	1.3663	80
11	0.1920	0.1908	0.9816	0.1944	5.1446	1.3788	79
12	0.2094	0.2079	0.9781	0.2126	4.7046	1.3614	78
13	0.2269	0.2250	0.9744	0.2309	4.3315	1.3439	77
14	0.2443	0.2419	0.9703	0.2493	4.0108	1.3265	76
15	0.2618	0.2588	0.9659	0.2679	3.7321	1.3090	75
16	0.2793	0.2756	0.9613	0.2867	3.4874	1.2915	74
17	0.2967	0.2924	0.9563	0.3057	3.2709	1.2741	73
18	0.3142	0.3090	0.9511	0.3249	3.0777	1.2566	72
19	0.3316	0.3256	0.9455	0.3443	2.9042	1.2392	71
20	0.3491	0.3420	0.9397	0.3640	2.7475	1.2217	70
21	0.3665	0.3584	0.9336	0.3839	2.6051	1.2043	69
22	0.3840	0.3746	0.9272	0.4040	2.4751	1.1868	68
23	0.4014	0.3907	0.9205	0.4245	2.3559	1.1694	67
24	0.4189	0.4067	0.9135	0.4452	2.2460	1.1519	66
25	0.4363	0.4226	0.9063	0.4663	2.1445	1.1345	65
26	0.4538	0.4384	0.8988	0.4877	2.0503	1.1170	64
27	0.4712	0.4540	0.8910	0.5095	1.9626	1.0996	63
28	0.4887	0.4695	0.8829	0.5317	1.8807	1.0821	62
29	0.5061	0.4848	0.8746	0.5543	1.8040	1.0547	61
30	0.5236	0.5000	0.8660	0.5774	1.7321	1.0472	60
31	0.5411	0.5150	0.8572	0.6009	1.6643	1.0297	59
32	0.5585	0.5299	0.8480	0.6249	1.6003	1.0123	58
33	0.5760	0.5446	0.8387	0.6494	1.5399	0.9948	57
34	0.5934	0.5592	0.8290	0.6745	1.4826	0.9774	56
35	0.6109	0.5736	0.8192	0.7002	1.4281	0.9599	55
36	0.6283	0.5878	0.8090	0.7265	1.3764	0.9425	54
37	0.6458	0.6018	0.7986	0.7536	1.3270	0.9250	53
38	0.6632	0.6157	0.7880	0.7813	1.2799	0.9706	52
39	0.6807	0.6293	0.7771	0.8098	1.2349	0.8901	51
40	0.6981	0.6428	0.7660	0.8391	1.1918	0.8727	50
41	0.7156	0.6561	0.7547	0.8693	1.1504	0.8552	49
42	0.7330	0.6691	0.7431	0.9004	1.1105	0.8378	48
43	0.7505	0.6820	0.7314	0.9325	1.0724	0.8203	47
44	0.7679	0.6947	0.7193	0.9657	1.0355	0.8029	46
45	0.7854	0.7071	0.7071	1.0000	1.0000	0.7854	45
		Cos	Sin	Cot	Tan	Rad.	Deg.

지수함수와 쌍곡선함수

x	e^x	e^{-x}	$\sinh x$	$\cosh x$	$\tanh x$
0	1.0000	1.0000	.00000	1.0000	.00000
0.1	1.1052	.90484	.10017	1.0050	.09967
0.2	1.2214	.81873	.20134	1.0201	.19738
0.3	1.3499	.74082	.30452	1.0453	.29131
0.4	1.4918	.67032	.41075	1.0811	.37995
0.5	1.6487	.60653	.52110	1.1276	.46212
0.6	1.8222	.54881	.63665	1.1855	.53705
0.7	2.0138	.49659	.75858	1.2552	.60437
0.8	2.2255	.44933	.88811	1.3374	.66404
0.9	2.4596	.40657	1.0265	1.4331	.71630
1.0	2.7183	.36788	1.1752	1.5431	.76159
1.1	3.0042	.33287	1.3356	1.6685	.80050
1.2	3.3201	.30119	1.5095	1.8107	.83365
1.3	3.6693	.27253	1.6984	1.9709	.86172
1.4	4.0552	.24660	1.9043	2.1509	.88535
1.5	4.4817	.22313	2.1293	2.3524	.90515
1.6	4.9530	.20190	2.3756	2.5775	.92167
1.7	5.4739	.18268	2.6456	2.8283	.93541
1.8	6.0496	.16530	2.9422	3.1075	.94681
1.9	6.6859	.14957	3.2682	3.4177	.95624
2.0	7.3891	.13534	3.6269	3.7622	.96403
2.1	8.1662	.12246	4.0219	4.1443	.97045
2.2	9.0250	.11080	4.4571	4.5679	.97574
2.3	9.9742	.10026	4.9370	5.0372	.98010
2.4	11.023	.09072	5.4662	5.5569	.98367
2.5	12.182	.08208	6.0502	6.1323	.98661
2.6	13.464	.07427	6.6947	6.7690	.98903
2.7	14.880	.06721	7.4063	7.4735	.99101
2.8	16.445	.06081	8.1919	8.2527	.99263
2.9	18.174	.05502	9.0596	9.1146	.99396
3.0	20.086	.04979	10.018	10.068	.99505
3.1	22.198	.04505	11.076	11.122	.99595
3.2	24.533	.04076	12.246	12.287	.99668
3.3	27.113	.03688	13.538	13.575	.99728
3.4	29.964	.03337	14.965	14.999	.99777
3.5	33.115	.03020	16.543	16.573	.99818
3.6	36.598	.02732	18.285	18.313	.99851
3.7	40.447	.02472	20.211	20.236	.99878
3.8	44.701	.02237	22.339	22.362	.99900
3.9	49.402	.02024	24.691	24.711	.99918
4.0	54.598	.01832	27.290	27.308	.99933
4.1	60.340	.01657	30.162	30.178	.99945
4.2	66.686	.01500	33.336	33.351	.99955
4.3	73.700	.01357	36.843	36.857	.99963
4.4	81.451	.01228	40.719	40.732	.99970
4.5	90.017	.01111	45.003	45.014	.99975
4.6	99.484	.01005	49.737	49.747	.99980
4.7	109.95	.00910	54.969	54.978	.99983
4.8	121.51	.00823	60.751	60.759	.99986
4.9	134.29	.00745	67.141	67.149	.99989
5.0	148.41	.00674	74.203	74.210	.99991

찾아보기

[ㄱ]

가우스 평면 202
계수행렬 42
고계도함수 130
공역 1
구분구적법 162
기본단위벡터 231
기함수 15
꼭지점 10

[ㄴ]

내적 235

[ㄷ]

단사함수 3
단위벡터 228
단위행렬 33
대각성분 24
대각행렬 24, 29
대칭행렬 28
도함수 107
독립변수 2

[ㅁ]

매개변수 7, 114
미분가능 106
미분계수 106
미분법 107

[ㅂ]

방향 코사인 237
벡터 227, 231
벡터공간 231
복소수 평면 202
부분분수 152
부정적분 136
분수함수 17
분할 162
불연속 102
비정칙행렬 34
비체차 연립방정식 42

[ㅅ]

삼각행렬 29
상한 163
소행렬식 66
스칼라 227
Scalar 3중적 240
스칼라행렬 30
시점 228
실수부 198
쌍곡선 함수 124

[ㅇ]

여인자 행렬 71
역함수 5
역행렬 34

연속 102
연속함수 102
영 벡터 228
영행렬 24
n곱근 212
n차 도함수 130
왜대칭행렬 28
외적 238
우극한값 87
우함수 15
원기둥이용법 182
원시함수 135
원판이용법 182
위로의 함수 3
위치벡터 231
유리함수 17, 152
유향선분 227
음함수 미분법 113
이상적분 174
2차 도함수 130
일대일 대응 3
일대일 함수 3
일반각 10

[ㅈ]

적분변수 163
적분상수 136
전단사 함수 3
전사함수 3
전치행렬 27
절대값 202
정방행렬 24
정의역 1
정적분 163
정칙행렬 34
제차 연립방정식 42
종속변수 2
종점 228
좌극한값 87
주기함수 15
지수함수 9
직교방정식 114

[ㅊ]

치역 1
치환적분법 142

[ㅋ]

크기 228

[ㅍ]

편각 202
평균변화율 105
피적분함수 136, 163

[ㅎ]

하한 163
함수 1
합 228
합성함수 6
행 24
행렬 23
행렬식 56
허수 단위 197
허수부 198
확대행렬 42

대학 일반수학

2006년 8월 21일 1판 1쇄 발행
2008년 9월 1일 1판 2쇄 발행

저 자 / 김경호
발행자 / 오판근
발행처 / 교우사

주 소 / 서울 동대문구 제기2동 148-19
전 화 / 925-2861(代), 편집부 / 925-2825
팩 스 / 925-2860
E-mail / kw2861 @ empal.com
http: // www. kyowoo. co. kr
등록 / 1994. 3. 24 제6-0256호

ISBN 978-89-8172-632-4 (93410)

값 **15,000**원